滴水穿石：
地理分析与城乡规划实践
教学成果集

刘贵利　周爱华　杜姗姗

编

中国建筑工业出版社

图书在版编目（CIP）数据

滴水穿石：地理分析与城乡规划实践教学成果集 /
刘贵利, 周爱华, 杜姗姗编. -- 北京：中国建筑工业出
版社, 2024. 12. -- ISBN 978-7-112-30518-6

Ⅰ. K90；TU984

中国国家版本馆CIP数据核字第2024RT5773号

本书是近三年来北京联合大学应用文理学院人文地理与城乡规划专业和地理信息科学专业实践教学的总结和提升，全书汇集了北京市级精品课程《城乡规划管理综合实践》的四年集中实践成果、课程实践教学成果、服务地方的规划成果。全书通过一个个图文并茂的实践成果阐述了北京联合大学地理学在培养学生具有扎实的地理学和城乡规划基础理论与专门知识的同时，不断通过实践教学强化同学们城市与区域调研、分析策划、规划设计、综合应用等核心应用能力，不断强化专业服务地方的意识，对地理学实践教学的发展和可复制教学模式的推广，都有深远的意义。

责任编辑：杨　杰
责任校对：赵　力

滴水穿石：地理分析与城乡规划实践教学成果集

刘贵利　　周爱华　　杜姗姗　编

＊

中国建筑工业出版社出版、发行（北京海淀三里河路9号）

各地新华书店、建筑书店经销

北京点击世代文化传媒有限公司制版

建工社（河北）印刷有限公司印刷

＊

开本：787毫米×1092毫米　1/16　印张：14¼　字数：319千字

2024年12月第一版　2024年12月第一次印刷

定价：**78.00**元

ISBN 978-7-112-30518-6

（43900）

前言 / FOREWORD

　　OBE（Outcome Based Education）教育理念是一种以学习成果为导向的教育理念，清晰地聚焦于五个视角：学生取得的学习成果是什么（目标）、为什么要让学生取得这样的学习成果（需求）、如何有效地帮助学生取得这些学习成果（过程）、如何知道学生已经取得了这些学习成果（评价）、如何保障学生能够获得这些学习成果（改进）。北京联合大学不断树立成果导向教育理念，教学过程以"学生"为中心，以"学习结果产出"为导向，持续提高教学效率和教学质量，培养高素质应用型人才。

　　近十余年来，北京联合大学应用文理学院城市科学系通过持续改进培养目标、毕业要求和教学活动，不断从以"教"为中心向以"学"为中心进行转变。教师从课堂教学改革入手，在教学设计、教学过程、教学评价三个方面都注重培养学生的自我探索和自我学习等多方面能力，真正做到"以学生为中心"进行课堂教学改革，根据对学生的期望而进行教学内容设计，实现了让学生取得学习成果的目标。本书就是将城市科学系在落实成果为导向教育理念过程中的一些典型做法与收获体会进行总结与分享。

　　本书共分为五大部分：教学成果篇、教学改革篇、课程思政篇、学生作品篇、规划设计篇，收录了人文地理与城乡规划、地理信息科学两个专业的教师近年来教育教学改革探索成果和部分学生学习成果。希望与广大教师、教育工作者交流学习，文中可能存在一些不足，也望广大读者批评指正。

刘贵利，周爱华，杜姗姗

2024 年 6 月 1 日

目录／CONTENTS

课程思政篇

学生作品篇

规划设计篇

教学成果篇

"成果导向、创新驱动、文化培元"的地理学大类专业学生实践能力培养与提升模式

张景秋　孟　斌　张远索　周爱华　杜姗姗　逯燕玲

（北京联合大学应用文理学院，北京　100191）

摘　要：北京联合大学地理学本科专业秉持立德树人的根本任务，面向国家和首都经济社会发展需要，坚持应用地理学人才培养目标，不断探索高水平应用地理学人才的实践能力培养路径，形成优秀的教学成果"成果导向、创新驱动、文化培元"的地理学大类专业学生实践能力培养与提升模式。本文对"成果导向、创新驱动、文化培元"的地理学大类专业学生实践能力培养与提升模式这一教学成果的主要内容、解决的主要问题、解决问题的过程与方法、成果创新点及成果的应用推广进行系统阐述，以期为地理学人才培养提供参考，为相关专业学生实践能力提升提供借鉴。

关键词：地理学；学生实践能力；成果导向；创新驱动；文化培元

0　引言

北京联合大学地理学本科专业建设肇始于1978年建立的北京大学分校地理系地理学专业。自建立以来，就积极探索应用地理学人才培养，是全国最早开始进行应用地理学人才培养和专业建设的高校之一，40多年在北京市教委的大力支持下，以城乡规划与地理信息技术相结合，探索传统地理学本科专业改造，原资源环境与城乡规划管理专业先后获批北京市重点改造专业、北京市品牌建设专业和北京市特色专业，2008年被国家教育部、财政部评为第三批高等学校特色专业建设点，开启了应用地理学本科专业人才的实践能力培养与提升模式探索。

其后的十余年间，北京联合大学地理学专业秉持立德树人根本任务，面向国家和首都经济社会发展需要，坚持应用地理学人才培养目标，不断探索高水平应用地理学人才的实践能力培养路径，构建起"成果导向、创新驱动、文化培元"的应用地理学专业实践能力培养与提升模式，取得一定成绩。2018年地理学学科获批教育部一级学科学术型硕士学位授权点，2019年人文地理与城乡规划专业获批首批国家级一流专业建设点，人文地理与城乡规划专业育人团队获批北京高校优秀本科育人团队，地理学学科专业作为第一骨干学科，支撑北京学获批北京高校高精尖学科。2021年基于"成果导向、创新驱动、文化培元"的地理学大类专业学生实践能力

作者简介：张景秋（1967—），女，甘肃人，博士、教授。主要研究方向为城市地理学。
资助项目：2023年北京高等教育本科教学改革创新项目"'价值引领、实践创新、多轮驱动'地理学类一流专业协同育人模式研究"（202311417002）。

培养与提升模式获得北京市高等教育教学成果二等奖，这一教学成果的内容、解决的主要问题、解决问题的过程与方法、成果创新点及成果的应用，对地理学人才培养及相关专业学生实践能力提升有一定借鉴作用。

1 成果主要内容

1.1 构建了以地理学核心应用能力为成果目标导向的实践课程体系

在地理学科重视野外实习的传统基础上，引入成果目标导向的教育理念，围绕我校地理学大类专业培养方案中"地理要素调研、空间数据分析、空间规划设计、专业综合应用"四大核心应用能力培养目标，从学生的学习成果出发，反向设计了校内外结合的专业实践课程体系，包括课程实习、专业集中实践、与专业任务结合的社会实践，改进了实践课程内容，推动学生实践能力从校内知识拓展能力向校外解决问题能力的提升。

1.2 建立了"本科生导师制为内驱力、社会需求为外动力"的实践能力培养创新驱动机制

在充分分析我校地理学大类学生学情基础上，从学生喜欢动手实操的特点出发，以培养学生全面发展与提升创造能力的高阶结合为切入点，挖掘专业教师承担北京城乡发展实际任务的优势，坚持科研反哺教学，将本科生导师制转化为培养学生实践能力的内驱力，将北京城乡实际任务和需求作为实践课程资源转化的外动力，利用"实践课程—科研立项—学科竞赛"三位一体的教学方式，培养和提升学生独立分析和解决问题的创造力。

1.3 形成了"专业能力+文化培元"双向聚合的实践育人路径

立足地理国情，面向国家"五位一体"总体布局，将文化建设、生态文明建设在北京的生动实践有机融入实践课程，将乡村振兴战略与实践任务相结合，带领学生走进北京山区乡村，通过实践强化学生的责任感和紧迫感，形成具有新时代特征的实践育人路径。

2 成果所解决的主要问题

2.1 解决了过去教师以知识传授为主的实践课程与学生自主解决问题能力不匹配问题

地理学是传统的基础性理科，以往实践课程设计从教师传授知识出发，对学生的学习成果考虑不足。现在以"地理要素调研、空间数据分析、空间规划设计、专业综合应用"四个核心应用能力的达成为目标，反向设计实践课程体系，提升学生自主学习和解决问题的能力。

2.2 解决了过去教师实践课程资源与社会需求不匹配、忽视学生创造能力培养问题

地理学以研究人地关系地域系统为主，常规的实践教学多是地理环境与人类活动互动关系认知实习，实践教学以间接经验为主，缺乏面向行业需求的专业实践，对学生的培养一定程度上脱离社会实际，现在利用"实践课程—科研立项—学科竞赛"三位一体的教学方式，创新驱动，带动教师和学生共同面向实际问题，以直接经验触动创新创造能力的提升。

2.3 解决了过去以学生专业知识培养为主，忽视对学生全面发展培养的问题

传统理工类专业学生培养注重逻辑思维和分析问题能力的培养，实践教学以专业能力为评价标准，忽视对学生反思问题解决过程的引导，导致学生解决问题思路缺乏人文关怀和国情实际。当代社会发展对高层次人才培养更强调自然与人文综合素养，强调融合创新能力，因此，通过文化培元，培育家国情怀，强化责任担当，促进学生反思过程以及高阶思维发展。

3 成功解决问题的过程与方法

3.1 构建实践课程体系

坚持成果导向教育理念，利用纵向思维方法，构建了层次清晰、目标明确、北京特色鲜明的课程实习、专业集中实践、社会实践的实践课程体系。立足首都北京与京津冀协同发展建设对地理类专业人才需求，强化对学生"地理要素调研、空间数据分析、空间规划设计、专业综合应用"核心应用能力的培养，在市级精品课程建设推动下，结合地理信息技术与国土空间规划要求，面向北京城乡发展实际任务，丰富完善专业学生四年不断线的模块化、递进式、线上线下融合的实践课程体系。其中，课程实习是课程体系的基础，侧重知识和技能的训练，设计性、探索性、综合性的专业集中实践是课程体系的重心，着重培养学生的自主、高阶思维和综合实践能力，与专业任务相结合的社会实践，是课程体系的提升，着重培养学生扎根地方、服务地方、解决实际问题能力，三者结合，有效提高了学生的综合专业素养和创新能力。

3.2 建设开放共享的实践教学资源平台

坚持创新驱动，利用横向思维方法，打造以本科生导师制为支撑、以学生学术活动工作小组为抓手的创新能力培养载体，建设开放共享的实践教学资源平台。充分发挥学校本科生导师制的内驱力，成立学生学术活动工作小组，本科生导师全面指导学生从课业、学业到就业全过程，积极组织学生参加各类科研项目申报、学科竞赛、学术交流等活动，强化培养学生实践能力、创新意识与创造精神。发挥北京学高精尖学科优势，深入挖掘专业教师承担北京城乡发展实际任务的优势，以国家级虚拟仿真实践教学中心为支撑，建设开放共享、特色鲜明的"地理大数据＋北京文化"实践教学资源平台。同时，从问题出发，进行任务驱动式设计，利用"实践课程—科研立项—学科竞赛"三位一体的教学方式，将教师承担的实际任务转化为实践教学内容，并由此生发出学生科研立项和竞赛选题，实现"学思结合，知行合一"。

3.3 积极拓展校外实践教学基地建设

坚持特色融合，开设"＋文化·北京特色"系列课程，积极拓展校外实践教学基地建设。面向国家区域发展、国土空间规划和乡村振兴战略，凝练地理学大类专业实践课程自身具备的北京特色和北京味道，聚焦北京全国文化中心建设、历史文化名城保护、社区生活圈建设规划、乡村文旅融合发展等时代热点，打造"北京地理""走读北京""北京地域文化"等"北京特色"系列课程，提升学生文化认同感、自豪感与文化素养的浸润，深化专业内涵。发挥政产学研用协同育人机制，打造专业特色鲜明的社会实践"第二课堂"，积极

拓展包括北京郊区村镇在内的校外实践教学基地，创造多渠道实践机会；依托院士科研工作站及北京学研究基地，组建开放式教学实践平台，推进本科生参与多元化的科研课题，以实践激发兴趣、以兴趣驱动学习，任务驱动式教学以提升教学效果和教学质量。

4 成果的创新点

4.1 成果导向的应用地理学实践课程体系建设的理念创新

践行学校高水平应用型大学的办学定位，坚持扎根京华大地，服务北京，创造性地将传统地理学改造为应用地理学，落实成果导向教育理念，突出以学生为本的实践教学课程体系设计，搭建了多层次实践教学平台，校内外实践基地＋线上线下实验室平台＋开放共享的实践教学资源平台，给学生提供四年不断线的从课业到学业再到职业的全过程培养和规划，为学生提供自主学习的内在动力。从"课程实习—专业集中实践—社会实践"体现出"专业技能—专业综合—专业情怀"的实践课程主线，对理学类专业的学生实践能力培养与提升模式具有重要参考意义。

4.2 内外驱动的实践能力培养与提升的机制创新

通过"实践课程—科研立项—学科竞赛"三位一体的教学方式和校内外驱动力作用，形成了以实践激发兴趣、以兴趣驱动学习的实践能力提升的创新驱动机制。以国家和首都经济社会发展实际需求为引导，围绕专业核心应用能力提供丰富的实践任务，激发学习热情，培养学生的实践应用能力和创新意识，支撑专业落实以生为本的教育理念。打造了以本科生导师制

为抓手、以科研项目和第二课堂为载体、培养与提升本科生实践能力的有效路径。地理学具有较强的学科交叉性，其跨学科知识体系增加了课程学习难度。通过鼓励和组织学生参加科研项目和第二课堂，提升学生的专业认同感、专业技能、创新思维与实践能力，不断探索应用型大学理科人才实践能力培养与提升的有效路径。

4.3 文化培元的理工类人才培养质量内涵提升的渠道创新

通过开设"文化·北京特色"系列课程，构建了以全面素养促全面发展，以课程思政、实践育人体系，深化理工类人才培养质量内涵的渠道。通过加强文化培元，深入推进地理学大类专业学生实践教学内容与信息技术、历史文化的融合，改变传统印象中理工类学生培养存在重技术、轻综合素质的问题，提升学生解决问题的人文关怀和生态文明意识，彰显立德树人的成效。

5 成果的应用推广效果

5.1 提升了专业建设水平

地理学大类专业秉承学校"学以致用"的校训，围绕国家经济社会发展对人文地理与城乡规划专业、地理信息科学专业人才需求的变化，立足北京"四个中心"城市发展战略要求，紧扣地理大数据在国土空间规划应用新趋势，通过精准调整专业培养目标，不断优化实践课程体系，强化专业内涵建设，专业建设得到持续提升。人文地理与城乡规划专业在第三方的专业排名榜中自2015年起持续保持在5星水平，2019年入选首批国家级一流专业建设计划，地理信息科学专业得到社会认可，学生就业近三年保持在100%。坚定

立德树人根本任务，师资队伍建设取得系列高水平成果，获批北京市教学名师、北京市优秀教师等称号，教学团队获得北京高校优秀本科育人团队。"城乡规划管理综合实践"获批北京市精品课程，构建了递进式、模块化、四年不断线的专业集中实践教学体系，带动应用文理学院所有本科专业的实践课程改革。率先在校内开设"走读北京"通识课程，提升学生综合素养，受到学生的好评，并推动"+文化·北京特色"课程建设。

5.2 推动人才培养见成效

经过不断改革创新，在应用地理学人才培养思想指导下，学生实践与创新能力及学术素养不断提高，人才培养契合行业需求，受到社会认可和行业欢迎，一大批毕业生在北京市规划自然资源委及其分局、住建、交通、城管等政府部门崭露头角，成为业务骨干，并逐渐走上重要领导岗位。从实践课程中延伸出来的科研立项和学科竞赛选题，在首都大学生"挑战杯"科技竞赛、"互联网+"创新创业大赛、全国高校地理科学展示大赛、全国大学生GIS应用技能大赛等高级别学科竞赛中取得优良成绩，学生自主学习能力不断提升，2015~2020年学生启明星立项逐年递增，共获批76项（其中国家级6项，市级41项），本科生发表学术论文近40篇。实践能力提升带动本科毕业论文质量提升，近三年获得北京高校优秀本科毕业论文3篇，国内考研升学率从2018年的6.9%提高到2020年的28.6%。

5.3 起到了示范带动作用

地理学人才培养"+文化"理念获得兄弟院校认可。教育部高等学校地理科学类专业教指委委员张宝秀教授，2017年应邀在教育部高等学校地理科学类专业教指委年会上，以《关于"地理学+文化"教育的思考》为题作了大会主题发言，阐释了"地理学+文化"的教育理念，介绍了我校地理学学科专业在"学科+文化""专业+文化""课程+文化"等各个层面的实践经验，受到关注与肯定。此外，2018年人文地理与城乡规划专业成为学校最早一批开展专业思政建设的专业，探索将思政元素融入实践教学中，促进实践育人新成效，与社会实践结合，形成的红色"1+1"成果连续获得市级奖励。教师对课程思政和专业思政的相关研究成果分别在2019年和2020年以论文集形式正式出版。同时，北京师范大学、首都师范大学、鲁东大学等兄弟院校积极与我校开展深入交流，起到了示范作用。

6 结语

北京联合大学地理学专业一直以立德树人为根本遵循，立足北京、服务国家建设与首都发展，坚持应用地理学人才培养目标，持续探索高水平应用地理学人才的实践能力培养路径，并在人才培养实践中不断修正与优化提升，最终构建起"成果导向、创新驱动、文化培元"的地理学大类专业学生实践能力培养与提升模式，获得更佳的育人成效。北京联合大学地理学专业已经取得了一系列的优秀教学成果，在未来的发展中将再接再厉，发挥专业学科实践育人优势，为北京发展培养更多的德智体美劳全面发展的建设者，同时将先进的实践育人经验分享出去，为地理学科的发展及人才培养贡献自己的力量。

探究式教学与高阶任务驱动
——《城市要素调研与分析》课程创新成效

李雪妍　　张景秋

（北京联合大学应用文理学院，北京　100191）

摘　要：《城市要素调研与分析》是国家级一流专业——人文地理与城乡规划专业集中实践教学阶段的"城乡规划管理综合实践——模块2"，属于生产性实践课程。经过多年不断建设、改革与探索，包括优化内容体系，强化课程思政和改变考评方式。同时，课程团队也通过积极拓展实践基地资源、建设课程教材资源以及创造其他支撑条件等方式，形成了三个显著的课程特色，即一是科研任务驱动，重塑课程内容；二是引入多维技术，训练高级思维；三是扎根京华大地，服务首都城乡。实现了教学理念创新、内容创新和组织实施创新。获得了很好的课程教学创新成效，首先是学生实习成果提升显著，体现在小组作业和海报等各个方面；其次是课程教学改革卓有成效，课程不仅得到了学生的认可和好评，同时课程外溢效益也很突出；然后是课程团队建设成绩斐然，团队教改立项和教学获奖都很丰富；最后是学生收获满满体会良多，体会和感悟集中在个人能力的提高，师生感情的增进，以及建设家国的使命感。

关键词：启发式教学；高阶性；任务驱动；学生中心；课程创新

1 课程教学改革创新探索

《城市要素调研与分析》是国家级一流专业——人文地理与城乡规划专业集中实践教学阶段的"城乡规划管理综合实践——模块2"，属于生产性实践课程。课程的教学目的是通过两周室内外相结合的教学任务，将人文地理与城乡规划专业一、二年级所学的相关理论和实践课程相结合，认识北京城乡要素在城乡规划与发展中的地位与作用，训练学生掌握城市与区域要素调研、空间分析这两项专业核心应用能力，落实成果导向教育理念。

1.1 课程建设与改革

1.1.1 课程发展历程

《城市要素调研与分析》课程开设于2004年，经过了十几年的不断建设、改革与探索，主要经历了三个阶段：

1.2004～2010年改革发展阶段

针对原有地理学注重单一实践课程，学生专业技能与综合能力不匹配等问题，

作者简介：李雪妍（1969—），女，黑龙江齐齐哈尔人，硕士、副教授。主要研究方向为老龄问题、宜居问题及城市与区域经济。

资助项目：北京联合大学应用文理学院2020年度教育教学改革项目"基于OBE教育理念的应用型大学实践教学环节课程思政创新研究"。

课程团队整合建构了一门 12 学分 17 周系统性、递进式、模块化的实践课程——《城乡规划管理综合实践》，《城乡要素调研与分析》作为第 2 个实践模块，积极探索专业学生调研与分析能力的培养路径。

2.2011~2016 年改革深化阶段

为解决实践课程教学资源不足问题，课程团队充分挖掘教师承担的纵横向科研项目，将科研转化为课程资源和任务，有效提升了课程实践的真题率，并积极开拓共建共享的野外实践基地。

3.2017 年至今为高质量发展阶段

为解决专业标准要求与学生个性发展不匹配的问题，课程团队建立了以学生为中心的成果导向教学模式，努力达成专业建设标准要求与学生个性化发展相融合，学生理论基础与实践应用能力相结合，学生解决问题意识与创新能力相结合，学生的专业技能培养与爱国敬业的职业素养相结合。

1.1.2　课程改革探索

《城市要素调研与分析》课程改革的探索主要包括以下几个方面：

1. 优化内容体系

在习近平新时代中国特色社会主义思想指导下，贯彻落实习近平总书记系列讲话精神，以立德树人为根本任务，对标一流本科课程，提升高阶性、突出创新性、增加挑战度，课程建设与时俱进，课程内容更新、调整，体现先进性、科学性、多样性，做到思政教育、专业教育、社会服务紧密结合，与社会发展同步。如在课程内容方面，积极响应国土空间规划"多规合一"人才要求，课程内容增加地理信息、测量定位技术应用能力训练，增强北京生态文明、历史文化价值分析等内容。

2. 强化课程思政

在教学内容改革与重塑时强化课程思政内容，通过贯彻"三全育人"理念，践行课程思政、专业思政。特别加强对学生"服务社会的意识"的灌输：即如何将所学回报社会，服务社会。结合当前社会关注热点，如乡村振兴、美丽乡村建设、城市历史街区保护更新、文化旅游融合发展等方面，指导学生掌握国土空间规划原则与流程，引导学生以规划学生志愿者身份参与当地政府社区的要素调查、规划与更新等，以实际行动为国家和北京高质量发展贡献青春力量，以责任担当和专业知识展现新时代联大学子的风采。

3. 改变考评方式

课程以检测学习目标达成度为导向，以激发学生学习动力和专业志趣为着力点，科学设计与教学内容、教学模式相匹配的课程考核方式和评价标准。更加强调对学生实习任务完成度和综合能力的多元考核。具体分为过程性考核和终结性考核，其中过程性考核占总评成绩的 40%，包括综合实习表现和实习汇报两项；终结性考核占总评成绩的 60%，包括实习报告、实习日志和展示海报。

1.1.3　课程资源建设

课程团队积极建设和拓展教学资源，集成课内外、校内外资源，建立多个校外实践教学基地。

1. 拓展实践基地资源

紧扣高水平应用型大学发展目标，立足北京高质量发展实际和新时期对人文地理与城乡规划专业人才培养要求，课程团队近年来选择坐落在西山永定河文化带和长城文化带上的中国传统村落——门头沟区沿河城村作为实践基地，通过美丽乡村规划建设、大学生文化送下乡活动、红色 1+1 社会实践活动等多源活动融合，辐射带动周边。同时也不断扩展实践基地资源，与沿河城村委会等多个单位建立了校外实践教学基地，形成了长期稳定的合作关系。

2. 建设课程教材资源

课程的教材建设包括三个方面，第一，课程团队积极编写实践教材，其中，主讲教师已自编出版 1 本实践教材；第二，筛选利用其他大学的经典教材；第三，课程团队不断更新完善实习指导书，并力争在指导书基础上编写新的实践教材。

3. 创造其他支撑条件

充分挖掘课程团队教师承担的纵横向科研项目，将科研项目转化为课程资源和任务，例如，利用课程负责人和团队成员承担的北京社科规划咨询项目、北京市全国文化中心建设项目，与门头沟政府、文旅局合作承担西山永定河文化带、长城文化带保护发展规划等项目，作为课程任务资源库，多方面创造支撑条件。

1.2 课程特色与创新

《城市要素调研与分析》作为一门人文地理与城乡规划专业的集中实践课程，经过多年的建设与不断地改革探索，形成了以下几个课程特色与创新点。

1.2.1 课程特色

《城市要素调研与分析》课程主要有以下三个特色：

1. 科研任务驱动，重塑课程内容

课程以团队教师的横纵向科研任务作为驱动，按照"实践动员、前期知识准备、田野调研、室内分析、汇报展演"框架进行组织与实施，创新地理与规划类集中实践教学模式，重塑课程内容。

例如，2021 年人文地理与城乡规划 2019 级学生的课程任务，就是结合教师团队承担的实际任务：包括横向课题《门头沟历史文化资料信息化建设》以及北京

市社科基金决策咨询类项目《北京西山永定河文化带传统村落文化价值挖掘与活态传承研究》等实际任务。根据以上科研项目，课程任务定为《北京西山永定河文化带传统村落建设现状调研》，并选择传统村落门头沟区沿河城村作为实习地点。

2. 引入多维技术，训练高级思维

通过任务驱动法、探究式等教学方法，将历史文化价值分析、地理信息技术、测量定位技术等科研最新发展引入城乡要素调研分析，支撑深度分析与高级思维的训练。

以 2019 级学生线要素调研为例，教师团队讲授了文案调研方法、智能手机数据采集方法、GIS 数据采集方法、问卷与访谈方法等多种调研方法，并介绍了多种数据采集软件、数据录入与分析软件和制图软件的用法，在此基础上要求学生自主选择调研方法与软件调查并绘制村庄道路现状图。学生经过小组讨论，根据实际情况和自身优势，选择了不同的方法和软件，完成了这一调研任务，图 1 为学生绘制的沿河城村道路现状图。

3. 扎根京华大地，服务首都城乡

课程积极融入思政内容，以保护传承利用中华优秀传统文化、助力乡村振兴为己任，强调服务基层、服务社会，培育学生的创新创业精神和社会责任感。

例如，在人文地理与城乡规划 2019 级学生的课程实践中，引入课程思政讨论内容：从社会主义核心价值观的角度理解为什么我们今天要研究村庄空间结构？哪些乡村文化需要传承？乡村振兴的现实背景、目的和意义是什么？并引导学生通过访谈调研自主寻找答案。图 2 为学生对村干部和普通村民的访谈照片。

此外，在实践过程中课程思政贯彻始终，通过北京长城、沿河城村的形成历史、

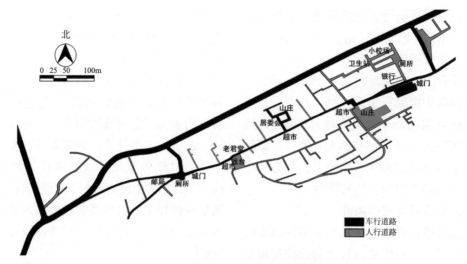

北

0 25 50 100m

车行道路
人行道路

图 1　学生作品：沿河城村道路现状图

图 2　学生访谈村干部与普通村民

红色遗迹要素采集、红色"1+1"共建活动等思政案例的融入，引导学生树立以保护传承利用中华优秀传统文化、继承红色基因弘扬红色文化、助力乡村振兴为己任的职业精神和家国情怀。

1.2.2　课程创新点

《城市要素调研与分析》课程在教学理念、内容和组织实施方面都有比较突出的创新点，特别是教学组织的创新最具特色。

1. 教学理念创新

《城市要素调研与分析》课程坚持"实践育人、知识传授、能力培养、思政教育"于一体的教学理念，通过具体的、实际的、复杂的实践任务，培养学生的综合能力、高级思维和社会服务意识，提升课程高阶性。

以高阶思维的培养为例，在实践过程中，首先教师团队设置需要高阶思维的问题，引导学生通过创造性思维实现问题的解决。例如，在人文地理与城乡规划2019级学生的课程实践中，教师团队提出了一个问题："在这个村庄中，哪些姓氏占比较大？"针对这一问题，首先学生小组进行了头脑风暴，在不同思维的撞击下，采用了不同的调研方法，其中，有小组提出可以根据户外电表上的姓名进行调查统计，被评为最简单有效的调研方法。

2. 教学内容创新

课程团队及时将地理信息技术、测量定位技术等最新前沿技术、教师的科研项目和地方需求引入课程，提升课程创新性。

例如，2021 年结合教师团队承担的科研项目《门头沟历史文化资料信息化建设》和《北京西山永定河文化带传统村落文化价值挖掘与活态传承研究》等，把人文地理与城乡规划 2019 级学生的课程任务定为《北京西山永定河文化带传统村落建设现状调研》，并选择传统村落门头沟区沿河城村作为实习地点。为了满足学生多元化的学习、教学需求，兼顾学生的个性发展，又把任务目标分解为旅游景点与线路规划、传统村落保护规划、村庄公共设施规划、红色文化传承规划等多个专题。

在数据采集方面，引入智能手机数据采集方法，利用"六只脚""两步路"、GPS 工具箱等手机 APP 采集村落的点、线、面等空间数据。

3. 教学组织实施创新

通过设计"跳一跳才能够得着"的学习任务，培养学生的自主学习能力。通过优化多元考核评价体系，增加课程挑战度。以人文地理与城乡规划 2019 级学生的课程实践为例：首先，通过任务解读引导学生提前做好理论和方法准备，并分组选取专题调研任务；其次，结合 ICT 技术在地理学调研中的应用，设计若干有挑战性的、需要"跳一跳"才能完成的调研项目，如村庄肌理调研，激发学生自主学习的主动性；然后，组织指导学生野外实践，一周时间内，采取认知—分析—应用的组织形式，先由任课教师带领学生走读调查区域，进行统一认知实习，然后根据专题要素，开展小组调研，按计划在规定时间内完成数据采集、访谈与整理分析；最后，在野外实践结束前一天进行小组预研究方案研讨交流，团队教师针对调研应用方向给出相应建议。

2 课程教学创新成效

课程团队改革意识强、理念新，对课程建设非常重视。近几年，课程进入高质量发展阶段，不断激发学生自主学习，探索课程成果转化，使课程成为专业人才培养不可或缺的一个重要环节。学生在实践中收获满满，能力得到很大提升。

2.1 学生实习成果提升显著

课程通过实践教学引导，以学生为主体完成任务，增强了学生创新意识和创新能力、提升了学生的成就感。从人文地理与城乡规划 2019 级学生的课程成果就可以看出，学生在多元化学习、任务驱动和个性化发展的基础上，交出了满意的答卷。下面是部分学生的规划作品。

2.1.1 小组作业

人文地理与城乡规划专业 2019 级课程任务定为《北京西山永定河文化带传统村落建设现状调研》。其中，高阶任务要求学生在自主学习和调查研究基础上试做旅游景点与线路规划、传统村落保护规划、村庄公共设施规划、红色文化传承规划等多个专题规划。

虽然，在此阶段，学生并没有系统学习过规划类的课程，在此之前学生也没有做过相关规划类的作业，但是面对这个需要"跳一跳"才能完成的任务，学生充分发挥了主观能动性，很好地完成了任务。不同的组可能用不同的作图软件来完成规划图，有些手绘好的同学甚至提交了手绘效果图（图 3）。

图3　学生作品：沿河城村精品民宿区效果图

2.1.2　海报展示

学生在小组作业的基础上，还根据各自小组不同的主题，设计制作了海报进行成果展示。海报制作也是高阶任务之一，学生们通过自主学习和分工合作很好地完成了任务（图4）。

2.2　课程教学改革卓有成效

近年来，课程经过持续地改革和建设，

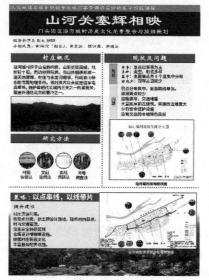

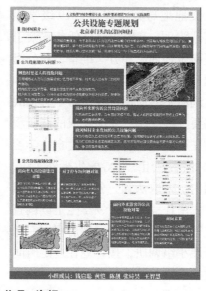

图4　学生作品：海报

取得了明显的成效。

2.2.1 课程得到学生认可

目前的课程组织形式以"理论＋实践"为主线，理论课堂在校内进行，以教师讲解、师生讨论、小组汇报为主要形式；实践课堂在校外基地进行，以学生小组为中心，教师随队指导，主要包括数据采集、数据分析、讨论指导、小组交流等内容。在教学团队的共同努力下，学生评教成绩不断提高，最近一次学生评教成绩优秀。

2.2.2 课程外溢效益突出

除了课程本身成效显著，课程的外溢效益也非常突出，学生团队依托本课程的调研成果，先后参加第四届、第五届"中国高校地理科学展示大赛"，并获北方赛区一等奖、二等奖两项。全国总决赛二等奖、三等奖两项，受到其他高校参赛师生和评委的一致好评。此外，学生形成的课程实践成果也为沿河城村的村庄空间布局优化和中国传统村落的文旅融合发展、长城文化活动规划、红色文化保护等方面提供了咨询。

2.3 课程团队建设成绩斐然

《城市要素调研与分析》课程团队为北京高校优秀本科育人团队，团队成员100%具有高级职称，作为实践类课程，团队"双师型"教师比例达到100%。所谓"教学相长"，在课程的改革与建设中，不仅课程本身取得了丰硕成果，课程团队也取得了很好的成绩：多项教育教研项目获批立项，发表多篇教研论文，出版了1本专业集中实践教材。

此外，课程团队还获得了多项教学奖励：团队成员曾获批3项北京市教育教学成果二等奖，1项校级教学成果奖一等奖。

在探索教学改革和课程思政方面成果斐然，先后获北京联合大学课程思政教学设计大赛二等奖，并被授予"北京联合大学课程思政优秀教师""优秀团队"称号。

2.4 学生收获满满体会良多

《城市要素调研与分析》实践课程以"学生主体、内外融合、任务驱动、科研支撑"为指导思想，强化学生中心地位，强调成果导向，增强学生创新、提升的成就感。因此，课程结束后，学生们普遍感觉收获满满，体会良多（图5）。主要的收获和体会包括以下几个方面。

2.4.1 学生个人能力提升

首先，通过两周的实践课程，很好地达成了课程的知识和能力目标，学生掌握了自然地理学、人文地理学的基础理论在实践中的应用，掌握了城乡要素调研的基本方法。

其次，通过自主学习充实知识体系，解决具有挑战度的难题，学生的要素调研分析能力、现实问题认知能力和解决问题创新能力得到了很大的提升。例如，有学生在实习日志中写到"从前期访谈调查、现状用地布局的测量与绘图、中期的问题归纳与总结、规划思路的梳理，直到后期进行具体的规划，切实地体验了规划项目的流程，为未来的职业发展奠定了基础。同时还培养了我们对 GIS、CAD 等软件的实际应用，抛开了课本，完全依据自己调研的结果进行绘图，培养了我们的创新能力"。

2.4.2 师生团结协作

课程组织形式以"理论＋实践"为主线，分校内、校外两个实习场所进行，学生以小组为单位完成实习任务；课程团队

时间	具体任务、感受与总结
2021.7.29	实习的最后一天，我们将这十天来的实习任务进行汇总整理，将材料发送打印交给老师。十天的实习生活就这样结束了，从一开始的满怀期待，到实际见到沿河城村基础设施的些许失望，再到离别沿河城村的不舍，我们从这次实习活动中收获了太多太多——专业技能的提高、课本知识的实际运用、师生关系的紧密、合作的力量……这次社会实践不仅提高了我们的知识水平，更增强了我们之间的凝聚力以及对自己专业的认可和自豪感，额头上的印记亦是这次实习留下的记号，难忘且珍贵，可能在许多年后我仍然会记得这次经历。
地点	
学校	

姓名：<u>谢雨欣</u>

学号：<u>2019010319034</u>

时间	具体任务、感受与总结
2021.7.29	昨天已将报告撰写完成，小组的图也制作完成，感谢小组的每一位同学，城乡规划不再是冷冰冰的词语而是一个被赋予历史文化意义的一次次改造，促进当地产业发展的根本，学习规划这个专业，通过这次走访实习感受到了这个专业的魅力之处，让我对未来的学习充满了期待与憧憬，希望自己的规划可以使一个地区变得更好，成为我当下的目标，为祖国的乡村振兴，城乡规划做出贡献。
地点	
学校	

姓名：<u>张晨洁</u>

学号：<u>2019010374017</u>

时间	具体任务、感受与总结
2021.7.29	今天的主要任务是实习报告的撰写，我们通过前期调研的总结，发现村庄内空间布局和功能上的问题，提出改进的思路，在现状的基础上对村庄进行合理的规划布局。能够提高我们对规划项目的工作程序的熟练度，从前期访谈调查、现状用地布局的测量与绘图、中期的问题归纳与总结、规划思路的梳理，直到后期进行具体的规划，切实地体验了规划项目的流程，为未来的职业发展奠定了基础。同时还培养了我们对 GIS、CAD 等软件的实际应用，抛开了课本，完全依据自己调研的结果进行绘图，培养了我们的创新能力。
地点	
学校	

姓名：<u>闫子鸣</u>

学号：<u>2019010319002</u>

时间	具体任务、感受与总结
2021.7.29	实习报告撰写完毕并准时上交，自己交完报告后有很多感受，通过这次调研实习，丰富了我的实践经验，提高了我的团队合作能力，使我通过这次调研实习更加了解社会，这次调研实习意义深远，对我的帮助享用一生。作为一个 21 世纪大学生的一员，社会实践、实习是引导我们走出校门、步入社会、并投身社会的良好形式我们要抓住培养锻炼才干的好机会提升我们的修身，树立服务社会的思想与意识。同时，我们要树立远大的理想，明确自己的目标，为祖国的发展贡献一份自己的力量。
地点	
学校	

姓名：<u>杨家富</u>

学号：<u>2019010319022</u>

图 5　学生实习日志中的收获与感悟

的授课形式包括教师讲解、随队指导、师生讨论、点评总结等形式。锻炼学生通过分工合作和团队协作完成课程任务,培养了学生的团队意识,也拉近了师生关系。这一点,学生也深有体会,有学生在实习日志中写到"我们从这次实习活动中收获了太多太多——专业技能的提高、课本知识的实际运用、师生关系的紧密、合作的力量……这次社会实践不仅提高了我们的知识水平,更增强了我们之间的凝聚力以及对自己专业的认可和自豪感,额头上的印记亦是这次实习留下的记号,难忘且珍贵,可能在许多年后我仍然会记得这次经历"。

2.4.3 践行社会主义核心价值观

课程不仅注重能力培养,也注重素质提升,希望通过两周室内外实践课程,让学生建立扎根地方、调查研究的学科意识,通过分工合作和团队协作完成课程任务,让学生树立并践行社会主义核心价值观,学以致用,培养学生服务地方发展的家国情怀。

而这一目标也基本实现了,学生们在谈到收获时纷纷提到对专业的自豪,对传统文化的热爱以及对建设家国的使命感。有学生在实习日志中写到"希望沿河城村可以得到更好的规划实现乡村产业的振兴,使当地的居民有更好的发展与文化传承保护的动力,吸引到更多的人到沿河城地区去放松度假感受历史文化,了解北京的历史,展现中国历史的源远流长";也有同学写到"通过这次调研实习,丰富了我的实践经验,提高了我的团队合作能力,使我通过这次调研实习更加了解社会,这次调研实习意义深远,对我的帮助享用一生。作为一个 21 世纪大学生的一员,社会实践、实习是引导我们走出校门、步入社会、并投身社会的良好形式,我们要抓住培养锻炼才干的好机会提升我们的修身,树立服务社会的思想与意识。同时,我们要树立远大的理想,明确自己的目标,为祖国的发展贡献自己的力量"。

虽然,经过多年的建设和改革课程已经圆满完成了预期建设目标,但是,成绩的取得并不是奋斗的终点,今后,课程团队仍将继续努力,持续改进,力争取得更大进步。

《地图学》课程教学创新实践成果

黄建毅

（北京联合大学应用文理学院，北京　100191）

摘　要： 地图学是用"数学—形象—符号模型"再现客观实体，反映和研究自然与社会经济现象空间分布、组合和相互联系及其变化的科学。课程立足学生学情，通过找准地图教学的痛点，秉承"德育为先、学生中心、研学融合、持续改进"的教育理念，提出了"学科交叉融合""实践与应用结合""信息化资源利用""多元化教学方法探索""强化思政引领"等教学创新路径，实现学生全面参与课程学习，达到"知识 - 方法 - 思维"进阶教学的落地，实现教学效果迭代升级。实施教学创新后，课程实现了把课堂气氛搞活、把知识内容讲活、把技术方法练活、把家国情怀激活的目标。学生学习积极性和主动性大大提升，学习效果显著，凭借扎实的专业实践能力，学生在多项学科竞赛中取得优异成绩，育人效果突出，实现了知识传授、价值塑造和能力培养的多元统一。

关键词： 地图学；研学融合；进阶教学

0　引言

《地图学》是人文地理与城乡规划专业的学科大类必修课程。其先修课程为专业导论、自然地理学、人文地理学。课程主要涉及：地图的基本概念、地图的数学基础、地图表示及专题图设计等，其中专题图设计是本课程的重点，同时安排了读图、绘图、用图实习。通过课程的教学，学生能够认识地图学的发展历史，理解基本制图要素的构成，掌握空间信息的采集、地图投影的设置、科学的地图概括、地图符号的设计方法，并进行地图识图及专题地图的编制；同时能够综合运用地图学基础知识，使用地图作为地理学第二语言与专业工具，"书写"与整合地理信息的时空变化，分析其发展规律，并结合地图学课程思政特点，以地图制图的科学性与规范性为着眼点，在地图制图、编绘、应用等环节，强化学生地图的主权和国防安全意识的培养，培养学生家国情怀，实现思政育人效果。

1　学情分析与教学痛点分析

1.1　学情分析

1. 读万卷书却未能行万里路

地图学是一门理论性和实践性都很强的学科，涉及地理、测绘、数学、美学等学科基础知识。由于学科交叉的特点，学

作者简介：黄建毅（1984—），男，河南许昌人，博士、副教授。主要研究方向为城市韧性与风险评估研究等。

资助项目：北京市教育科学"十三五"规划青年课题（CDCA19127），"基于 OBE 理念的本科专业课堂教学评价改革与实践研究——以学生评教为切入点"。

生学习常以简单的死记硬背书本知识为主，无法将理论知识与实际生活联系起来，导致理论与实践脱节。尤其是本课程的主要载体—地图，对于大部分同学极其熟悉，但是在实际生活中识图、制图、用图环节中缺乏高阶性技能和经验，导致学生学习兴趣不足。

2. 文理兼收而学习风格不同

地理学在高中和大学阶段文理分科属性界定不同。作为文理兼收的专业，地理学在招生时通常不限制学生的文理科背景，但学生学习风格可能会存在较大的差异。文科背景的学生善于逻辑思维，需要用理论讲解来理解地图学的原理；而理科的学生善于形象思维，需要通过实际操作来掌握地图学的技能，课程授课需要兼顾不同背景学生的需求，提供多样化的教学方法和活动，进行差异化教学。

3. 思维活跃但方法技能不足

地图学作为一门实操性较强的课程，对于学生实际操作能力，如使用地图工具、解析地图信息等具有较高要求。作为新世纪的大学生，学生普遍具有较宽的视野和很强的新事物接受能力。然而在课程实践教学环节中，学生"手不跟脑"的现象较为突出，亟需灵活借用大数据、遥感、地理信息系统等信息技术解决地图学动手能力较为薄弱的问题。

4. 课程思政仍需入脑和入心

课程思政入脑入心不足，专业素养不强。目前学生处于价值观形成的拔节孕穗期，接受着大数据时代井喷式的信息，需要有效的思政引导坚定他们的成长路线，然而大多数学生对地图学中的思政元素缺乏敏感性和主动意识，因此潜移默化地融入，发挥地图学世界观和思维方式的潜力，需要教师通过多种教学创新举措引导学生发现和挖掘思政元素，培养学生的思政意识和素养。

1.2 教学痛点

1. 教学内容更新不足，学科交叉性较弱

地图学是一门不断发展和变化的学科，新的理论和技术不断涌现。然而，当前一些地图学教材的内容相对陈旧，在引入最新的学科理论和技术，以及最新的地图学应用案例方面存在欠缺，不利于学生形成跨学科的思维和综合能力，制约其在解决实际问题时的应用能力。

2. 教学手段较为单一，学生积极性不高

传统的教学方法以教师讲授为主，学生被动接受知识，缺乏互动和参与，导致学生学习积极性不高。需要进一步创新教学形式，增强课程的趣味性，提高学生的学习兴趣。同时运用互联网和智慧教室等新技术，实时有效管控课堂，增加小组讨论和教学互动，吸引学生的注意力，激发学习热情，培养自主学习能力，加深学生对知识的理解，巩固教学效果。

3. 研学实践缺乏组织，实践环节不落地

在地图学的教学过程中，虽然开展了教师研究项目对实践环节的引导，然而由于融入得较为生硬，导致实践环节不够接地气。首先是不同的学生尤其是不同学习风格的学生对实践环节的需求和兴趣点以及接受程度不同，需要对在研项目课题进行拆解分类，满足不同学生的需求；其次在实践环节中没有充分引导学生在实际应用场景中使用地图学知识，导致学生无法深入理解地图学的应用价值和优势，降低了学生实践兴趣和动力。

4. 考核方式不合理，育人效果缺监测

传统的考核方式以考试为主，在丰富

第二课堂探究式教学，增加课外实习环节、随堂测试和过程性考核方面略显欠缺，从而忽略了对学生实际应用能力和综合素质的考察，导致学生过分关注考试成绩，不利于学生实际应用能力以及立德树人的全面培养。

2 教学创新路径

相比较其他课程而言，地图学是一门具有丰富应用背景的交叉学科，它涉及地理、测绘、计算机等多个领域。结合本专业强化地图制图应用的培养目标和学校高水平应用型大学的发展定位，地图学课程教学内容更应该紧密结合行业和社会的实际应用，注重培养学生的实际操作能力和解决问题的能力，并强化学生社会责任感和家国情怀意识。结合前述学情和教学痛点的分析，本课程围绕以下四个重要议题对教学思路进行了创新改革。（1）地图学内容是否关注学生的兴趣和需求？（2）地图学知识是否充实、结构是否合理？（3）地图学实践操作环节是否强化

了知识的应用？（4）地图学思政教学是否强化了育人效果？

2.1 学科交叉融合

学科交叉融合，化繁为简，促兴趣。地图学是一门交叉学科，除了涉及传统的地理、测绘、计算机等多个领域。在地图学教学过程中，可以引入其他相关跨学科的知识和理论，如历史学、行为学、神经学等，以丰富地图学的教学内容和体系，培养学生的综合素质和应用能力，激发学生学习兴趣。例如：在研究地图学与神经科学相互影响和交叉融合的基础上，可以引入深度地图的最新研究成果，将应用认知神经科学理论和方法用于理解地图上，以揭示地图的神经学机理（图1）。从而深化同学们对地图本质的认识，结合最近热门的人工智能技术，通过深度地图的讲解，让同学们接触地图与人工智能融合的前沿方向，激发学生学习兴趣。另外也可以引入历史名人地图制作，结合数据文本挖掘与历史信息匹配，绘制历史名人事迹图，增强学生历史文化素养。

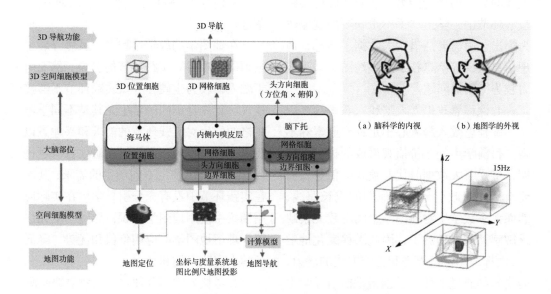

图1 地图学与脑科学融合下的深度地图解析

2.2 借力线上资源

借力线上资源，化难为易，促理解。针对课程交叉性强和部分章节理论内容较难，课程教学中积极吸收优质线上资源，并录制实验课程操作视频，增强知识呈现效果，促进学生消化理解。同时也可以利用多媒体技术手段形象生动地展示地图学知识，鼓励学生进行自主学习可以培养学生的自学能力和创新精神。同时在教学过程中，也可以利用线上资源，安排一些自学内容或学习任务，例如利用虚拟仿真课程，让学生自主探索和研究地图投影原理和变形性质（图2）。借助于线上优质教学和学习资源，可以帮助学生更好地理解掌握知识和技能，培养学生的创新能力和解决问题的能力。

2.3 研学融合

科研反哺教学，化虚为实，促动手。地图学是一门实践性很强的学科，在教学过程中更应注重实践操作和应用能力的培养。然而地图学中有些理论比较抽象，难以理解，因此教师可以结合自己的科研实践，将抽象的理论转化为具体的实例，让学生更好地理解和掌握；同时相对课本提供的实践教学案例而言，操作流程过于流程化和规范化，学生拓展提升的空间有限，在实践教学环节中，结合教师自己的科研

和规划项目，引出实际案例，指导学生开展规划制图实践，让学生通过真实情景巩固理论知识，提高解决实际问题的能力，增强学生学习的获得感。

2.4 进阶教学

多元教学方法，化教为导，促思考。结合科学研究热点问题和已有的学术成果，改变传统教学中单纯传授知识的教学模式（图3），采用课堂小组讨论、学生互评的方式，以科学问题为导向，通过"翻转+沉浸+探索+讨论"的方式，层层递进，归纳演绎，引申出各个知识点，使学生深度参与，促进师生之间的交流和互动，进行探索式学习，深化学生对知识的理解。结合与课程知识点相关的学术热点问题，设计课后拓展题目，通过丰富的课后拓展题目，使学生在课外进行学习探索。

2.5 全方位过程性考核

多元过程考核，化单为多，促动力。依托最前沿互联网信息技术和智慧教室硬件设施，并采用微助教微信小程序平台和云班课网络课堂，多种信息手段介入教学管理和评价，全过程数据留存，提高课堂管理水平（图4）。此外，通过生成实时课堂大数据，实时反馈学生的学习情况。同时，定期做阶段性教学效果调查，及时调整教学安排，并在期末调查改进效果。

图2 线上优质课程资源和虚拟仿真项目引入课程教学

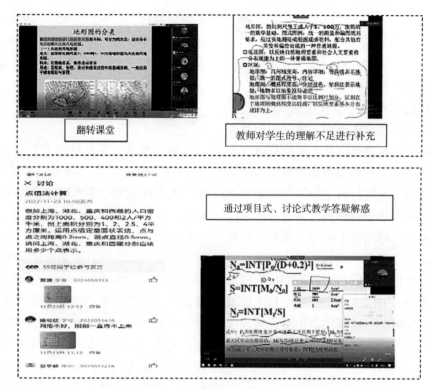

图 3　混合式教学方法推动传统教学改革创新

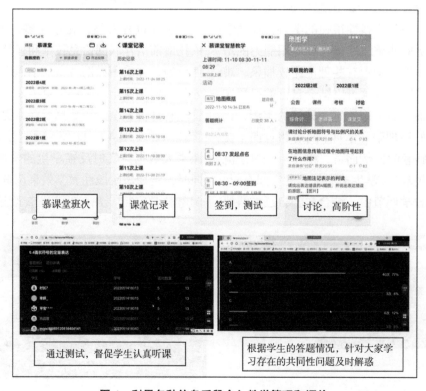

图 4　利用多种信息手段介入教学管理和评价

课程提出"小组互评＋专题报告＋课后习题＋期末笔试机试"全方位过程性考核方式，设计精细化小组展示和讨论评价标准，全过程评价学生的学习效果。此外，结合学生参与学科竞赛和研学项目情况，对学生的学习效果进行补充评价。

2.6 强化思想价值引领

强化思政引领，化小为大，促育人。结合地图学自身的内容与特色，在教学过程中巧妙融合社会主义核心价值观、中国传统文化等方面的教育（表1）。梳理了强化国家版图意识、树立地图信息保密意识和培养建设社会的责任三个主要的课程思政方向。结合学生认知特点，将大思政与小事情相结合。例如开展地图数据源内容的地图涉密思政内容时，就可以从手机照片定位开启造成的位置信息泄露的案例的展示，以小见大，启发学生强化地图信息安全意识，实现思政热点问题与地图制图及其应用有机结合，实现思政育人润物细无声。

《地图学》课程核心知识模块及其课程思政内容的融入　　　　表1

知识模块	主要内容	课程思政内容的融入点
地图基本知识	地图的基本特性、定义、功能与分类；地图学发展史及其与相关学科的关系	自古以来地图政治属性，我国古代地图发展的相关成就
地图的数学基础	地球体的认知、空间参考系、地图投影、坐标系、比例尺	地球科学测量的发展史，1980年我国西安大地坐标系的国防安全意义
地图数据源	地图数据的主要来源及其分类；地图数据加工处理方法	北斗卫星全球组网成功，早期地图数字化工作的回顾，地形图的保密使用
地图符号化与地图的表示方法	地图符号的设计；地图基本表达类型及其属性特征的表达；专题要素的表示方法	结合国界线的设计，探讨地图符号设计的规范性问题及其内在的政治意义
地图编辑与制作	地图设计的一般原则及其基本流程；数字地图的编绘	结合我国横版和竖版行政地图的设计，强调地图排版布局的科学性和权威性
地图分析与应用	传统地图分析的途径和方法；数字地图的分析与应用；电子地图的应用	地图的正确科学表达，自觉抵制"问题地图"的传播和应用

3 教学效果

通过教学创新路径的逐步推进，以及多年教学经验的积累总结，痛点问题得到了解决，课程教学质量有了较大改善，初步实现了把课堂气氛搞活、把知识内容讲活、把技术方法练活、把家国情怀激活的"四活"目标，具体成效表现在以下几个方面。

1. 学习态度层面：有效地控制了课堂，激发了学习兴趣

通过以上教学创新的实施，上课的参与度和抬头率明显提升，这在教室的监控系统中得到了证实。此外，学生的学习效果也得到了有效提升，一些同学在前半学期不主动不积极，但在后半学期主动请教问题，参与学习的热情大幅度提高，期末成绩显著提升。学生对本课程和专业的认可程度也进一步提高，这也体现在与学生的座谈中（图5）。

2. 学习成效层面：知识和技能掌握牢固，培养了专业自信

基于课程讲解的地图制图内容，学生积极参与学科竞赛，在各种全国性地理学

学科竞赛获奖，如多届全国地理展示大赛荣获奖项。以本课程相关内容作为选题方向，有多名本科生获批国家级启明星项目，本科毕业论文达到优秀（90分以上）。未来，将继续全面深化教学创新，系统性提升整体教学效果（图6）。

3. 思政育人层面：专业知识对接社会需求，强化了家国情怀

通过地图学课程，大大增强了学生对中华文化的认同感和自豪感，学生的地图政治素养大大提升，国家版图意识和国防安全意识有较大提升，更重要的是学生们不仅将《地图学》课程中学习的绘制地图相关技能运用到实践当中，培养和加深了同学们的家国情怀，实现了课程思政理念中知识传授、价值塑造和能力培养的多元

统一。今年暑期受台风"杜苏芮"影响，北京多地引发洪涝和地质灾害，为支援受损地区村庄灾后重建，专业学生在老师的带领下赴房山区周口店镇葫芦棚、北下寺和拴马桩等受灾村落开展灾后重建规划的现场调研工作，并结合地理学科知识，以及地图制图技术特长，快速进行灾害适应性评价，为推动受灾地区重建提供科学支撑，得到了房山区区委、区人民政府的认可和感谢。

4 结语

在这个快速发展的时代，传统的教学方式已经不能满足学生的需求。为了更好地培养未来的人才，我们必须不断地进行

图5　学生课堂和课后表现情况

图6　专业学生连续多年参加高校地理展示大赛并获得优异成绩

教学创新。教学创新的道路上，始终秉持着一种理念：教学不仅仅是一种知识的传递，更是一种情感的交流，一种思维的碰撞。然而学生的知识背景和学习能力差异显著，教学创新不仅仅是一种形式上的改变，更是一种教育理念的转变。"金子适合发光，种子适合萌芽"，在教学创新过程中，一定要注重学生的个性差异，采用个性化的教学方式，让每个学生都能够得到适合自己的教育。在未来的教学中，将继续努力探索和实践教学创新。相信只要我们始终保持对教育的热情和执着，不断反思自己的教学实践，就能够为学生的成长和发展贡献自己的力量。

《遥感概论》课程教学改革创新实践及成果

王 娟

（北京联合大学应用文理学院，北京 100191）

摘 要： 遥感是以非接触方式通过电磁波探测地球目标几何与物理属性、自然环境与人类社会活动变化规律的一门战略性新兴交叉学科，是经济建设、国家安全和人类社会可持续发展的关键支撑手段。随着航空航天遥感技术的发展，世界各大国竞相发展遥感科学与技术，为占领遥感科技制高点展开了激烈竞争。遥感科技的竞争是人才的竞争，2022 年 9 月 13 日，国务院学位委员会和教育部联合印发《研究生教育学科专业目录（2022 年）》，遥感科学与技术成为新的一级学科。李德仁院士明确提出，目前我国急需培养熟悉从传感器研制、卫星设计，到遥感信息处理、遥感应用的全链路遥感人才。北京联合大学作为应用型大学，如何设计和建设面向国家需求的遥感应用人才培养、如何协同发展前沿科学研究与多学科交叉人才培养是我们急需探讨的问题。然而，受限于固有教学思维和模式，传统的教学还是以课本知识的课堂讲授为主，这种由老师大量输出，学生被动接收式的教学方式往往难以使学生深度参与其中，学生学习的主动性不高，难以有效地构建起学生的遥感技术知识体系，更难以使学生真正的学以致用。通过找准遥感概论教学的痛点，探索面向国家需求的遥感应用型人才培养创新体系的总目标，提出了"多学科交叉综合培养环境、科教深度融合"的教学方法，通过"夯实基础性，提高学术性，强化实用性，贯穿思政性，体现北京味"实现内容重构，采用"课堂与野外结合，理论与实践相结合"的课程组织方式，综合运用"翻转＋沉浸＋探索"和"互联网技术＋课堂大数据"，构建精细化评价指标，引入"小组互评＋专题报告＋课后习题＋期末笔试机试"全方位过程性考核，使学生深度参与课程学习，实现教学效果迭代升级，满足应用型人才的培养需要。

关键词： 遥感概论；创新设计；地理信息科学

0 引言

《遥感概论》是地理信息科学专业的专业必修课，开设于本科二年级第二学期，48 学时，3 学分。该课程是一门理论和实践紧密结合的课程，教学内容既包括遥感科学理论知识学习，也包括遥感技术相关软件操作的学习和练习。通过理论部分学习，学生主要了解遥感概念、遥感系统组成、地物光谱特征、遥感图像特征、数

作者简介：王娟（1986—），女，博士、副教授。主要研究方向为遥感技术与应用、城市热环境等。
资助项目：2023 年北京高等教育"本科教学改革创新项目"项目"'价值引领、实践创新、多轮驱动'地理学类一流专业协同育人模式研究"（202311417002）。

字图像处理、遥感科学发展趋势等，对培养学生学科基础知识及建立本专业理论知识、促进学生创业具有重要作用。通过实践练习，学生加深对基本概念和理论的理解，能够掌握1~2种常用遥感软件的基本操作，掌握利用遥感系统工具分析和解决地理问题能力，为3S技术（地理信息技术）综合应用提供技术基础，以符合学校应用型、城市型的办学定位。此外，通过结合野外实践和课程思政，加强学生的国情教育，增强爱国情怀，培养其做人做事的基本道理，提升社会责任感，成为合格的社会主义劳动者。

1 学情分析与教学痛点分析

1.1 学情分析

第一，从学习表现来看，课外学习热情低，课前缺乏主动预习，课后缺乏知识巩固；课堂参与度低，听课抬头率低，回答问题消极。第二，从学习效果来看，应用能力不足，无法理论落地，缺乏应用实践；思政入心不足，专业素养不强，做人做事欠缺。这里既有课程本身和学生基础的客观原因，更多则是教材和教师的主观

教学痛点。客观原因方面，遥感技术本身难度较大，学科交叉强，技术更新快，应用领域广。同时，根据目前的教育培养和招生模式，地理在高中属于文科，而在大学却属于理工类专业，本专业在招生过程中实施文理兼收政策，学生的中学基础差异较大，部分同学具有一定理科基础，部分同学则基础较差，且在多学科知识交叉背景下，学生已经不再适应从"知识到知识"的传统的教学模式，学习目标不明确。

1.2 教学痛点

第一，目前采用的教材内容陈旧，教学手段单一，形式枯燥。运用互联网和智慧教室等新技术，实时有效管控课堂，增加小组讨论和教学互动，吸引学生的注意力，提升学生的参与度与教学有效性，丰富课外探究式教学，增加课外实习环节、随堂测试和过程性考核。第二，教师缺乏教学引导，实践环节欠缺。单纯的讲授理论知识并不能引起学生的学习兴趣，需要进一步创新教学形式，增强课程的趣味性，提高学生的学习兴趣。同时，激发学习热情，培养自主学习能力，加深学生对知识的理解，巩固教学效果（图1）。

图1 学情分析和教学痛点

2 教学创新实践与反思

2.1 教学思路创新

通过找准教学的痛点，提出了探索面向国家需求的遥感应用型人才培养创新体系的总目标和"多学科交叉综合培养环境、科教深度融合"的教学方法，从教学目标和教学方法两方面进行教学创新。

首先，设计和建设遥感应用型人才培养体系。第一，开拓创新，建设引领示范作用的课程目标和教材体系。围绕 OBE 教学目标中知识、应用、整合、情感、价值、学习等 7 个维度，根据专业培养目标，提出本课程的子目标，包括：构建遥感科学与技术学科基础知识体系，解决地理学领域复杂问题的综合实践能力，综合地理学时—空思想的高级思维，培养大胆质疑和勇于创新的专业素养及综合素质，践行责任担当和社会使命，提升深度分析和自主学习能力。第二，统筹规划，创立科研与人才培养融合协同发展模式。通过"四科"助"四教"（科研团队培育教学梯队、科研成果充实教学案例、科研平台支撑教学实践、科技合作营造国际化育人环境）、统筹教学改革研究（主持教改项目、发表教学论文），采取本科生加入科研团队并主持科研项目、学科竞赛促进创新创业实践等举措，创立科研与人才培养融合协同发展模式（表1）。

课程目标 表 1

OBE 教学目标	教学子目标
知识	构建遥感科学与技术学科基础知识体系
应用	解决地理学领域复杂问题的综合实践能力
整合	综合地理学时—空思想的高级思维
情感	培养大胆质疑和勇于创新的专业素养综合素质
价值	践行责任担当和社会使命
学习	提升深度分析和自主学习能力

其次，教育教学方法创新。从内容重构、方法改进、评价改革、手段革新四个方面全方位创新。多学科交叉是遥感技术的重要特点，积极探索"遥感+资源环境""遥感+城市""遥感+经济"等多学科交叉融合。通过"夯实基础性，提高学术性，强化实用性，贯穿思政性，体现北京味"实现内容重构，采用"课堂与野外结合，书本与实践相结合"的课程组织方式，讲授过程中强调数形结合法和地理学思想的传输，讲解尽量形象化，同时让学生利用学校的网络资源（如网络课堂等）进行自主预习和学习，讲授时由生活经验得到数学概念，做到将复杂抽象的知识简单化，同时，综合运用"翻转+沉浸+探索"和"地理虚拟仿真+互联网技术+课堂大数据"，构建精细化评价指标，引入"小组互评+专题报告+课后习题+期中期末笔试"全方位过程性考核，使学生深度参与课程学习，最终构建以学生为中心，建立教与学的新型关系，夯实技术应用，体现新技术与教学融合，科研反哺教学，结合遥感发展前沿科技，多样特色发展，培养学以致用应用人才。

2.2 教学内容重构

《遥感概论》现有教材中知识体系较为复杂，在有限学时中不可能一一详细讲授，须结合专业培养突出重点内容，并对内容进行重新梳理和整合，精简文字，让书本文字尽可能地以图片、表格和视频的方式重新呈现，并结合当下时政热点、社会热点和学术前沿，补充新的内容，实现对教学内容的重构。具体来看，从"夯实基础性，提高学术性，强化实用性，贯穿思政性，体现北京味"五个方向实现了对课程内容的重构。

（1）夯实基础性。遥感是一门综合性

的科学，它借助物理学的基础、数学的方法、计算机的手段，以及地理学、生物学的分析，解决对地遥感的科学理论和实际问题。针对教材内容抽象，讲授过程中补充基础原理，聚焦专题应用，强调数形结

合法和地理学思想的传输，讲解尽量形象化（图2），同时让学生在网络资源和课程在线平台进行自主预习和学习，讲授时由生活经验得到数学概念，做到将复杂抽象的知识简单化。

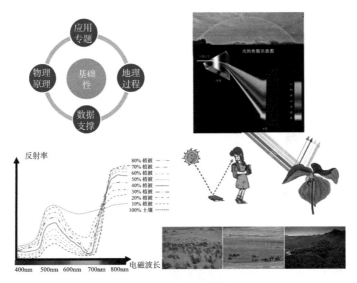

图2　夯实基础性示例元素

（2）提高学术性。针对教材老旧问题，与时俱进更新教材内容，补充学术前沿，同时，遥感的发展，尤其是我国遥感技术的发展，更是离不开我国一代科学家的努力和坚持，传统的遥感课程讲授并不突出这些科学家的事迹和科学探索过程。而我们更愿意呈现这些科学家的事迹和科学探索过程，强调遥感学科的科学性，激发学生的学习兴趣。此外，遥感技术的诸多应用领域，如气候变化、人地关系等都属于世界前沿研究热点。将这些内容补充到教学中可以突出学术前沿，进一步激发学生的求知欲和科学探索精神，提升学习热情（图3）。

（3）强化实用性。该课程最终定位是培养遥感技术应用人才，服务于经济建设、国家安全和人类社会可持续发展等。针对教材案例缺乏，在教学内容的选取上，不

仅局限于遥感的传统典型应用，更是引入中国重大工程建设、云计算等应用案例，多种应用举例，科研反哺教学，强化其实用性。在课程知识点的呈现中依托经典的实用案例（图4），将理论与实际应用相结合，使学生明晰基础理论知识在实际生产和生活中的应用，学会举一反三。

（4）贯穿思政性。针对思政环节薄弱，本课程将强化责任担当、践行社会使命的核心思想贯穿整个教学环节，使学生牢固树立学以致用的理念，并根据专业教育要求，有机融入做人做事的基本道理，社会主义核心价值观的要求、民族复兴的责任与担当，体现"四个自信"的内容。具体来看，可以将国家重大工程建设工程案例和热点问题与遥感技术及其应用有机结合，达到润物细无声。

（5）体现北京味。我校作为市属高

校，办学目标主要还是培养应用型人才，服务北京的发展。因此，我们在课程内容中加入了北京的案例（图5），将这些案例镶嵌在各个环节中。使课程接地气的同时也可以让学生利用遥感技术更好地了解北京，认识北京、服务北京。

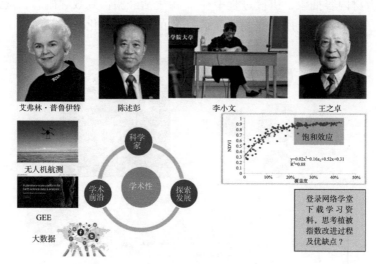

图3　遥感学术先驱和遥感应用学术前沿

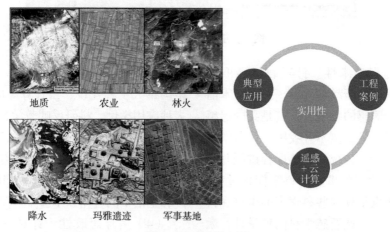

图4　遥感应用案例

图5　专题研究报告示例

2.3 教学方法创新

本课程分为教室理论学习、机房上机学习、野外实践学习三个部分，提出"课堂与野外结合，理论与实践相结合"的教学模式，加强实习、实践环节的教学。此外，理论学习中改变原有教学中以老师讲授和灌输，学生被动接收的教学方法，让学生成为学习的主体，结合遥感技术授课中的难点，提出"翻转＋沉浸＋探索"的多样化教学方式。最后，为提高课堂组织效率，引入最新的教学手段，综合运用各种技术手段，提出"地理虚拟仿真＋互联网技术＋课堂大数据"的手段创新。

1. 灵活组织课堂教学

首先，针对课程交叉性强和教材内容枯燥，课程吸收优质线上资源和录制实验课程视频（图6），增强知识呈现效果，易于学生消化理解。其次，针对教学形式单一，通过"翻转＋沉浸＋探索＋讨论"的方式，整合教学资源，调动学生热情，增强教师引导。结合科学研究热点问题和已有的学术成果，改变传统教学中单纯传授知识的教学模式，采用课堂小组讨论、学生互评的方式（图7），以科学问题为导向，层层递进，归纳演绎，引申出各个知识点，使学生深度参与，进行探索式学习，深化学生对知识的理解。最后，结合与课程知识点相关的学术热点问题，设计课后拓展题目，通过丰富的课后拓展题目，使学生在课外进行学习探索。

2. 实习实践环节加强

针对缺乏教师引导，实践欠缺，开展研究探索性实践教学。除室内课堂讲授外，加强上机实习、课外实践环节，有针对性地进行强化学习，例如，讲完植被波谱曲线后，组织光谱仪实测植被光谱反射率；讲完计算机解译和精度验证后，组织

学生去门头沟进行实地观察和无人机航拍（图8）。鼓励学生参与遥感相关学术会议（图9），了解学术前沿知行合一，巩固理论学习效果，使学生能够举一反三，真正实现学以致用。

【院士开课啦】听童庆禧院士讲遥感技术

空天信息　2022-05-06 07:30　发表于北京

近日，中国科学院院士、中国科学院空天信息创新研究院研究员童庆禧受邀参加《院士开课啦！》节目，以"遥感，观察地球的'天眼'"为题对遥感技术进行了科普讲解。节目上线后，吸引了1200余万人次在线观看。

来看视频！

《院士开课啦！》节目由中国青年报社联合中国科协科学技术传播中心、"学习强国"学习平台、抖音共同推出。

图6　优质线上资源推送

图7　小组汇报

图8　门头沟野外实践及光谱反射率测量

图9　本科生参加2022中国地理信息产业大会
（安徽省合肥市）

3.新技术助力课堂管理

依托最前沿的地理信息虚拟仿真、互联网信息技术和智慧教室硬件设施，并采用微助教微信小程序平台和网络课堂，多种信息手段介入教学管理和评价，全过程数据留存，提高课堂管理水平（图10）。此外，通过生成实时课堂大数据，实时反馈学生的学习情况（图11）。同时，定期做阶段性教学效果调查，及时调整教学安排，并在期末调查改进效果。

4.量化教学评价，丰富考核维度

本课程将综合考勤（5%）、课后习题和课堂提问（5%）、期末笔试＋上机考试（40%＋20%）、学生课堂展示和讨论（15%）、专题实践报告（15%）等手段，提出"小组互评＋专题报告＋课后习题＋期末笔试机试"全方位过程性考核方

式，设计精细化小组展示和讨论评价标准（图12），全过程评价学生的学习效果。此外，结合学生参与学科竞赛和研学项目情况，对学生的学习效果进行补充评价。

图10　课堂管理在线平台

图11　课堂实时互动大数据示例

图12　小组汇报评价标准

3 教学成效

痛点问题得到了解决。针对教材老旧、学科难度大、教材枯燥、形式单一、教师引导不足、实践欠缺等教学痛点，本次教学创新通过内容、方法、过程等创新，教学内容基础前沿并重，聚焦专题应用，教学手段多样技术先进，课堂直观有趣，演示野外竞赛多重环节，实践拓展增强。具体成效表现在以下几个方面。

3.1 学生成果

3.1.1 学习热情高涨

有效地控制了课堂，激发了学生的学习兴趣。课外学习热情高，课前积极准备，课后复习巩固；课内参与度提高，抬头率提升，积极讨论回答。这体现在学生上课的参与度和抬头率明显提升，远高于学院同期开设的其他课程，这在各授课教室的视频监控中得到了证实。学生的学习效果也得到了有效提升，一些同学在前半学期不主动不积极，但在后半学期主动请教问题，参与学习的热情大幅度提高，期末成绩显著提升。学生课后更愿意主动学习（图 13）。如小组讨论探索式翻转课堂使学生的学习参与度显著提高，学习热情高涨，课后也积极自我反思，与老师主动交流，自觉进行自我培养与能力提升。又如，课后的野外实践使学生对知识的理解更为深刻，提升了对遥感技术的课后学习兴趣，这直接体现在学生提交的专题研究报告中。

图 13 学生课堂和课后学习表现

3.1.2 学习效果

1.应用能力明显提升

基于课程学习，学生应用能力得以提升，在就业、学科竞赛和科研等方面取得了不错的成绩。例如，学生积极参与第四、五届全国地理展示大赛，在 GIS 应用技能大赛中获得二等奖。此外，以本课程相关内容作为选题方向，有多名本科生获批校、市级启明星项目，获得北京市级和校级本科优秀毕业论文，并以第一作者公开发表学术论文（图 14）。

此外，学生对本课程和专业的认可程度也进一步提高。这体现在与学生的座谈中，有同学反馈，正是学习了《遥感概论》使她爱上了地理学习，也更热爱本专业。同时，有效助力学生的职业发展。在对毕业生的访谈中，学生反映，大二开设的《遥感概论》课程为其构建了完整的遥感技术和应用知识体系，培养的知识和应用技能使他在工作中游刃有余，自己具备更强的知识迁移和拓展能力，对他职业生涯很有帮助。

2.思政教育达到育人目标

在讲授该课程中，通过结合遥感技术在中国重大工程建设中的应用，告诉学生，从事的学科和专业能为国家和社会做什么，如何从公共基础课、专业基础课和专业实践课的学习中达到应有的高度和水平，启迪和引领了大学生的学习兴趣和探索精神，激发他们的责任担当、社会使命和民族自豪感。通过在期末笔试中加入中国重大工程建设的相关题目显示，绝大部分学生的回答能充分体现这一点。此外，很多学生从生活、工作的点点滴滴开始严格要求自己。这从学生就业后的表现以及用人单位的评价中能够明显体现，如2018级学生刘煜伟参与标准化研究院遥感科普文发布，国家林草局林产规划设计院给予充分肯定（图15）。

图14　学生参加竞赛、获奖及论文发表

图15　学生参与标准化研究院遥感科普文发布和用人单位评价

3.2 教师教学相长

课程教学团队成员如图16所示。其中，王娟老师为主讲教师，付晓、邹柏贤和周爱华三位老师为团队教师。团队所有成员均属于北京高校优秀本科育人团队——地理信息科学专业育人团队（2020年），指导20余名学生参加学科竞赛获奖，并承担近10项省部级和校级教改教研项目（表2），发表10余篇教改论文，出版教学实践专著（图17），有效地提升了专业和学校在业内的知名度，提升了辐射影响力，建立了良好的口碑。

王娟（副教授）　　付晓（副教授）　　邹柏贤（副教授）　　周爱华（副教授）
主讲　　　　　　　教学组织　　　　　教学评价　　　　　　教学设计

图16　教学团队及分工

图17　教师个人及团队参加教学比赛、指导学生获奖、出版教学专著等

部分典型教研项目　　　　　　　　　　　　　　　　表2

序号	项目名称	类别	级别	立项日期	成员	来源单位
1	基于OBE理念的本科专业课堂教学评价改革与实践研究——以学生评教为切入点	北京市教育科学规划青年课题	市级	2019.7	黄建毅、谌丽、王娟、安帅、刘小茜	北京市教委
2	地理学课程思政、专业思政、学科思政体系研究	2020年度校级科研项目立项课程思政专项	校级	2020.6	张景秋、逯燕玲、杜姗姗、周爱华、黄建毅、孙颖	北京联合大学
3	《遥感概论》课程探究性实验项目设计与实践	教研（含教育科学规划项目）类项目	校级	2021.5	付晓、周爱华、黄晓东、王娟、邹柏贤	北京联合大学
4	2020年北京联合大学教学创新课程——区域规划	北京联合大学普通本科专业核心课程建设项目	校级	2020.4	李琛、刘剑刚、何丹、王娟	北京联合大学

序号	项目名称	类别	级别	立项日期	成员	来源单位
5	地理信息科学专业集中实践教学环节课程思政的创新与实践	北京联合大学2018年度校级教改立项项目	校级	2018.7	周爱华、孟斌、逯燕玲、付晓、董恒年、朱海勇、陈静	北京联合大学
6	地理信息科学专业测绘遥感类课程群建设及实践教学研究	北京联合大学人才强校计划人才资助项目	校级	2015.5	周爱华、孟斌、付晓、朱海勇、何丹、邹柏贤、陈静、王娟	北京联合大学
7	北京联合大学应用文理学院重点课程建设项目	教研（含教育科学规划项目）类项目	院级	2016.6	王娟、付晓、周爱华、邹柏贤	北京联合大学应用文理学院

4 团队梦想和展望

拓展遥感应用实践基地。遥感概论的教学需要结合实际应用案例实践，学生才能有更明确的学习目标。现有的实习基地不足，下一步将利用3年时间选择和建设多个实践教育点，为课外教学提供更好的教育平台。

新形势下《毕业实习》课程促进就业效果评价

孙　颖　杜姗姗　刘守合

（北京联合大学应用文理学院，北京　100191）

摘　要：在当前就业困难的大环境下，北京联合大学人文地理与城乡规划专业的《毕业实习》课程对促进就业的作用变得比十几年前更为重要。该研究通过相关的毕业生就业数据和毕业生问卷调查结果分析找出《毕业实习》课程促进就业的改进方法。由于人力资源市场的需求发生了变化，从毕业生调查问卷获取并总结了若干主要问题和解决问题的思路，希望提升毕业实习课程对专业人才培养的效果。

关键词：就业；毕业实习；人文地理与城乡规划；房地产

在当前就业形势异常严峻的情况下，高校毕业生的就业率、就业质量、就业的专业符合度，直接关系到高等教育培养目标的实现和社会经济发展的健康稳定。

人文地理与城乡规划专业学生的实践教学与实习问题，目前现有的研究成果仅有 20 篇左右，如杨晓霞和杨庆媛（2016）以西南大学为例，分析了人文地理学与城乡规划专业当前人才培养模式的现状和不足，提出准确定位培养目标、突出课程体系专业特色等解决方案[1]；张守忠和王兰霞（2017）通过分析就业形势和黑龙江省对人文地理与城乡规划专业人才的需求，强调明确教学目标、提高学生的综合分析能力和软件应用能力，采用实践教学的人才培养模式[2]。

对于北京联合大学人文地理与城乡规划专业来说，《毕业实习》课程一直是就业保障的关键一环，该课程开展的方式和效果，直接关系到学生的就业去向、质量和专业人才培养目标符合度。

1　研究方法

学生的毕业就业去向是体现专业符合度的重要指标，也体现着人才市场的需求变化。本课题研究收集整理了北京联合大学应用文理学院城市科学系 1978～2018 级本科毕业学生的就业去向档案资料，此外还采用问卷调查法，对 2008～2011 级、2014～2018 级十年间多届毕业生的就业专业符合度进行了问卷调查，也对用人单位行业人才需求变化进行了动态追踪对比，得到了毕业生和用人单位对毕业实习课程和就业相关问题的意见反馈，最终归纳总结出毕业实习课程与就业质量提升存

作者简介：孙颖（1971—），女，河北保定人，硕士，讲师。主要研究方向为房地产法规；杜姗姗（1978—），女，河南南阳人，博士，副教授。主要研究方向为城乡规划；刘守合（1975—），男，山东菏泽人，硕士，北京联合大学应用文理学院学工办副主任，主管学生就业。主要研究方向为高等教育教学管理。

资助项目：北京联合大学 2022 年度校级教育教学研究与改革项目"国家级一流本科专业毕业生就业方向与人才培养目标符合度研究——以人文地理与城乡规划专业为例"（JJ2022Y003）。

在的主要问题，特别是最近五年新形势下人文地理与城乡规划专业毕业生就业的一些新变化，并提出提升《毕业实习》课程质量以促进就业的五项措施。

2 新形势下毕业实习与就业问题的集中表现

2.1 多年就业去向的对比

从就业档案资料来看，人文地理与城乡规划有过就业和毕业实习的黄金时期。从1978年专业设立到20世纪90年代，无论专业名称如何变化，中央和北京市人才市场对该专业毕业实习生和大学本科毕业生的需求都非常旺盛，可谓供不应求。1978～1988级学生，毕业后在中央、北京市级和区县级国土、环保、规划、水利等政府部门及各类科研院所、国企等对口单位就业的占到90%以上。在那个特定历史时期，由于人才供不应求，毕业实习单位和实习内容与求职高度一致，毕业实习课程与就业无缝衔接，实习课程的设置和开展与最终就业岗位高度一致，而最终的成功就业也为毕业实习课程画上了圆满的句号。

到20世纪90年代，北京的人才市场上，房地产类公司对本专业毕业生的需求加大，能够提供的岗位增多，伴随着房地产的"黄金十年"和"白银十年"，1989～2010级同学中，到房地产行业就业成为主流。以1992级同学的就业去向为例，实习与就业单位高度一致，房地产类单位占到了85%以上，当时的城市科学系28名毕业生就业去向见表1，一部分学生进入到了各类央企、市属或区属国企房地产开发公司（11人，39.3%），另外一些进入银行开发贷款审批部门、政府或国企房地产管理部门（13人，46.4%），其他少量进入研究机构、行业协会等（4人，14.3%）。1989～2004级学生毕业后在房地产开发建设、评估策划类单位就业的占到50%以上，有些年级（如1995级、1997级、1998级等）到房地产类公司就业的超过70%。学生只需要到有需求的对口单位进行实习，基本上都可以在满意的单位落实就业，毕业实习与就业实现了顺利过渡，这个时期，《毕业实习》课程的开展与就业密切相关、紧密联动，高度一致，不存在太多问题[3]。

人文地理与城乡规划专业1992级学生就业统计　　　　表1

就业单位	人数	就业单位	人数
北京市房地产管理局	4人	中央财政部水利部房地产开发公司	2人
北京市城市建设开发总公司	1人	电子工业部所属房地产部门	1人
北京市住宅开发总公司	1人	海淀区建委	2人
北京市资产评估协会	1人	崇文区城建开发公司	2人
北京建设银行各支行	5人	朝阳区城建开发公司	1人
王府井房地产综合开发公司	1人	北京市城建二修公司	1人
华远房地产股份有限公司	1人	赛特集团房地产部	1人
北京市公安局房地产管理处	1人	北京市发展战略研究所	1人
中核房地产开发公司	1人	华联经济律师事务所	1人

（数据来源：应用文理学院就业统计档案资料）

但 2010 年之后，由于宏观调控的影响，北京的房地产市场对人才的需求数量和结构发生变化，学生的就业也开始逐渐呈现出多元化的特点。从 2008～2011 级的就业去向与专业符合度评价来看，就业岗位的专业符合度有所降低，而且毕业实习课程与就业单位之间的一一对应关系开始减弱（见表 2）[4]。

从 2010～2018 级的学生就业去向统计发现，学生落实就业去向的单位更加分散，专业符合度低的其他岗位所占比例达到了 50% 左右，新的就业结构引起了人文地理与城乡规划专业的重视（表 3）。

人文地理与城乡规划 2008～2011 级毕业生就业去向与专业符合度客观评价　表 2

符合度级别	从事行业	人数	百分比
一级	城乡规划和房地产	70	24%
二级	资源环境评价和城市管理机构	43	14%
三级	科研和教育机构	23	8%
四级	其他机构	158	54%
	已就业人数总计	294	100%

（数据来源：城市科学系就业统计数据，应用文理学院学工办提供）

人文地理与城乡规划专业 2010～2018 级学生就业去向统计　表 3

年级	房地产开发类公司	其他房地产公司	政府管理部门、银行及勘察等专业对口单位	IT 公司、文化传媒、教育培训、设计公司等新兴行业	其他岗位
2010 级	6.3%	15.6%	21.9%	15.6%	40.6%
2011 级	1.1%	13.5%	28.8%	14.9%	41.7%
2012 级	0	12.9%	16.1%	17.2%	53.8%
2013 级	1.4%	0	26.4%	16.7%	55.5%
2014 级	2.9%	7.1%	22.9%	21.4%	45.7%
2015 级	0	10%	22.5%	17.5%	50%
2016 级	0	4%	20%	24%	52%
2017 级	0	12.8%	17.9%	20.5%	48.8%
2018 级	0	17.6%	11.8%	17.6%	53%

（数据来源：城市科学系就业统计数据，应用文理学院学工办提供）

从表 3 可以看出，从 2014～2022 年，人文地理与城乡规划专业学生就业去向已经与 20 世纪 90 年代至 21 世纪初的状况有了很大的改变，房地产开发企业的就业机会趋近于零，房地产评估公司、房地产投资顾问公司、房地产营销策划公司尚能够为学生提供一些就业岗位，这些岗位主要也来源于往届毕业生的人脉和校友资源。部分学生仍可以获得去商业银行、相关政府管理部门、测绘勘察设计院等单位工作的机会，但越来越多的同学进入了广告媒体、教育培训、中小学、互联网信息技术等机构就业，呈现多元化的格局，一方面为就业开辟了新渠道，另一方面也出现了与专业相关度比较低的其他单位就业的比例逐步提高到了 50% 左右的新趋势，与 20 世纪 90 年代相比专业符合度有所降低 [5]。但通过对 2019 级学生的问卷调查显示，学生在大四阶段更倾向于考研和考公考编，全班 36 名同学中有意向到企业直接就业的只有两位，说明现在学生就业更倾向于选择体制内的单位，而最终能实际在体制内就业的学生只有不到 30%，就业意愿与实际就业落实之间有比较大的落差。

2.2 《毕业实习》课程的变化及对就业的影响

2.2.1 毕业实习单位的性质多元化

对毕业生开展的问卷调查结果显示，33.87% 的被调查学生参加《毕业实习》课程时实习单位是民营（私营）企业，在事业单位实习的占 18.55%，国有企业的占 15.32%，政府机关及其下属分支机构的占 13.71%，外企（合资）企业的占 9.68%，小微企业或创业企业的占比最少，为 8.87%。

实习单位与学生所属年级进行交叉分析（表 4），发现 2013 级、2014 级、2015 级学生在民营（私营）实习的占比最高，2016 级学生在民营企业和事业单位实习的占比相同，为 23.3%，相对于其他年级，2016 级学生在国有企业和事业单位实习的比例略高，更倾向于前往国有企业和事业单位进行实习。民营企业的实习机会，较多来自于专业老师的推荐和系友的推荐，因此占到了实习岗位来源的大头，但近年来，部分学生不一定选择该类实习机会，因此毕业实习的岗位来源呈现多元趋势，专业老师也会给学生提供规划设计院等事业单位供学生选择。

不同年级选择的实习单位性质　　　　　　表 4

年级	实习单位性质						人数
	国有企业	事业单位	政府机关及其下属分支机构	外企（合资）企业	民营（私营）企业	小微企业／创业企业	124
2013 级	3（14.3%）	3（14.3%）	3（14.3%）	1（4.7%）	8（38.1%）	3（14.3%）	21
2014 级	1（6.2%）	2（12.5%）	2（12.5%）	3（18.8%）	7（43.8%）	1（6.2%）	16
2015 级	7（15.9%）	8（18.2%）	6（13.6%）	4（9.1%）	17（38.6%）	2（4.6%）	44
2016 级	8（18.6%）	10（23.3%）	6（13.9%）	4（9.3%）	10（23.3%）	5（11.6%）	43

不同年级在民营（私营）企业实习的学生占比都为最多。通过访谈得知，民营企业对实习生的需求较为迫切，招收实习生的积极性较高，愿意支付实习生的薪酬也较高，实习生转正可能性比较大，事业单位、国企、政府机关及其下属分支机构的实习生虽然薪资不高，但胜在稳定，福利比较好，就餐方便又便宜，有些家长想让孩子毕业后进入体制内工作，所以在选择实习单位时，他们倾向于孩子进入体制内实习，外企的实习生虽然相对其他企业工资高一些，但是工作强度大，经常熬夜加班，小微企业或者创业企业未来不确定，风险系数高，不太受学生的青睐。

另外通过实习单位性质与"实习对就业意向产生的影响"进行交叉分析，发现在国有企业、事业单位、政府机关及其下属分支机构、外企（合资）企业、民营（私营）企业、小微企业或创业企业中实习的学生"明确了以后的就业方向，要从事本专业相关的工作"的比例逐渐下降，其中在国有企业和事业单位的学生占比超过了

50%。也就是说，在民营企业实习过的学生，更倾向于在国有企业和事业单位工作，而不是在实习时所在的民营企业工作，而专业给学生提供的大多数实习岗位都来自系友工作或老师推荐的民营企业，这样就会导致毕业实习与就业之间的脱节和不一致，靠实习顺利转化就业的目的难以实现。

对实习单位性质与实习岗位的专业方向进行交叉分析（表5），在国有企业实习的学生实习岗位的专业方向是房地产类和其他类的占比较高，在事业单位实习的学生实习岗位的方向是规划设计类占比最高，其次是房地产类，在外企、民营企业和小微企业或创业企业实习的学生实习岗位专业方向占比最高的都是房地产类。目前，房地产类单位仍是提供实习岗位的可靠渠道，而事业单位中的规划设计类机构可能成为毕业实习课程开拓的新增长点。

学生在不同性质的实习单位的岗位专业方向　　　　表5

实习单位性质	实习岗位方向						
	规划设计类	房地产类	与地理专业相关岗位	非地理专业教育培训类	文化传媒广告类	政府或其他事业单位（服务）类	其他
国有企业	3（15.8%）	5（26.3%）	3（15.8%）	0（0.0%）	3（15.8%）	0（0.0%）	5（26.3%）
事业单位	7（30.4%）	6（26.1%）	3（13.0%）	2（8.7%）	0（0.0%）	4（17.4%）	1（4.4%）
政府机关及其下属分支机构	4（23.5%）	2（11.8%）	3（17.7%）	0（0.0%）	0（0.0%）	7（41.2%）	1（5.8%）
外企（合资）企业	0（0.0%）	6（50%）	2（16.7%）	0（0.0%）	2（16.7%）	1（8.3%）	1（8.3%）
民营（私营）企业	9（21.4%）	20（47.6%）	5（11.9%）	0（0.0%）	1（2.4%）	0（0.0%）	7（16.6%）
小微企业或创业企业	1（9.1%）	5（45.4%）	0（0.0%）	1（9.1%）	2（18.2%）	0（0.0%）	2（18.2%）

2.2.2　毕业实习单位的更换

学生受多种因素影响，可能在《毕业实习》课程期间更换实习单位，影响实习的连续性和稳定性。

通过与男女比例交叉分析，发现女性的更换率低于男性，实习更有稳定性。女性没有更换过实习单位的占71.76%，而男性没有更换过实习单位的占64.10%，更换过1次、2次、3次及以上实习单位的男性比例都高于女性。

与对实习单位不满意的地方进行交叉分析，发现无论是没有更换过实习单位的学生，还是更换过若干次的学生，对实习生福利待遇不满意的占比都在35%以上；有66.67%的更换过3次及以上的实习生选择了对"实习生的福利待遇"和"专业不对口，以前学的东西用不上"不满意，还有33.33%的实习生选择了对"实习工作量大"不满意。可见实习生的福利待遇对于学生更换实习单位的影响很大。

通过与实习岗位的专业对口度交叉分析，发现二者之间存在一定的联系，没有更换过实习单位的被调查者中实习岗位"专业对口，学以致用"占比最高，为33.72%，实习岗位与专业不相关占比最低，为9.30%；实习岗位"专业对口，学以致用"和"比较对口，能用到不少专业知识"的被调查者不存在更换过3次及以上实习单位的情况。可见专业对口的实习岗位对减少学生更换实习岗位次数很有作用。

3 与就业相关的《毕业实习》课程的问题与隐忧

一方面，通过问卷调查和访谈发现，越来越多的毕业生倾向于选择体制内的工作岗位，考公务员、事业单位编制，或者考研甚至二次考研的比例越来越高，而《毕业实习》课程目前能够提供的体制内实习岗位较少，更多岗位来自民营企业和公司，由此导致学生的毕业实习与就业不再是一脉相承，而是有一定程度的割裂和分离，客观上造成了毕业实习与就业转化的障碍。从现在的情况看，能够比较灵活地、稳定地提供实习岗位的更多是企业和各类公司，如房地产企业和规划设计类公司，对实习生有一定的用人需求，与专业的合作比较灵活，配合默契，实习转化为就业的可能性更高，而体制内单位提供的实习机会相对较少且不稳定，公务员岗位的就业很难通过实习实现，需要先行参加公务员考试，录取率极低，无法满足大多数同学体制内就业的需要。

另一方面，从对应届毕业生的调研结果来看，现在大多数学生出于考公考编考研的意愿，在企业实习的过程仅仅是为了完成培养方案的必修课要求，没有将实习与就业统一起来，缺乏在企业实习并转化为就业的动力，因此实习时间、实习效果都受到影响，对实习的投入程度、配合程度和体验满意度也受到影响，同时也可能会损害企业为专业提供实习岗位的积极性。而部分学生在自主选择毕业实习岗位的情况下，实习内容的专业符合度和锻炼效果可能会打折扣。

从这两个方面来看，如果想要实现《毕业实习》课程效果的提升和对就业的拉动作用，现阶段还有很多工作要做。

4 提高《毕业实习》课程效果的几点措施

目前，《毕业实习》课程为学生就业提供机会并转化为就业落实的必要条件有以下几个方面需要注意。

4.1 与行业联系紧密的任课教师参与的必要性

以往的房地产行业相关实习机会大部分是由专业任课教师与毕业生和用人单位的对接而提供，因此要保证有足够专业对口的实习机会，需要有和行业联系紧密的专业教师在这方面的投入。2020年城市科学系引进了曾任职中国城市规划设计研究院总工程师的刘贵利教授作为专业教师，刘老师入职后为学生提供了在各级各类规划设计院和设计公司实习及求职的大量工作机会，为2017级以后学生毕业实习和就业拓宽了专业符合度高的渠道。因此，与行业联系紧密的任课教师的投入对于保障《毕业实习》课程的效果、将实习更多转化为高质量的就业是至关重要的。

4.2 毕业实习任课教师的投入与业缘关系的维护

因为实习岗位的多少与就业的用人需求会随经济形势、市场状况的变化而变化，因此专业教师需要保持与用人单位的密切联系，有的年份（例如疫情影响的三年），受房地产市场形势的影响，房地产评估企业和投资顾问企业业务量萎缩，无法提供实习机会或提供的数量不能满足同学实习的需要，教师可能需要开辟新的岗位空间。而在经济形势较好的年份，用人需求旺盛，专业教师可能需要动员更多同学参与到实习应聘和求职的过程中，以满足企业的用人需求，强化良性合作的关系。专业需要有老师长期保持与企业的良好合作关系，持续不间断地维护与企业的联系，包括实习岗位的接洽、学生求职面试安排与简历投送、实习过程中的评价与反馈、实习中遇到问题及时与企业沟通解决等，这些都需要老师不断投入时间、精力与热情，本着提升实习效果、为学生排忧解难的初衷而努力，最终转化为就业则是最理想的实习结果。

4.3 实习时间的保障

规划设计单位和房地产类企业往往需要学生有比较长的时间到岗正式参与实习才能够给予学生实习机会。如果仅仅几周的实习时间，达不到锻炼的效果，且企业培训实习生和适应岗位都需要时间，如果学生实习时间过短，企业会因难以协调安排和无法保证效果而放弃。因此需要在培养方案中保障足够的《毕业实习》课程时长，达到8周以上，以保护用人单位的积极性，也保障实习的锻炼效果，并更有可能将实习转化为就业。

4.4 顺应学生就业选择的新变化，升级《毕业实习》课程

学生就业选择的新变化是客观存在的，目前的经济形势下，大多数学生倾向于选择体制内稳定的工作岗位，这一趋势在相当长时间内难以逆转，因此，《毕业实习》课程也需要与时俱进，加以改革。

一方面，适应部分学生实习与就业脱钩的新需求，另一方面，努力开拓更多类似规划设计院、土地和城市管理相关事业单位等新岗位，争取为学生提供更多能够转化为就业的新实习岗位，提高学生的实习就业积极性和配合度，力争实现更多的实习就业顺利转化。

参考文献：

[1] 杨晓霞，杨庆媛，邱丽.人文地理与城乡规划专业人才培养模式改革研究——以西南大学为例[J].西南师范大学学报（自然科学版），2016，41（04）：211-216.

[2] 张守忠，王兰霞.黑龙江科技大学人文地理与城乡规划专业实践教学构建[J].安徽农业科学，2017，45（05）：247-250.

[3] 孙颖，甄云怀.从就业变化看学科专业一体化建设在培养方案中落实的新问题[J].高等学校学科专业一体化建设探索与实践论文集，2019：83-89.

[4] 孙颖，崔莎曼.人文地理与城乡规划专业毕业生就业去向动态追踪研究[J].城市型、应用型大学招生培养就业联动研究，2018：111-117.

[5] 孙颖，周英莺.房地产行业人才需求变化对人文地理与城乡规划专业培养方案调整完善的启示[J].地理学本科专业教育教学改革探索之路论文集，2018：32-42.

《土地资源管理学》实践教学改革与创新成效

张远索　刘贵利　张宗源　邢佳萌　闫子鸣

（北京联合大学应用文理学院，北京　100191）

摘　要： 国土空间规划是国家空间发展的指南、可持续发展的空间蓝图，是各类开发保护建设活动的基本依据，也是《土地资源管理学》课程实践教学的重要内容。该文总结了北京联合大学人文地理与城乡规划专业教师在讲授国土空间规划过程中采用的实践教学改革创新做法，该做法同时体现了 OBE 理念、导师制、双师协同、案例教学、小组研讨等多种教学理念与方法。采用 OBE 教育理念进而明确实践教学培养目标，利用导师制进而实现整体培养与因材施教的结合，通过"双师协同"发挥教师团队优势，采用案例教学以提高学生兴趣及成果实际检验可能性，采用小组研讨式教学进而促进学习成效。通过上述教学改革取得以下主要创新成效：学生系统掌握专业知识的意识加强、学生策划能力和组织协调水平提高、学生将知识转化实践应用能力增强。该文还整理附加了部分学生代表的感想与反馈，作为本课程实践教学成效检验的侧面支撑。

关键词： 国土空间规划；土地资源管理；实践教学改革；创新成效

0　引言

《土地资源管理学》是人文地理与城乡规划专业开设的一门专业选修课程，是土地利用与房地产开发方向课程体系中具有综合性、设计性实验的课程之一，在培养土地利用与房地产开发类人才中具有重要作用。通过本门课程的学习，学生需要掌握我国土地资源利用现状、土地评价、地籍测量、土地权属管理、土地市场管理、土地利用规划等方面的内容，学会土地调查、土地评价、土地制度政策分析、土地利用规划等专业技能，为今后从事专业工作、创新创业打下基础。其中土地利用规划是重要内容和学生需要掌握的重要技能之一，也是本课程实践课中重要的实训内容。国家实行"多规合一"后，土地利用规划被统一纳入国土空间规划。为了提高学生国土空间规划能力，更好地实现本课程育人目标，对该课程国土空间规划实践教学部分进行改革创新探索。

1　《土地资源管理学》实践教学的改革创新探索

在国土空间规划实践教学部分，采用了 OBE 理念、导师制、双师协同、案例教学、小组研讨等多种教学理念与方法。

作者简介：张远索（1977—），男，山东济南人，博士、教授。主要研究方向为土地资源管理。
通讯作者：刘贵利（1971—），女，河北人，博士、研究员。主要研究方向为国土空间规划。
资助项目：2022 年北京高等教育本科教学改革创新重点项目："扎根北京、文化培元、集成融合的"新文科应用型人才培养模式创新与实践（项目编号：JJ2022Z05）。

1.1 采用 OBE 教育理念，明确实践教学培养目标

OBE 即成果导向教育，该教育理念强调教育者必须明确定位学生毕业时应具备的能力，并通过与之相对应的教育教学设计来保证学生达到预期成果[1]。国土空间规划是将主体功能区规划、土地利用规划、城乡规划、海洋功能区划等空间规划融合统一后形成的综合性全新空间规划，需要进行资源环境承载能力与国土空间开发适宜性评价、国土空间开发保护现状与现行空间类规划实施情况评估等。因此，在本部分实训目标设计上，以提高学生包括"双评价""双评估"在内的国土空间规划综合能力为培养目标。实践教学内容、教学方式及教学评价等均围绕此能力培养目标进行设置。

1.2 利用导师制，整体培养与因材施教相结合

本科生导师制，是近年来我国部分高校在借鉴国外高校教育和管理工作经验的基础上，适应我国高等教育发展需要，探索在本科生教育中培养出一批具有潜质的创新型、高素质人才的一种新的工作机制[2]。人文地理与城乡规划专业十年前开始实施本科生导师制，已经积累了丰富经验。利用导师制便利条件，熟悉参与实践教学改革的每位同学的情况和特点，在实践教学内容设计、任务分配、完成方式、成效评价等方面进行整体与个人两个层面的设计。在整体层面，通盘考虑学生全部具备国土空间规划所需主要知识和能力；在个人层面，结合学生兴趣和特长，通过导师建议与学生内部协调确定每位同学主要负责的内容及参与他人的内容。

1.3 利用"双师协同"，发挥教师团队优势

在本部分实践教学过程中，采用两位教师共同教授的"双师协同"教学模式。"双师协同"有多种概念，按照百度百科及相关研究文献，"协同教学"更多情况下是指由若干教师组成教学小队，共同研拟教学计划，并根据各人所长，分工合作，将学生安排于最适当的教学环境中，共同完成一项教学任务的组织形式[3]。本课程国土空间规划实践教学采用协同教学中的双师协同教学模式，由研究土地资源管理、国土空间规划的两位教师共同拟定培养目标、教学内容与教学方法及评价等，根据各自所擅长的领域，分工协作，教师团队优秀，以更好地实现教学目标。

1.4 采用案例教学，提高学生兴趣及成果实际检验可能性

为了提高学生兴趣，也为了方便最终规划成果到实践中检验，在国土空间规划实践教学过程中，采用案例教学的方式。教师在教学中扮演设计者和激励者的角色，鼓励学生积极参与讨论[4]。近两年，组织学生围绕河北省涞源县走马驿镇、南马庄乡国土空间规划问题进行学习与研究。利用从走马驿镇、南马庄乡获取的土地管理、市政与交通及环境、经济与社会发展、历史文化与风貌遗产、法规与政策等方面的一手资料，对上述乡镇国土空间规划进行案例教学。并通过联系当地有关部门，为师生前往实地调研提供便利。在本部分教学过程中，由教师指导学生动手实训，完成走马驿镇、南马庄乡国土空间规划文本，并将其放到实践中检验，为更科学地评价教学水平和学生实际能力提供了便利。

1.5 采用小组研讨式教学，互通有无，提高学习成效

将学生分为几个小组，围绕实际案例地进行国土空间规划实践教学。两位教师先就国土空间规划理论与方法等内容进行讲授，小组内各位同学认领一项具体内容，同时参与其他所有同学负责内容的一部分。在此过程中，以学生自主学习为主导[5]，学生在教师的引导下，围绕着案例地国土空间规划广泛查阅资料和文献，通过小组集中讨论的方式进行规划设计。这样每位同学既锻炼了整体策划和协调组织能力，熟悉了自己所负责部分的专业内容，也充分了解和学习了其他部分的专业内容。通过内容和任务交叉，从开始就采用小组研讨式学习，以期互通有无，互学所长，提高学生学习效率，开拓学生眼界和知识面，增强学生专业学习的深度和系统性。

2 《土地资源管理学》实践教学的创新成效

通过采取以上组合拳对实践教学进行改革，取得了较为明显的创新成效，主要体现在学生素质的整体提升上，具体包括以下几个方面。

2.1 学生系统掌握专业知识的意识加强

学生在国土空间规划实践教学过程中，经由双师协同指导，小组互动研讨，以真实案例地为研究对象，对收集到的一手资料进行梳理分析，结合国土空间规划原理与方法，全面的接触到落实县级规划的战略和目标任务及约束性指标、统筹生态保护修复、统筹耕地和永久基本农田保护、统筹农村住房布局、统筹产业发展空间、统筹基础设施和基本公共服务设施布局、制定乡村综合防灾减灾规划、统筹自然历史文化传承与保护以及根据需要因地制宜进行国土空间用途编定、制定详细的用途管制规则、全面落地国土空间用途管制制度，根据需要并结合实际，在乡（镇）域范围内，以一个村或几个行政村为单元编制"多规合一"的实用性村庄规划，规划成果纳入国土空间基础信息平台统一实施管理等内容[6]。在教学与研究过程中，每位同学在主导完成自己负责部分的同时，会参与到其他所有同学主导的部分，相当于全面参与。案例教学完成后，每位同学都能接触到以上全部国土空间规划内容，学生系统掌握专业知识的意识得到加强，全面掌握这方面专业知识的能力也明显提高。

2.2 学生策划能力和组织协调水平提高

在本课程实践教学改革创新过程中，将学生分为几个小组，学习和研究任务分配采取"个人主导某一部分＋参与其他所有部分"的形式，每位同学既是组长，又是其他所有同学的组员。在实现全面接触国土空间规划知识，形成完整认知体系的同时，也锻炼了学生的策划能力和组织协调能力。比如在教授走马驿镇、南马庄乡国土空间规划时，将国土空间规划分为五个板块：双评价、双评估、镇区规划布局、镇域规划和村庄布局。在两位老师的悉心带领下，自小组成立之日起，每周进行一次交流研讨会，对上一周的研究成果进行总结、复盘，发现问题，解决问题。在此过程中，每位同学作为负责人汇报自己所负责部分的研究进展与发现存在的问题，在此过程中，不仅需要自己吃透相应内容，还要把其他参与人的成果进行总结归纳与点评，在此过程中，学生的策划能力和组织协调能力明显提高。另外，定期组织阶

段性成果的汇报，也提高了同学的汇报水平。还有雷打不动的例会制度，也锻炼了同学们的自制力和意志力。

2.3 学生将知识转化实践应用能力增强

应用型创新人才是社会各行各业产业化更新与升级的生力军[7]，北京联合大学作为高水平应用型大学，确立"学以致用"的校训，是北京市重点建设的应用型人才培养基地。近年来，人文地理与城乡规划专业培养了大量理论知识与实践能力俱佳的毕业生。作为复合型应用型城乡规划人才培养的专业，毕业生不仅可以到各级政府规划管理部门、国土管理部门、环境保护部门工作，也可从事于规划设计、国土资源评价、环境评价等方面的公司及研究机构，还可以选择地理学、城乡规划和管理等学科专业进行深造。有鉴于此，本课程实践创新能力围绕以上就业方向和能力定位，强化学生将知识转化为实践应用的能力培养。学生通过国土空间规划实践教学内容的学习，有的同学将其作为毕业论文，并获得了北京市优秀毕业论文；有的同学将其作为案例，参加学院组织的校园地理感知大赛并获得一等奖；有的同学将其作为参加全国大学生国土空间规划大赛素材；还有的同学将其作为实习和就业后从事相关工作的坚实基础。

3 学生感想与反馈

以下是部分学生代表就本课程进行上述实践教学改革的感想与反馈。

3.1 学生 A

在大二期间，在刘老师和张老师的带领下，我们成立了第一个走马驿镇国土空间规划研讨小组。虽然我的大学生活已经结束，但是每当想起小组在一起共事的点滴，一切都历历在目，倍感留恋。如今毕业已有一段时日，心里更是感慨万千。

在两位老师的带领下，我学到了很多不管是做人还是做事的道理，严谨扎实的教学作风也是令我们印象深刻。特别是两位老师提出的双导师小组研讨方法和真题实训教学方法，贯穿了整个研究过程。

在双导师小组研讨方法中，我们每周都会召开雷打不动的例会，除了小组成员，两位老师也是抽出自己宝贵的时间一起参加，在会议上我们不断地汇报自己的研究进展及问题，两位导师在这个过程中共同与我们讨论，发挥各自所长，对于研究技术方法和内容与以往单导师教学比较有了双重的保障，观点更丰富，分析问题观点多元化，避免了片面、单一视角看问题，每位导师和学生的思维碰撞出更多的火花，规避了更多的错误，为研究结果的可靠性打下了更加强有力的保障。

真题实训教学方法中，我们以河北省保定市涞源县走马驿镇实例进行研究，一切数据均为真实案例，和以往的理论教学不同，该方法一切从实际出发，以一个真实规划师团队的标准为起点开展研究，由于是真实案例研究与实践，光靠几个同学实践起来是非常困难的，这就必然缺乏不了两位导师在规划过程中的辛勤耐心指导，所以对老师的要求也比较高，不管是能力技术还是耐心培养等方面的要求都是一种考验。

马克思主义哲学认为："实践是检验认识真理性的唯一标准。"著名武术家、哲学家李小龙先生也曾说过："光是知道是不够的，必须加以运用；光是希望是不够的，非去做不可。"因此唯一能作为检验认识的真理性标准的，只有实践。只有让学生们像战士一样真刀真枪地上了战场，他们才能感受到真实战场上的状况，如果永远靠练习、靠模拟、讲战术，等到真正上战场的时候面对困难和挑战恐怕会傻眼。所以从平日里就要"以战为训""以战促训""以战领训""战练结合"，仗怎么打兵就怎么练，培养实践型、综合型人才。不断地贴近实战、适应实战、走向实战。因此，光靠理论是远远不够的，只有理论不能实践永远都是"纸上谈兵"。

就像我们的校训一样，要真正做到"学以致用"，有很多同学抱怨，自己学了这么多，走向社会、工作岗位当中，能用到的却很少。学了不能用等于没学，还不如不学。但是像这种真题实训教学方法，是真正做到了对今后不管是参加工作投入到实践当中，还是在生活学习中自己的生活方式和思维方法，对人格上都有着很重要的提升。不仅能够培养每一个学生的动手能力，更重要的是从思维上进步，改变理论化的思维方式，从"知道"到"做到"是一个十分困难的过程，因为在"做到"过程中你会遇到很多那些仅仅停留在"知道"阶段的同学所难以遇到的问题。所以能有两位导师的悉心教导我也是倍感幸运！

3.2 学生 B

在大二时，学习了由刘老师和张老师教授的《土地资源管理学》这门课，课堂上展示了很多实际的案例，不仅讲授了土地管理的基础，还涉及很多土地评价的实际案例，这些实实在在的例子不仅让我了解到中国土地管理体制的现状、面对的问题，还对未来土地资源的利用方向产生了深深的探知欲。

兴趣是研究的起点，在大二上完《土地资源管理学》这门课后，我主动参加了刘老师和张老师共同组织的实践小组。两位老师的实践小组采用了双导师的模式，

刘老师是规划行业的专家，张老师对土地制度政策方向研究颇为深入，两位老师的研究方向既相互联系又各有特点。双导师模式是一次具体的创新，通过打破思维定式创造更多的可能空间，为学生提供更多可能性的同时给予学生更多的学科知识。小组的实践主体是围绕河北保定市的山区小镇——走马驿镇这一真实的案例地所展开，延续了《土地资源管理学》课程的核心方案，即以"真题实训"模式指导实践。这一模式和人文地理与城乡规划专业的"实践性"特点相贴合，与联大一以贯之的"实用性"培养方案相链接。

回想起在走马驿镇国土空间规划小组的那些日子，让我颇为感慨。除了被组内成员共同努力的气氛所感染外，还收获到了很多课本以外的知识。脱离了实践的知识就成了无源之水，无土之木，在实践中去运用课堂上学到的理论，才能真正做到将知识为己所用。而两位老师组织的实践小组从根本上将我们所掌握的浮于表面的知识融合到了具体的实践中。

当时国土空间规划开始进入大众视野，伴随着各类土地问题的出现，国土空间规划也由原来的增量扩张转变为存量发展，注重品质提升。知识应跟随时代的发展而更新，在学习课本知识时也应把握社会的热点问题，以新的视野领悟知识的内容。在小组内两位老师带领我们探索国土空间规划的领域，将课本上的知识与时代相结合，拓宽了我们的视野，增补了我们的学科知识，提高了我们的实践能力。

当今的教学改革提倡拓宽教学宽度，完善学习过程，我认为两位老师的实践小组恰恰为我们提供了一个展示平台。从两位老师的《土地资源管理学》这门课程开始，就做到了以案例解释知识，激发了我们的学习兴趣。在课程之后两位老师又提

供了实践平台，运用课程上的知识解决具体的真实问题，以"真题实训"模式带领我们探索更多的领域。在解决问题的过程中两位老师发挥所长，共同指导，在专业领域提出具体建议，还让我们看到了不同研究方向解决问题的方式，为我们的思考提供了更多的可能性空间。双导师结构下的真题实训模式无疑在相当程度上完善了学习过程，拓宽了教学宽度，让学生真正地参与实践将知识为己所用。

3.3　学生 C

在大二期间，我在学习完有关理论课程后，对国土空间规划产生了强烈的兴趣，但通过课程的学习以及课外知识的积累，对于全国、省级、市级、县级、乡镇国土空间规划五级，以及总体规划、详细规划和相关专项规划三类，也就是"五级三类"的国土空间规划编制体系具体的流程并不十分了解，正当此时，由刘老师主导，张老师协助，成立了两个国土空间规划研究性学习小组，分别以走马驿镇和南马庄乡为例，以教学+实践的模式让学生掌握规划相关知识。出于对规划的热爱，我积极地报名参加了活动，受益匪浅。

学习小组采用双导师制，由两位老师分别带领一个小组，同时辅助另外一个小组的教学。两位老师拥有丰富的专业教学经验，学识渊博，其中刘老师是国家注册城乡规划师，拥有丰富的国土空间规划、生态环境相关规划、战略规划经验。张老师长期从事土地管理、房地产市场分析等领域教学科研工作。我们组以保定市走马驿镇为例，每位同学主打一个课题研究方向，分别包括双评价、双评估、国土空间优化、镇域村庄规划布局、镇区规划布局五大主题，围绕主题安排分工，开展课题研究，积极互动研讨，将分工做法和初步

提纲在组内进行交流分享，由"双导师"负责指导把关，增强了培训的针对性和实效性，注重了学研成果转化。

回想当初，我们在 2020 年 5 月 1 日成立了这个小组。我们与老师有个"每周约定"。至课题结束时，我们已完成数十次这样的约定了。这个过程如同登山，最初的我们都处于山脚下，不知道前方即将面临什么难题。最初做这个规划时，我们迷茫、无力，整夜整夜地坐在电脑面前阅读着前人所做的优秀案例，在知网逐篇逐字阅读相关文献，画出的图纸也比较生硬。后来我们逐渐开始模仿、学习，大家相互扶持、交流着"优秀做法"。渐渐地，我们似乎心中都有了一点小想法，开始笨拙地着手。当我们有了思路后，会积极地进行小组讨论，有问题及时请教两位导师，通过这样的实训式课程，让我们从传统的书本课程中走向规划的实际应用，获得更为深入的知识，锻炼我们解决问题的能力和合作能力，同时培养了对真实世界问题的思考和分析能力。通过实践和体验的方式，使我们能够更好地领悟所学知识的价值和应用场景。

4　结语

国土空间规划是《土地资源管理学》课程重要内容之一，也是国家近年来非常重视的一项工作，同时也是人文地理与城乡规划专业人才培养与学生就业选择的重要方向。充分发挥教师专业所长，进行双师协同实践教学探索，同时融入 OBE 教育理念、导师制、案例教学、小组研讨等多种形式，有效帮助学生系统地掌握了相关专业知识，同时增强了学生的综合能力，是在专业实践教学改革过程中的一次有益探索。

参考文献：

[1] 何丹丹，王立娟 . 基于 OBE 的民办高校大学生创新创业能力评价体系的研究与构建 [J]. 教育教学论坛，2018，（17）：46-47.

[2] 耿直 . 高校教学管理试行导师制初探——以南京特殊教育师范学院外国语学院为例 [J]. 无锡职业技术学院学报，2016，15（06）：5-7.

[3] 彭国军 . 协作式教学在初中信息科技课中的应用 [J]. 四川教育，2022，（24）：23-24.

[4] 王海兵 . 研究性学习和案例教学的耦合及应用——基于差异化战略的本科审计教学方法创新 [J]. 重庆理工大学学报（社会科学），2011，25（10）：117-121.

[5] 韩旭博 . 大学生课外科技竞赛与创新能力培养研究 [D]. 桂林：广西师范大学，2016.

[6] 乡镇国土空间规划主要内容 [EB/OL].（2023-05-17）.https：//www.zhouyibz.com/zybz/172186.html.

[7] 李稳国，邓亚琦，张林成，等 . 学科竞赛＋创新项目驱动下的应用型创新人才培养模式探讨 [J]. 大学教育，2022，（09）：216-218.

《GIS 技术与应用》课程实践教学改革创新成效

陈 静

（北京联合大学应用文理学院，北京 100191）

摘 要：《GIS 技术与应用》是地理信息科学专业的专业任选课程。结合北京市地理信息系统人才需求状况及我院地理信息系统本科专业教育实际情况，立足于"地理信息数据生产"和"信息技术服务与应用"需求，课程构建"基于任务驱动的板块式教学"课程体系框架和"分层教学"的实践模式。着重强调培养学生地理信息系统软件应用技能，提高学生实际动手操作能力，在模式创新基础上，取得"以学生为中心"的基本教学理念和改革成效。

关键词：GIS 教学模式；任务驱动；分层教学；板块式教学

教学作为教育的中心工作，通过现代化的教学改革推进教育现代化的深化发展，是发挥教育内在功能的必然途径[1]。《GIS 技术与应用》是地理信息科学专业的专业任选课程。着重强调培养学生地理信息系统软件应用技能，提高学生实际动手操作能力。结合北京市地理信息系统人才需求状况及我院地理信息系统本科专业教育实际情况，立足于"地理信息数据生产"和"信息技术服务与应用"需求，课程构建"基于任务驱动的板块式教学"课程体系框架和"分层教学"的实践模式。在模式创新基础上，取得"以学生为中心"的基本教学理念和改革成效。

教学方法和模式的探索不仅联结了学生的已有知识体系，同时为探索创新提供了必要的条件，既满足了学生强烈的好奇心，又为思考提供了顺畅的通路[2]。

1 《GIS 技术与应用》实践教学的改革创新探索

《GIS 技术与应用》课程，一般开始设在大二下学期，在掌握地理信息系统技术的基本原理和常用的应用方法基础上，课程着重强调培养学生地理信息系统软件应用技能，提高学生实际动手操作能力，建设初期课程教学存在的问题如下：

（1）课程内容庞杂，教学课时少、课程内容多

《GIS 技术与应用》课程在地理信息系统原理课程基础上，实现空间数据采集、处理、存储、分析、建模、显示等具体操作。本门课程内容较多，实践需要四个学时才能完成。但面对两学时课程，不仅需要教师去粗取精，更需要调动同学积极性，在课前前置和课后作业方面下功夫。

（2）建设初期，教学阶段面临"老师

作者简介：陈静（1977—），女，吉林梅河口人，硕士、讲师。主要研究方向为地图学与地理信息系统。

资助项目：北京联合大学校级科研专项"新冠疫情背景下北京城市活力时空演变机制研究"（ZK30203005）。

单向传授，学生被动学习"的困扰[3]，且考核方式较为陈旧，学生参与感低。独立解决案例问题的能力较差，不能明显增强学生的动手能力。

（3）建设初期，不能充分调动学生主动学习和自主探索的热情，进而限制了他们对 GIS 前沿问题自主探索的积极性。

针对上述问题，为提高学生体验感和参与性，操作层面，首先增加同学的前置性体验，即在课程设计阶段采用问卷和典型学生采访的方式，听取他们关于课程设计的建议，力求有针对性地进行课程个性化设计和改良。

教学内容方面，结合 GIS 三个典型工作任务入手将内容凝练为三大板块，打破知识传授型的传统学科课程模式，让学生在完成具体工作任务的过程中构建相关理论知识，发展职业能力。课上以"任务"的方式将知识体系进行串联，对课程内容进行分层，以学生特点为标准进行分层教学。重视学生特点和可持续发展能力的培养，利用多种教学手段，通过分层课后作业、拓展阅读及指导专业竞赛等方式为准备考取本专业研究生及出国深造的同学提供更多专业支持，为准备直接就业的学生

提供相关职业资格考试等方面支持。

2 教学的创新成效

经过两年课程创新建设，达成以下几方面成绩。

2.1 构建"板块式教学"课程体系框架

"板块式教学"课程体系框架基本完成。课程体系建设从地理信息数据生产、数据分析和可视化输出三个典型工作任务入手，基于工作过程，将课程体系划分为以下三大板块：

（1）空间数据库（Geodatabase）板块。着重讲授地理数据库建库技术及相关应用，包括属性域、子类。

（2）地理建模（GeoProcess）板块。着重讲授地理建模基本技能、方法和应用，理解运用地理建模的必要性。

（3）3D 地理可视化（3D-Visualization）板块。着重讲授地理数据可视化常用技术和方法，以三维可视化技术及应用为核心内容。图1为 2021 级地理班应梓瑞同学完成的 3D 地理可视化建模。

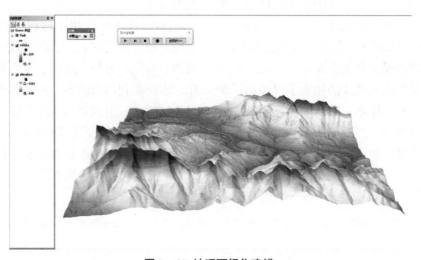

图1　3D 地理可视化建模

2.2　构建"任务驱动"实验内容

以任务为导向及 ArcGIS 上机实验为载体，尽量引入真实的案例，按照 GIS 规范、技术标准和职业标准设计课程内容；结合理论部分重点介绍四个单元：地理信息系统技术概述、空间数据组织与管理、地理数据分析与建模、地理数据可视化地理信息系统技术与应用展望。以空间数据采集、空间数据编辑与处理、空间分析和 GIS 产品输出等数据生产过程为主线安排实验教学内容，设计 12 个左右基于"任务"的实训报告。图 2 为 2019 级地理班夏颖同学实训报告部分成果，此次任务为"基于复杂地形中选址问题"。具体要求为：建立 Geodatabase，利用 model builder 工具构建一个适宜性模型来为新学校选择合适的位置。

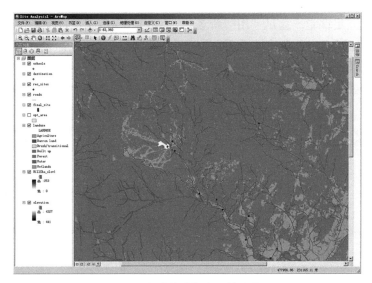

图 2　新学校选择合适的位置

2.3　建立分层教学

将课程内容适度拓展，重视学生可持续发展能力的培养，以学生特点为标准进行分层教学。利用多种教学手段，通过分层课后作业、拓展阅读及指导专业竞赛等方式为准备考取本专业研究生及出国深造的同学提供更多专业支持、为准备直接就业的学生提供相关职业资格考试等方面支持。

2.4　建立并完善网络教学

为了摆脱课时限制，强化学生的实践能力，结合当天的"任务"，充分利用网络平台"微助教"，发布课后补充作业，增加课程内容的外延性。同时在网上公布所有教学资源，包括教学大纲、电子教案、实习指导书、课程题库、分层习题集等，设计"网上答疑"与"网上讨论"等栏目，为学生提供多种可供选择的学习方式，尤其发挥"课程建议"栏目作用，提升学生参与感和学习热情。

授课过程中，能将实训课教学体系与现代的教学方法相结合，采用新的教学模式。作为老师，不断地更新自己的知识，不断尝试"合作学习""主动探究""师生互动""生生互动"等新教学模式与方法，并将课程思政融入其中。优化课程教学方法，线上、线下教学充分融入分层教学理念及模块化设计，强化学生自主学习能力；调整学生考评方式，加入过程化考评模式[4]。力争实现"教"与"学"双方多元互动的学习机制[5]。

《GIS 技术与应用》属于地理信息科学专业的集中实践教学环节，通过将该教学改革模式引入教学实践，取得良好的成效。近三年选课率均在 96% 以上，课程教学效果好，连续两年教学评价为优秀。未来将进一步立足课堂，立足"用活新老教材，实践新理念"。力求让教学更具特色，构成独具风格的教学模式，更好地体现素质教育的要求，提高教学质量。

参考文献：

[1] 易小燕，吴勇，尹昌斌，等.以色列水土资源高效利用经验对我国农业绿色发展的启示[J].中国农业资源与区划，2018，39（10）：37-42+77.

[2] 余文森.积极推进现代化的教学改革[J].湖南师范大学教育科学学报，2023，39（1）：10-12.

[3] 修南.面向新文科建设的教学改革研究[J].教育理论与实践，2022，42（3）：50-53.

[4] 王鹏，尹娟.基于思维导图的双语教学探究——以水文学与水资源课程为例[J].高教学刊，2023，10（6）：102.

[5] 罗艳，刘荣，肖根如，等.教育信息化背景下的"摄影测量学"课程教学改革与实践[J].测绘工程，2022，31（5）：75-80.

[6] 吴聪.新文科背景下设计思维引导设计教学改革探索与实践[J].包装工程，2022，43（1）：341-347.

《地学网络分析》的实践课程建设成效

李艳涛　陈　静　刘贵利

（北京联合大学应用文理学院，北京　100191）

摘　要：《地学网络分析》实践教学经过以学生为中心、学以致用为抓手的教学改革探索，取得了一些创新成效。通过教学模式和教学方法上的改革，将课堂上的授课过程设计为：讲授、讨论和企业实践三部分，使学生养成学习过程为闭环的习惯。教学方法上将学校与企业之间建立校企融合模式的创新与探索，实现行业企业参与学校专业建设、课程设置和人才培养制度，请企业的一线工作人员走进实践课的课堂，让学生参与企校的合作项目，真正让学生在学校就实现了与工作岗位之间的过渡，让学生将所学知识学以致用。通过系列的探索和改革，学生们在各方面也取得了喜人的进步。学生们由被动学习逐渐转化为主动学习，养成了好的学习习惯，搭建起知识体系，延长了知识记忆的时效性。在课堂方面，营造了互动的课堂氛围，提高了学生的参与度，大大提高了教学效果。

关键词：校企融合式教学；学习过程；教学模式

1 《地学网络分析》实践教学的改革创新探索

1.1 网络分析法发展历程

随着数字数据快速增长以及计算方法的快速发展，网络分析日益成为理解社会生活的重要分析工具。当网络分析在20世纪50年代和60年代首次被引入地理学时，它参与了将地理学重新定义为"空间科学"的广泛运动。20世纪70年代，激进主义和人文主义地理学家进入了这个领域，他们批评了这种空间科学的观点。从那时起，地理学发展成为一门多元学科，多种方法并存。

网络分析经历了坎坷的发展过程。1940～1970年被视为社会网络分析的黑暗时代。对社区和小群体的社会计量研究在20世纪30年代蓬勃发展，但二战后，美国社会学沉迷于调查方法，忽视了"个人"和"社会"之间的中间尺度。值得注意的是，定量地理学家在这段黑暗时代成为社会网络分析的火炬手。20世纪50年代，美国早期的地理学思想家希望从研究静态和有限区域转向研究流动和相互作用。

网络分析在 Bill Bunge 的《理论地理学》和 Peter Haggett 的《地理中的位置分析》中发挥了关键作用，这两本书给英国带来了定量革命，并与自然地理学家的思想发生了交汇。在计量革命的背景下，网

作者简介：李艳涛（1981—），女，河北邯郸人，博士、副教授。主要研究方向为网络分析。

资助项目：北京联合大学 2023 年度教育教学研究与改革项目"校企融合式教学模式的改革与探索"（JJ2023Y004）。

络分析不仅仅是一种新颖的方法，还可以是理论地理学的一个有前途的范例。新地理学将是一门"空间科学"，强调"空间观点"，其中地理是用空间现象的几何描述定义的。

网络分析，由纯粹的空间数学拓扑语言清晰地描述。图论思维使得复杂结构的简单模型得以建立。网络分析之所以吸引人，是因为它可以过滤掉多余的信息，从而揭示"隐藏的空间秩序"。

20世纪70年代末，社会网络分析开始苏醒。到90年代末，地理学家开始使用社会网络分析法研究社会现象，特别是在交通和城市网络领域的研究中应用极为广泛。

随着近些年复杂网络的兴起，地理学的网络分析越来越受到关注，对于许多现实的地理问题，譬如，城镇体系问题、城市地域结构问题、交通问题、商业网点布局问题、物流问题、管道运输问题、供电与通信线路问题等，都可以运用网络分析方法进行研究。地理信息系统中的网络分析有矢量数据网分析方法，可以进行最佳路径的分析；可以通过模拟分析资源（物质、能源、信息等）在网络上的流动和分配，实现网络上资源的优化配置。

《地学网络分析》是针对地信专业三年级学生开设的专业选修课，是一门实践类课程，会讲授网络分析的常用方法及实际中利用网络分析法分析交通网络中路径规划的问题、选址问题等实际应用。

1.2 教学模式上的探索

19世纪德国心理学家和教育家赫尔巴特把学习划分为四个阶段，即：明了、联想、系统和方法。后来美国赫尔巴特派将其发展为五个步骤："明了"变成"准备和提示"；"联想"变成"比较和抽象"；"系统"变成"概括"；"方法"变成"应用"。 我国伟大的教育家孔子把学习过程划分为立志、学、思、习、行等阶段，《中庸》也继承了这一观点："博学之，审问之，慎思之，明辨之，笃行之。"这些理论都阐述了学习是一个复杂且系统的过程。通常理解的课堂教学过程是第一阶段的"明了"阶段，我们关注的最多，但实际上这只是学习的一个步骤，更重要的是在后面的联想、抽象、概括和应用。学生经过完整的学习过程，才能将知识内化，并学以致用，这些学习过程缺一不可。

通过查阅和学习关于教学模式的文献[1]，作者在教学模式上进行了探索，将课堂上的授课过程设计为：讲授、讨论和企业实践三部分。讲授具体又分为课上的引导和启发，知识点讲完后，由学生进行分组讨论，将知识进行总结归纳，培养思辨的习惯，最后一步是进行上机操作，并且和企业实践结合起来，将所学知识落在实处。

1.3 教学方法上的探索

北京联合大学作为北京市属综合性大学，学校始终坚持立足北京、面向京津冀、辐射全国、放眼世界，坚持优化发展本科教育、坚持面向应用、面向需求、面向市场，努力培养知行合一、学以致用、具有创新精神的优秀应用型建设人才。地理信息科学是实践性非常强的理科学科，可以应用在智慧城市、城市规划、地理事件预测、资源配置等生活中的各个方面。虽然我们一直重视实践性教学，并且始终践行培养应用型人才的准则，学生在动手能力上也一直比较突出，毕业后进入社会的学生受到了业界的认可和好评。但是在学校的"十四五"规划的关键时期，学校的目标是要在首都教育实现高水平现代化的总体格局中，努力走在高水平应用型大学建设前列。应用型发展模式不断创新，办学层次与综合实力实现跨越式发展，在应用型高等教育发展中形成新的"联大经验"。通过阅读和借鉴相关文献中的校企模式的探索和思考[2-6]，我们坚持探索独特的融合模式，为了更好地让学生了解自己专业在社会工作中的应用，我们计划与企业之间建立校企融合模式的创新与探索，实现行业企业参与学校专业建设、课程设置和人才培养制度，请企业的一线工作人员走进实践课的课堂，让学生参与企校的合作项目，真正让学生在学校就实现了与工作岗位之间的过渡，做到学以致用。

通过与企业建立融合式教学方法，学生们不仅了解了当前的就业选择范围，还认识到自己的不足，对自己有了全新的认知；另外，也让企业了解了我们的学生，可以为学生提供更多的工作岗位。最重要的是建立完整学习闭环，学生们清楚地知道所学专业知识的用途，落实学以致用的校训，也完成了学习过程中的最后一个阶段："笃行"。

2 实践教学的创新成效

2.1 学生收获

2.1.1 由被动学习转化为主动学习

学生学习的一个重要前提是愿意接受新知识，有内驱力。学习兴趣是关键，有动机就会主动学，只有主动，神经才会联结，被动学习是无效的。但是由于很多学生受到多年的学习状态的影响，很大一部分学生对待学习缺少热情，更多的是被动接受的过程。这也是学习效果差的最主要原因。由于教学模式和教学方法转变，会讲学生喜欢讨论和应用的那部分，特别是到相关企业考察是最喜欢的方式，所以学

生们越来越喜欢上这门课，越来越愿意主动参与学习。一旦有了主观意愿，就有学习的内驱力，也就会转化为主动学习。主动学习会认为学习是快乐的。在不同的情绪下学习，自然会有截然不同的学习效果。

2.1.2 养成好的学习习惯

学习是从预习到听课、到练习、再到复习的一个闭环过程。因此好的学习习惯就是让学生养成一个闭环学习的习惯。课堂教学模式改变之后，每堂课都会先提示学生做些准备，这是预习的过程，听课和讨论是联想比较和抽象的过程，练习是实践应用。课下作业是复习，通过长期的训练，学生逐渐养成了博学之、审问之、慎思之、明辨之、笃行之的习惯。这对大学生进一步养成自学的习惯是非常重要的前提和基础。

另外，课堂上的讨论还可以锻炼学生的表达能力。输出是检验是否学会的最好的方式，如果学生可以清晰地表达出来，那么一定是学会了。所以教学方法的改变不仅让学生养成了好的学习习惯，而且锻炼了学生的表达能力。表达也是社会交往的必备技能，在社交和工作中有着非常重要的作用。

2.1.3 搭建知识体系

每门专业课在培养体系里扮演了不同的角色，就像建造高楼一样，是由砖块一块块砌起来的。这些专业课就像建造高楼的砖块。如果学生不进行思考和总结，那么专业知识就像一盘散沙，不知道怎么联结起来。但是不断的讨论、思考和总结可以帮助学生建立知识点的关联性。更重要的是通过到企业的考察，以及实际的工作岗位，学生可以真切地体会这个工作需要哪些知识，并且了解关联性。这些帮助学

生搭建了知识体系。

2.1.4 延长知识记忆的时效性

脑科学研究表明有意义的、有情绪性的、熟悉的事情会被记住。识记是指通过对事物的特征进行区分、认识并在头脑中留下一定印象的过程。对事物的识记有些通过一次感知后就能达到，而大部分内容则需要通过反复感知，使新的信息与人已有的知识结构形成联系。这跟我们前面提到的学习过程是完全吻合的。但是，遗憾的是如果没能及时反复感知，就会遗忘。德国心理学家艾宾浩斯进行了这方面的研究，他以自己为实验对象，在识记材料后，每隔一段时间重新学习，以重学时所节省时间和次数为指标。他绘制出遗忘曲线，遗忘曲线所反映的是遗忘变量和时间变量之间的关系。该曲线表明了遗忘的规律：遗忘的进程是不均衡的，在识记之后最初一段时间里遗忘量比较大，以后逐渐减小，即遗忘的速度是先快后慢的。

既然清楚了遗忘曲线，在第一天和第二天进行复习时，就可以将知识反复感知，将知识变为永久知识。改革的教学方法就参照了遗忘曲线，通过及时的复习和应用，帮助学生建立永恒记忆。所以知识点的时效性就得到了延长，一旦变为永久记忆，就终生难忘了。

2.2 课堂高效
2.2.1 营造了良好的课堂氛围

课堂教学的效果不但取决于教师如何教、学生如何学，还取决于一定的教学环境。这里指的教学环境就是指课堂气氛。良好的课堂气氛是指在课堂中师生之间和学生之间围绕教学目标展开的教与学的活动而形成的某种占优势的综合的心理状态。

课堂氛围主要是教师的产物。著名教育家钱梦龙提倡"教师为主导、学生为主体、训练为主线"的"三主"教学思想。通过探索改革，强化了学生为主体、训练为主线的重要作用。课堂上开设讨论板块，创设探究情景，引导学生自己动手操作、动脑思考、动口表达、动眼观察。这些过程可以帮助学生内化学习过程，同时体验到探究知识的乐趣，享受到成功的喜悦。这种融洽的氛围，学生得到的是生动和全面的教育。教师也会寓教于乐，师生共进。

2.2.2 提高了学生的课堂参与度

学生在改革探索过程中，引导学生多种方式参与课堂，提倡自主、合作、探究的学习方式。学习中，学生的合作学习有助于提升学习效率，提升课堂效率。竞赛激励，是学生参与其中；设置认知冲突，让学生参与。引导学生动手操作，动口表达，让学生参与其中。让学生参与测评和做题，还可以组织学生批阅试卷。

学生参与企业实践和企业课堂，这些参与活动会让学生认识到自己的不足，带动了学生的学习，也更加愿意参与课堂的学习。

2.2.3 课堂优秀作品

下面是学生在课堂上的作业：为运载乘客的车队找到最佳路径，此车队将是乘客从家中出发前往不同医院复诊的唯一工具。用需求点求解车辆配送（VRP）分析，首先将两个停靠点进行关联，添加需求点对，然后进行排序，确保其他要求得到满足。输入需求点间的最长行驶时间，对停靠点使用时间窗口，以免错过预约的复诊时间。有些乘客需要特殊需求，来为这些乘客指派有轮椅升降装置的车辆。

实践类课程的探索和改革一直在路

上，后面将进一步设计校企融合式教学设计推广，相信会给学生带来更大的收获。

参考文献：

[1] 吴长霖.高职院校学生企业实践教学中课程思政教学模式研究 [J].国家通用语言文字教学与研究，2023，（02）：117-119.

[2] 谢江怀."3+1"人才培养模式下机械电子专业学生企业实践教学模式研究与实践 [J].内燃机与配件，2019，（18）：264-265.

[3] 黄坚，孙东霞."产教融合、校企共育"背景下高职院校企业实践教学中学生的心理冲突及其应对策略——以广东碧桂园职业学院为例 [J].清远职业技术学院学报，2019，12（04）：73-77.

[4] 吴函阳.应用型本科院校"虚拟企业"实践教学体系的建构与探索 [J].吉林农业科技学院学报，2018，27（04）：101-104+123.

[5] 李利鹏.关于应用型大学校外企业实践教学模式的探讨 [J].艺术科技，2014，27（04）：372.

[6] 刘中华.当前企业实践教学存在的问题及主要对策 [J].继续教育，2016，30（10）：57-58.

面向实践操作的《可视化设计》课程教学效果

邹柏贤

（北京联合大学应用文理学院，北京　100191）

摘　要：可视化设计课程有助于提高学生对数据可视化、分析和研究问题的诊断力和决策力，是提高学生实践能力和创新能力的重要课程。介绍数据可视化设计课程的发展情况和智能软件Tableau，确定课程的教学目标，提出课程教学策略。通过展示学生作品体现良好的教学效果，最后进行总结与展望。

关键词：可视化；实践；操作；课程；教学

0　引言

数据可视化是指利用计算机图形学和图像处理技术，将数据转换成图形或图像显示出来，并进行交互处理的理论、方法和技术[1]。数据可视化是技术与艺术的完美结合，它借助图形化的手段，清晰有效地传达与沟通信息。一方面，数据赋予可视化意义；另一方面，可视化增加数据的灵性，两者相辅相成，帮助企业从信息中提取知识、从知识中收获价值[2]。

在大数据时代，可视化技术可以支持实现多种不同的目标。首先，有效观测、跟踪和分析数据。许多实际应用中的数据量已经远远超出人类大脑可以理解和消化吸收的能力范围，利用变化的数据生成实时变化的可视化图表，可以让人们一眼看出各种参数的动态变化过程，有效跟踪各种参数值，进行用户与各种分析算法的全程交互；其次，辅助理解数据，可以帮助用户更快、更准确地理解数据背后的含义；最后，增强数据吸引力，枯燥的数据被制作成具有强大视觉冲击力和说服力的图像，大大增强读者的阅读兴趣。同时，大数据对人类的数据驾驭能力提出了新挑战，主要体现在数据量大、类型繁多，数据的价值密度低，以及数据处理的快速性要求[2]。

Tableau是基于斯坦福大学突破性技术的商业智能软件，为用户在数据可视化方面提供了行之有效的方法，感兴趣的人越来越多。它可以分析所有结构化数据，在几分钟内生成美观的图表、坐标图、仪表板及报告。利用Tableau简便的拖放式，可自定义视图、布局、形状、颜色等，帮助展现自己的数据视角。Tableau软件已自然融入企业一线业务结构，适合企业和部门进行日常数据报表及数据可视化分析工作[2]。Tableau将数据分析领域由技术专家群体推广至广大技术人员，同时丰富了高等院校教学资源。

作者简介：邹柏贤（1966—），男，博士、副教授，中国计算机学会高级会员。主要研究方向为机器学习、数字图像处理、计算机网络等。

资助项目：教育部产学合作协同育人项目"基于PIE的遥感数字图像处理课程群教学改革与建设"（220802313182649）。

1 可视化设计课程的发展现状

目前，国内许多高校都设有可视化设计相关课程。浙江大学面向本科高年级同学开设"可视化导论"课程，从可视化的角度提供新的数据理解手段，同时可为相关数据处理、艺术设计人员提供科普性知识。东北大学开设"可视化程序设计技术及应用"课程，面向已学习一些计算机专业基础课，掌握一门编程语言并能进行简单开发任务的同学。中国传媒大学面向数据科学与大数据技术专业、计算机专业、新媒体专业和数据新闻等专业开设"数据可视化"课程。江西财经大学面向新闻专业学生开设"数据新闻可视化"课程，郑州大学也开设"数据可视化"课程。

我校开设面向实践操作的可视化设计课程对培养学生的实际应用能力十分必要。一方面，应用型人才的培养要求通过改革教学、提高教学质量等方式提升学生服务社会的技能，强化高等教育的实践环节，切实提高学生的动手能力和创造力[3]。注重学生实践能力的培养是应用型本科教育的根本要求。在实践课程的教学中，强调知识的实际应用，更着重于理论知识与实践相结合。另一方面，可视化设计课程内容设置通常局限于数据可视化理论知识，重视可视化设计理论知识的传授，未考虑对学生实践应用能力的培养，或存在"重理论，轻实践"现象。

事实上，从理论知识到实际应用仍有一定距离，课堂教学与实践操作存在偏差。为使学生掌握可视化理论知识，课程中包含的教学实验往往比较理想化，通常会对实验条件或数据进行特殊的预处理[4]。课堂教学中所采取的数据分析方法与工具不够匹配，企业期望学校大力培养数据处理技术与业务相结合的人才，以便员工能高

效地进行原始数据预处理，把主要时间和精力用于已处理数据的整合与分析上，在市场激烈竞争下尽早挖掘有价值的商业信息，供决策层作出准确判断[5]。综上所述，为缩小这种理论与实际应用之间的距离或弥合偏差，开展面向实践操作的可视化设计能力的培养意义重大。

然而，可视化设计作为一门地理信息科学专业选修（考查）课程，学生的重视程度不高，学习态度不够积极。尽管教学中强调理论结合实践，但由于可视化理论知识的内容过于基础化，有些具备一定计算机操作技能的学生会存在明显的轻视心理，对课程教学缺乏足够重视，继而消极对待学习。其实，这部分学生无非只是会一些简单的计算机操作，而其计算机理论知识及应用技能远未能达到数据可视化教学的目标和水平[6]。此外，面对可视化设计中的新技术和工具进入课堂教学必须配套更新教学资源，对师资水平有新要求，这对任课教师提出了新的挑战。

2 课程教学实践

结合我校应用型本科教育的发展定位，以及地理信息科学专业的人才培养目标，确定可视化设计课程的教学目标，从教材内容、教材难度、文字质量以及出版社声誉等多方面选定合适的教材；合理组织教学内容，并采取项目化教学、激发学生兴趣、增加实践操作时间、突出教师和学生的双主体地位、软件工具的比较教学等教学策略，多方面促进学生对可视化课程的学习和操作实践技能的提高，改善教学效果。

2.1 确定教学目标

通过本课程的学习，学生能够陈述

并解释关于智能可视化工具软件 Tableau，对多个行业数据进行可视化和分析，辅助人们进行视觉化的思考。学生能够应用软件 Tableau 对各种结构化大数据进行可视化，并根据可视化作品对大数据进行分析。能够应用软件对大数据设计简单的可视化方案，能够结合其他专业知识，整合应用 Tableau 软件进行分析、评价一些重大数据可视化现实问题，进行成果展示和有效沟通与交流。同时，学生能够在大数据可视化实践活动中理解并遵守相关 IT 职业道德和规范，会利用线上学习资源，开展自主学习，提升自主学习能力。先修课程是大学生计算机基础，学生应具备计算机基础、Windows 操作基础知识和技能。

2.2 项目化教学

课程教学内容分成两部分，即 Tableau 的基础操作和项目实践；其中，Tableau 基础操作包括介绍系统主要操作界面和菜单、维度和度量、连续和离散、工作区和工作表等基本概念和术语，常见图形图表的制作，地图、仪表板和故事的创建及设置，以及表计算、创建字段和参数、聚合计算等高级操作。项目式教学以项目为核心，激发学生的学习兴趣，注重过程，有助于提高学生的自主学习能力和问题解决能力。实践项目的难度从易到难，通过项目实践拓展学生视野，进一步提升数据可视化设计的能力。项目实践环节主要包括 9 个项目。

项目一，创建日期筛选器并对数据排序。使用筛选器可缩小视图中所示数据的范围，以便着重关注相关信息。筛选器因字段类型（维度、度量、日期维度）而异。可以针对数据中的任何维度或度量使用筛选器，并且可以针对维度或度量创建自定义筛选器。

项目二，创建堆叠条形图。使用"度量名称"和"度量值"创建堆叠条形图，这里"度量名称"表示所有度量的集合，"度量值"是"度量名称"中各度量的值。"度量名称"和"度量值"可以拖入行、列功能区，以及筛选器容器中，此时用于选定所需度量。要求分别创建"对每个维度使用一个单独的条"，以及"对每个度量使用一个单独的条"这两种堆叠条形图。

项目三，在视图中使用多个度量时创建双轴图。创建带有同步轴的双轴图，以便使用不同的标记类型比较不同的度量，比如销售额和利润，分析同一时期及相同产品的销售额及相应的利润。

项目四，销售额汇总，利润率的计算与聚合。学习表计算、创建字段和参数，集合计算使用快速表计算分析数据。进行的主要操作有：按年度和产品类别分解利润率，分析不同的聚合水平对结果的影响，使用可视化比较产品的利润率。创建交叉表，显示按类别和季度分解的年度销售额，添加季度汇总，再对每个类别重新合计，从中查找某种产品在某个特定时期的销售额汇总。使用合计百分比表计算，以便按年份查看每个子类别产品的盈利情况。

项目五，绘制机场地图。使用三字符机场行业代码（IATA）创建欧洲机场地图，以大小和颜色比较每个机场的乘客数量，同时，添加筛选器，以便确定哪些机场最繁忙。

项目六，创建仪表板。主要对咖啡连锁店的数据分析。将三个工作表拖至仪表板，构建具有交互性的仪表板视图，便于执行自己的分析。设置三个筛选器，市场筛选器（全局）、选择日期范围的日期筛选器，以及将地图用做其他工作表的仪表板筛选器，然后进行筛选器测试。

项目七，创建一个故事。使用已经创

建的三个或更多个工作表和仪表板，引入一个问题，然后提出一个可能的见解或解决方案；创建一个或多个故事点，以不同于原始可视化的状态保存它们；使用至少一条说明和注释；利用格式设置选项更改标题、导航器及说明的背景颜色和外观；使用插图说明，包含大小与插图说明相适应的故事导航器。

项目八，Tableau 在金融大数据分析中的应用实例。在保险行业，数据分析技术主要用于新客户的获取分析、产品的购物篮分析、客户细分、客户流失以及欺诈检测分析等。利用一个数据索引分析数据，通过散点图对欺诈行为进行可视化分析。创建"赔付金额比例""总事故数"和"阈值判别"字段，其中"阈值判别"用于判断"赔付金额比例"是否大于我们定义的"可控指数"，新建一张进行欺诈检测可视化分析的工作表，创建"总索赔额""总支付额""区域"和"可控指数"的快速筛选器，置入仪表板中。我们通过上述散点图快速地发现数据中的异常值，进而揭示欺诈活动。

项目九，Tableau 在互联网大数据分析中的应用实例。通过设置 Tableau 中的部件，创建"按媒介查看"视图，灵活地展现首页或者 N 级页面当中不同媒介类型的客户访问量、跳出率等数据，可根据实时的数据趋势分析结果及时作出相应的调整。创建"按页面查看"散点视图，能够直观看到独立访问量与新访问量的情况。创建分层结构或通过设置参数，以实现多维度钻取或筛选。

2.3 激发学生学习兴趣

通常，计算机应用软件课程的教学内容单调，课堂枯燥乏味，无法调动学生的积极性和学习兴趣。在 Tableau 软件操作的教学中，为激发学生学习兴趣，尽可能地结合学生感兴趣或者和生活密切相关的实际数据进行可视化操作。例如，以大学生的考试成绩数据为例进行可视化操作演示和练习，数据中包括学生类型、学生编号、所选择的餐饮计划、年级、考试科目、考试分数、教师编号、所在大学及城市、所在城市的经纬度等信息（图 1）。大学生正处在学习阶段，对考试科目和考试成绩有深刻的认识和理解，对不同区域不同大学的成绩会自然而然地进行比较；而且，分析和解决学生身边的问题，会吸引学生的注意力，有效激发学生参与的积极性和主动性，让学生能够真正参与到课堂教学中。

2.4 增加实践操作时间

重视实践操作教学，合理安排理论教学和实践操作教学学时，使得学生在掌握理论知识的基础上切实具备扎实的实践操作能力。可视化设计实践课程计划是 32 学时，其中可视化设计课程理论教学为 8 学时，主要介绍概论及软件操作部分的教学，使学生初步了解并掌握 Tableau 的基本功能和操作；其余 24 学时安排学生布

	B	C	D	E	F	G	H	I	J	K	L	M	N
1	国家	日期	年级	餐饮计划	学院名称	学生编号	学生类型	教师编号	考试科目	学生	分数	Latitude	Longitude
2	中国	2011/11/1	10	早餐饮食计划	哈尔滨工业大学	2529080	在校生	38873	数学	1	79.90%	45.7478	126.6333
3	中国	2011/11/2	10	早餐饮食计划	大连理工大学	2531748	在校生	38955	数学	1	93.13%	38.8809	121.5289
4	中国	2011/11/3	10	早餐饮食计划	大连海事大学	2526844	在校生	38809	数学	1	55.62%	38.8704	121.5342
5	中国	2011/11/4	10	早餐饮食计划	长春理工大学	2526967	在校生	38812	数学	1	77.87%	43.8341	125.3040
6	中国	2011/11/5	10	早餐饮食计划	石家庄铁道学院	2528464	在校生	38856	数学	1	98.07%	38.0813	114.5011
7	中国	2011/11/6	10	早餐饮食计划	黑龙江大学	2530094	在校生	38904	数学	1	68.68%	45.7116	126.6275
8	中国	2011/11/7	10	早餐饮食计划	大连大学	2532288	在校生	38971	数学	1	52.11%	39.1009	121.8222
9	中国	2011/11/8	10	早餐饮食计划	辽宁大学	2532482	在校生	38977	数学	1	56.39%	41.8329	123.4038
10	中国	2011/11/9	10	早餐饮食计划	吉林大学	2527268	在校生	38821	数学	1	78.51%	43.8740	125.3484

图 1　大学生的考试成绩数据表（部分）

置可视化设计的项目任务，学校提供了优越的教学实验环境，有充足的教学设备，为此从 Tableau 官方申请了教学实验账号（该软件属商业软件）。此外，为了给学生更充分的学习时间，除上述课堂教学所需的机房 32 学时之外，还专门安排每周一次（约 4 学时）的机房使用时间，供学生完成平时作业或项目任务使用。

2.5 突出教师和学生的双主体地位，加强互动教学

突出教师和学生的双主体地位，课堂上加强师生互动环节。由于学生往往对选修课的重视程度不够，大多数学生只按操作步骤机械性地练习软件操作，目标就是完成老师布置的作业任务，很少再去拓展学习或探索软件其他功能，难以达到灵活应用的程度。我们强调学生的实践操作是在教师的组织和启发性指导下进行，采取突出教师和学生的双主体地位的 PBL 教学模式 [7]，这样可以避免学生学习时的盲目性。同时，教师观察学生听课状态或操作得正确与否，掌握课堂练习完成情况，以便随时解决学生在学习过程中遇到的问题，有针对性地指导，并对解决问题的方法进行归纳总结，及时反馈。对于学生操作练习中存在的共性问题或者好的方法，通过多媒体教学系统广播给全班同学，并给予正面评价。

2.6 可视化软件的比较法教学

常见的数据可视化软件 Excel，与Tableau 功能上类似。从软件功能、操作和数据管理方面对二者进行比较，帮助学生更好地掌握 Tableau 的使用。Tableau相比 Excel 有更多的优势，首先，Tableau设计制作的图形图表更炫酷和靓丽，更符合现在人们对数据分析和审美的需求；其次，Tableau 具有独特的对数据进行聚合与钻取功能，Tableau 可以直接使用一条一条数据，自动聚合，而 Excel 需要将原始数据采用透视表或者相应公式才能聚合；最后，Tableau 具有大数据量的管理功能，以及对数据进行实时刷新的功能，能满足大多数企业、政府及科研机构对数据进行分析和展示的需要，尤其适合于企业，而 Excel 都难以做到；另外，Tableau设计和操作界面简单且清新友好。

例如，利用 Excel 格式数据源文件生成一个折线图及其美化过程，包括操作创建折线图、颜色、标签、字体等操作，对在 Tableau 和 Excel 中完成操作的流程和效果展示进行比较。在 Tableau 中，只要把字段拖入相应的位置，然后点击智能推荐，系统视图区会显示自动推荐的对应图表，可在智能推荐面板中点击不同类型图表或在标记卡区域选择不同标记，方便快捷。而在 Excel 中，需要从菜单栏（或工具栏）插入图表，先透视元数据，再作图，如需更换不同图表和标记，需要重新插入图表。

3 课程考核形式及评价

科学合理的考核评价体系对于改善教学效果、实现教学目标具有非常重要的作用。本课程考核方式分为过程性考核和终结性考核，其中过程性考核构成平时成绩，占总评成绩的 40%，终结性考核形成期末成绩，占总评成绩的 60%。过程性考核包括出勤、项目实验报告，在平时成绩中的占比分别为 20%、80%。终结性考核采用大作业形式，考核学生对 Tableau 的综合操作技能和应用的全面理解和掌握程度，以及解决实际问题的能力。期末大作业的评价采用百分制，包括图表制作的技巧性、内容合理性、内容完整性、图表的美化程

度（配色）、创新性，以及得出结论逻辑性共7个评价维度。

4 学生作品

在5年的教学探索实践中，可视化设计课程取得了很好的教学效果，且具有很强的实用性。学生的实践能力有不同程度的提升，师生对课程教学反馈良好。这里展示部分学生作品。

如图2所示，以颜色编码产品类别和子类别的利润，按市场和区域进行分解。图3为按细分市场和类别分解的双轴图。

图4为各年度产品（全部市场）的总销售额中盈利和亏损情况。

图5为不同地区咖啡连锁店销售分析，不仅图示出各州盈利情况，还进行了趋势分析。

图6为保险理赔分析中的欺诈检测可视化分析图。

图7为互联网中独立访问量与新访问量分析展示。

图8为客户分析，将交易细分类别、盈利情况同时进行展示分析。

图9为销售分析，分区域进行了市场分析、物流费用分析和产品市场表现分析。

类别	子类	APAC				EMEA					LATAM				USCA					总和
		Central Asia	North Asia	Oceania	Southea st Asia	Africa	Central	EMEA	North	South	Caribbe	Central	North	South	Canada	Central	East	South	West	
Furniture	Tables	4,190	-5,471	-230	-18,618	4,011	-15,321	2,764	3,296	-8,974	63	-2,670	3,716	-13,415	300	-3,560	-11,025	-4,623	1,483	-64,083
	Furnishin.	5,367	5,486	3,862	1,452	2,302	11,023	1,441	-2,801	5,428	-1,205	2,436	-3,523	2,527	114	-3,906	5,881	3,443	7,641	46,967
	Chairs	17,435	26,509	15,028	3,230	2,784	22,218	-610	4,754	-7,181	5,416	8,278	5,215	9,872	857	6,593	9,358	6,612	4,028	140,396
	Bookcases	21,944	25,657	13,389	6,667	7,165	20,290	7,938	15,289	20,829	1,949	11,167	4,977	6,794	1,343	-1,998	-1,168	1,339	-1,647	161,924
Office Supplies	Fasteners	1,025	1,480	774	-1,602	854	2,997	945	533	898	467	360	1,297	408	140	237	264	174	275	11,525
	Labels	896	1,300	1,158	-870	786	2,006	391	480	802	366	659	946	415	129	1,073	1,129	1,041	2,303	15,011
	Supplies	2,649	3,344	2,286	-4,034	1,038	6,484	997	933	2,208	1,378	1,311	3,326	1,556	297	-662	-1,155	2	626	22,583
	Envelopes	2,182	3,421	1,262	-1,641	1,518	4,732	811	1,704	2,205	994	1,647	1,812	1,465					1,909	29,601
	Art	2,172	4,101	2,255	-1,190	3,977	19,464	1,452	4,016	7,314	964	1,722	3,675	590	913	1,195	1,900	5,947	12,119	57,954
	Paper	3,006	3,032	2,693	-1,859	2,063	4,871	887	1,320	2,693	2,517		909	374	6,972	9,015	5,947	12,119		59,208
	Binders	2,767	2,907	2,728	2,395	2,659	12,825	2,910	2,470	4,466	1,145	1,186	2,756	228	786	-1,044	11,268	3,901	16,097	72,450
	Storage	6,138	8,482	7,706	2,418	11,915	24,845	3,453	6,484	-3,379	2,616	3,649	8,687	1,256	2,912	1,970	8,389	2,274	8,645	108,461
Technolo...	Machines	7,494	10,308	3,958	4,783	5,948	11,930	2,742	9,559	-4,201	-2,604	441	3,680	839	608	-1,486	6,929	-1,439	-619	58,868
	Accessori.	8,026	8,796	7,702	-8,642	6,478	18,861	3,583	5,000	9,581	3,346	6,423	11,123	6,116	1,295	7,252	11,196	7,005	16,485	129,626
	Applianc.	6,269	12,859	12,444	10,557	3,670	18,184	3,024	7,785	20,369	5,597	4,136	12,189	4,226	129	-2,639	3,901	4,124	8,261	141,681
	Phones	23,108	23,277	21,477	13,452	17,695	27,523	2,991	15,421	-5,600	5,608	7,522	17,608	-560	2,680	12,323	12,315	10,767	9,111	216,717
	Copiers	17,812	30,090	21,597	11,356	14,009	22,602	8,178	15,539	18,059	7,179	6,540	21,343	5,983	2,664	15,609	17,023	3,659	19,327	258,568

图2 颜色编码产品类别和子类别

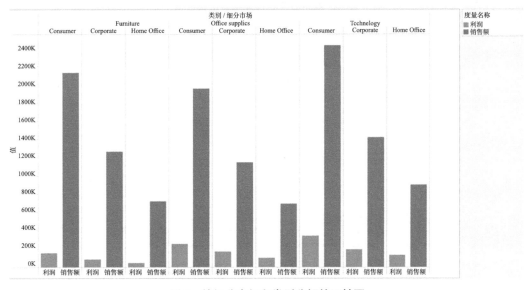

图3 按细分市场和类别分解的双轴图

以合计百分比表示的盈利情况

盈利还是亏损
■ 亏损
■ 盈利

类别	子类别	2012		2013		2014		2015	
Furniture	Bookcases	78.39%	21.61%	78.01%	21.99%	79.17%	20.83%	80.72%	19.28%
	Chairs	73.94%	26.06%	73.87%	26.13%	73.34%	26.66%	72.18%	27.82%
	Furnishings	79.79%	20.21%	81.87%6	18.13%	81.33%	18.67%	80.71%	19.29%
	Tables	55.18%	44.82%	57.80%	42.20%	54.83%	45.17%	50.25%	49.75%
Office Supplies	Appliances	83.36%		81.40%	18.60%	85.90%		82.47%	
	Art	85.89%		85.22%		85.92%		85.48%	
	Binders	83.39%		85.25%		84.84%		85.13%	
	Envelopes	83.67%		85.03%		85.56%		82.57%	
	Fasteners	82.64%		83.75%		81.14%	18.86%	80.67%	19.33%
	Labels	88.78%		86.50%		86.67%		84.77%	
	Paper	91.25%		87.23%		88.98%		90.49%	
	Storage	75.03%	24.97%	74.86%	25.14%	78.80%	21.20%	77.95%	22.05%
	Supplies	86.10%		80.34%	19.66%	78.15%	21.85%	75.99%	24.01%
Technology	Accessories	82.05%	17.95%	88.42%6		85.63%		85.29%	
	Copiers	81.63%	18.37%	79.14%	20.86%	82.76%		85.30%	
	Machines	58.08%	41.92%	78.24%	21.76%	79.12%	20.88%	77.50%	22.50%
	Phones	87.66%		86.03%		81.67%	18.33%	83.81%	

订购日期

0% 20% 40% 60% 80%100% 0% 20% 40% 60% 80%100% 0% 20% 40% 60% 80%100% 0% 20% 40% 60% 80%100%
销售额的总计 %　销售额的总计 %　销售额的总计 %　销售额的总计 %

图 4　市场销售盈亏情况

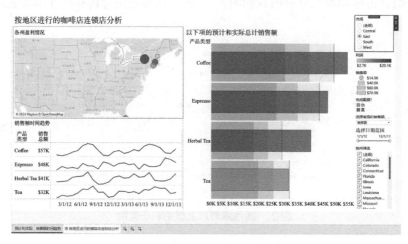

图 5　不同地区咖啡连锁店销售分析

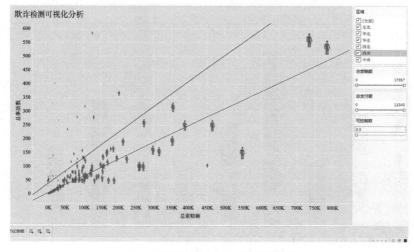

图 6　保险理赔分析中的欺诈检测

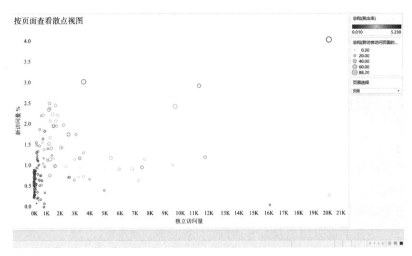

图7　互联网中独立访问量与新访问量散点视图

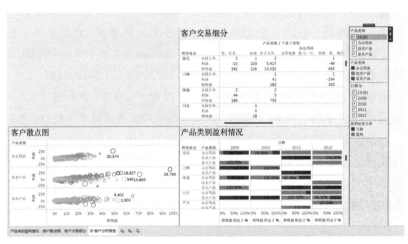

图8　客户分析

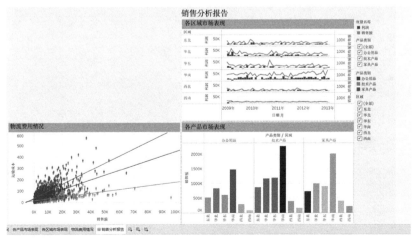

图9　销售分析

5 总结与展望

可视化设计实践课程可以提高学生面对实际数据可视化、分析和研究问题的诊断力和决策力，是提高学生实践能力和创新能力的重要举措。对提升学生的大数据可视化和分析的能力，以及增强解决地理信息领域的可视化问题的能力具有重要意义。良好的实践操作能力，可为学生未来工作和学习中应用计算机软件处理问题打下坚实基础。结合学校应用型及本专业的人才培养目标，改革课程教学内容和教学方法，采取多种教学策略，加强了学生的实践操作技能培养；有针对性地解决"重理论，轻实践"的问题；采取了突出教师和学生的双主体地位，课堂上加强师生互动环节，教学效果良好。

目前，该课程仍处于初期探索阶段，未来将在数据可视化平台及教材、实践项目库建设，以及课程考核与评价方面继续进行探索与完善，为更好地实现课程教学目标、提高学生实践操作技能的培养效果发挥其应有的作用。

参考文献：

[1] 李希光，赵璞．数据可视化：数据新闻在健康报道中的应用 [J].新闻战线，2014，（11）：53.

[2] 王国平.Tableau 数据可视化从入门到精通（视频教学版）[M].北京：清华大学出版社，2020.

[3] 牛喜霞，孙林雪．项目化实践教学探析 [J].中国市场，2016，（24）：268-270.

[4] 李振，周东岱，王勇."人工智能 +"视域下的教育知识图谱：内涵、技术框架与应用研究 [J].远程教育杂志，2019，37（4）：42-53.

[5] 吕佳，徐善亮．产教协同下机器学习与Tableau 融合教学方法实践 [J].计算机教育，2022，（4）：129-132+137.

[6] 郝丽，张俊霞．大数据可视化课程的云课堂 +PBL 教学模式实践 [J].集成电路应用，2022，39（7）：98-99.

[7] 秦彦彦.PBL 教学模式在计算机应用软件课堂的应用实践与思考 [J].课程教育研究，2019，（17）：241-242.

教学改革篇

适应职业化应用的教学探索
——以土地资源管理学为例

刘贵利

（北京联合大学应用文理学院，北京　100191）

摘　要：本文针对普通高校学生的特性问题，选择《土地资源管理学》为教学改革试验课程，以二年级本科生为试验对象，通过不同职业化方向阐释课程内容，引导学生进行自评估，并加强其对课程的重视程度；通过小组作业模式，激发个体的积极性，观察各组响应后调整教学方式，前期以老师为主导，后期引导学生进行点表评图；结课后自发组建小组，带领实践操作，通过"区块链+"模式分工，提升学生的合作能力、表达能力和自学能力，最终提升课程的职业化应用，并进一步挖掘好苗继续培养。

关键词：职业化；分类引导；"区块链+"模式

普通本科院校的学生普遍存在自主学习能力弱，对理论性课程缺乏兴趣、上课不主动提问等问题，再加上理论课程考核方式缺乏实践应用性考验，导致学生对类似课程学习积极性和掌握程度都不高，毕业后应用水平偏低[1]。为激发普通本科学生学习动力，提高职业化应用水平[2]，本次教学试验是结合《土地资源管理学》课程教学进行的，选择本科二年级学生为试验对象，在教学中根据不同学生的响应程度，进行分类引导，并通过学习小组模式挖掘更大的潜能。

1　课程内容阐释

《土地资源管理学》是一门集地理学、生态学和管理学交叉的学科。作为高等学校教材，其内容依据不同学科背景大致可划分为三种：一种是土地经济学学科基础，偏向土地市场和管理的教学内容，重视土地市场的研究和管理制度的学习，如中国人民大学选用的教材；另一种是土地管理学学科基础，偏向土地规划，注重图文表达，如中国农大选用的教材；第三种是人文地理学学科基础，偏向土地评价，重视指标体系和评价方法，如开设人文地理专业的一些学校选用的教材。

无论哪类教材培养的内容都主要面向自然资源部的管理事权范畴。自 2018 年自然资源部成立以来，其管理范畴无论广度还是深度都有延伸。就广度而言，中国领土空间规划都归其管理，包含山水林田

作者简介：刘贵利（1971-），女，河北人，博士、研究员，城市与区域研究所负责人，人文地理与城乡规划专业负责人。主要研究方向为国土空间规划。
资助项目：2023年北京高等教育"本科教学改革创新项目"项目"'价值引领、实践创新、多轮驱动'地理学类一流专业协同育人模式研究"（202311417002）。

湖草沙海等各类土地单元；就深度而言，行政主管部门自上而下为部委（自然资源管理部）—厅局（自然资源管理厅）—市县（自然资源管理局）—乡镇（国土所），是垂直管理体系。上有遥感数据动态实时监测，下有基层行政管理。

改革将国土资源部的职责，国家发展和改革委员会的组织编制主体功能区规划职责，住房和城乡建设部的城乡规划管理职责，水利部的水资源调查和确权登记管理职责，农业农村部的草原资源调查和确权登记管理职责，国家林业局的森林、湿地等资源调查和确权登记管理职责，国家海洋局的职责，国家测绘地理信息局的职责整合，组建自然资源部，作为国务院组成部门。自然资源部对外保留国家海洋局牌子。按官网统计，机构设置包括 6 局 23 司（含办公厅和督察办），派出机构包括 16 个局级单位，直属单位 50 余家。而作为咨询行业的空间规划体系全部归属于自然资源部管理，房地产行业的管理也有较大程度归属该系统。

因此，对照行业管理需求，《土地资源管理学》课程按土地评价、土地管理和土地规划三个应用方向进行划分，课程也划分为三个模块。土地评价模块的课程注重应用实践，课程设计为理论结合实践，在理论方法讲解基础上，进行真题解析，要求学生运用所学方法进行计算分析，完成评价表和分等定级图，最后由指导老师进行课堂"点表评图"；土地管理模块的课程注重分层讲解和案例分析，如不同行政级别管辖权限及相关内容，案例分析注重实际管理案例剖析，要求学生进行案例分析和课堂讨论，掌握土地管理应用范畴；土地规划模块的课程考虑到实践的复杂性和全面性特征，课堂讲授内容、方法和案例，强化兴趣引导，结课后通过大学生自

发成立课外小组进行职业化应用延伸，激发学生潜能。通过模块分解传递给学生课程的实践应用信息，使学生理解本课程各个模块面向的职业分工和应用。

2 分类引导式教学

依据教材划分课程的职业化引领，按课程内容支撑的发展导向分类：

一是管理类：学生的课程知识体系可面向土地管理（自然资源局）、发改委、农业农村部、土地政策（其他部委）等机关事业单位，授课时根据学生的兴趣引导其择业应知应会的内容，例如制度框架、工作机制、主要职责等内容。

二是考研类：本课程知识体系支撑土地管理、城乡规划、人文地理、土地经济等专业，授课时指出哪类方向的研究生与本课程相关，学生该掌握哪些基础内容，例如地租理论是土地管理专业的基础理论。

三是技术类：如双评价、国土空间规划中的土地利用总体规划等技术工作；就业方向面向规划院、规划公司、房地产公司、基金公司、投资公司和金融系统等企事业单位。针对有毕业即面临就业想法的学生，教授之本课程中必须掌握的基本技能。

从"有教无类""教学相长"到"分类引导"。首先，课堂讲授中明确教材知识体系的不同应用方向，让学生了解知识体系的应用方向，引导其重视自我评估和课程学习，即使一部分学生没有明确的发展方向，也会认识到该课程的重要性，从而端正自己的学习态度；其次，通过实证练习全过程指导学生，了解学生的思考过程、学习效果和个体差异，协助学生进行自我评估，分类引导学生未来的学习规划（如后修课程的选择），同时根据整体掌握

情况调整教学内容和深度；最后，创建创新实践小组，本着自愿的原则，由学生主动报名，自发组建团队，通过指导小组进行技术类实践应用，进行拓展试验，加强职业化应用，并进一步选拔能继续深造的科研后备力量。

分类引导式教学实践证明，课间提问的学生增多，课堂拍照记笔记的学生增多，课堂请假的学生减少，一些学生从以往的"听而不闻""敷衍了事"到"选择的听"甚至"专注的听"，学习的积极性大有提升。

3 通过实证练习掌握实用方法

选择土地适宜性评价真题为案例，进行分组练习，通过考察课程知识的运用评估学习效果，调整教学方式，训练团队合作能力。

1. 分组设计

全班 32 人，随机抽取形成 5 个小组，每组设立正负两名组长，负责组织协调，无形中赋予团队责任感的角色。与三家规划设计公司建立教学实践联系，由规划单位提供真实数据并协助调研，小组负责完成土地适宜性评价工作，根据所提供资料提出问题，制定目标，并完成成果，汇报展示验收后给予分数。分数设计包含两部分，一是团队基数分，二是成员分，成员分值在团队基数分上下 5 分范围内选择，以团队得分的目标激励成员的贡献意愿，

从而达到最佳学习效果（表 1）。

2. 响应过程

为了提高学生的积极性，鼓励学生在"做中学"和"边做边学"，严格控制进度，要求 5 周内完成，各组必须分工到个人，老师在每周课堂提出督导要求，并观察学生的作业进度，先期提交者或主动展示点评的小组有加分奖励。

第一周，学生没有进入状态，具有相互观望或拖延从众心理，五个组都没有进展，老师提出第二周开始随机抽查作业进度，被抽到的小组成员全部上台汇报，通过调整节奏给予一定压力。

第二周，南马庄组长先后三次找老师咨询具体的操作方法，组员也相继咨询，之后主动提出第一个展示点评，南马庄组演示阶段成果之后，老师指出其中的优缺点，期间其他学生的抬头率达到 100%，老师进一步增加压力，提出第三周抽查两组的要求，课堂上有两组主动领取任务。

第三周，有三组成员多次找老师咨询，自带笔记本认真记录，有些同学还录音记录，课堂上进度较快的两组上台演示，带动学生一起点评，学生抬头率 100%。

第四周，第五组全员找老师咨询，前四组有零星成员碰到新问题也来咨询，全班学生的积极性被调动起来，课堂上最后两组演示，学习效果达到最佳，土地适宜性评价的方法全员掌握。

第五周，五组全部提交高质量作业。

分组要求列表　　　　　　　　　　　　　　　　　　　　表 1

小组	学生数	合作单位	资料情况	自定目标	培养目标
河北走马驿镇小组	6 人	A 公司	资料最新的为 2018 年	养殖场适宜性	学习兴趣、分析能力
河北南马庄乡小组	6 人	A 公司	交通数据缺乏	蔬果园适宜性	学习兴趣、数据挖掘能力
河南张湾村	6 人	B 公司	有一定研究基础	土地利用分等定级	学习兴趣、综合分析能力
山西虞乡镇小组	7 人	C 公司	缺乏三调数据	生态公园适宜性	学习兴趣、三条控制线的应用
河北南堡镇小组	7 人	A 公司	海洋数据缺乏	工业发展区适宜性	学习兴趣、开发视角的评价

学生分组完成作业过程，老师阶段性督导，先是调动个别学生的积极性，培养独立分析能力，然后是激发各组的紧迫感，被动学习变主动学习，带动全员的学习热情，图1为分组推进过程及学生表现变化分析图。

3. 综合考核

为了调动学生全员的参与性，并提升学生的团队合作能力，分组作业的打分依托两个方面，一是汇报表现分，全员上台依次汇报展示，杜绝学生依托小组搭便车的行为；二是内容质量分，考核团队凝聚力。

在分组分工汇报中，发现部分同学没有脱稿、声音小的问题；个别小组存在前后不连贯、头尾逻辑性差等问题；所有问题在点评后小组汇报中都没有再出现。

在内容质量考核中，发现部分同学在评价方法上有创新，部分同学在分析思路上逻辑性更强，甚至有些同学提出新问题，有了更深入的思考。

在上述小组考核后，发现了学生各自优势和特点，挑出了一些在国土空间规划方向有潜力的苗子（图2）。

4 教学效果及后续教育

课程结束后，为继续培养学生的实践能力，筹建大学生创新实践小组，规模为4~6人，题目从以上五组题目中选择，进行国土空间规划实践，具体成员本着学生自愿的原则自发报名。结课一周内先后有11名同学报名参加，分成两组。

后续教育采用"区块链+"模式，即去中心化，实现学生组队全员提升，强化价值认知，发挥团队责任，突出个体贡献，优势得到发挥。以走马驿镇组为例，每个成员领取一个模块任务，并负责分解为亚模块，进行成员亚任务分工，模块负责人制定任务、验收标准、内容深度和汇总汇报，经老师点评过关后开始集体撰写分报告。按照整体技术工作的连续性，分三个

图1 分组推进过程及学生表现变化分析图

图2 两个优秀组展示成果

阶段推进，每个阶段规定具体内容，完成后推进到下一个阶段。学生经过反复分工协作、再分工再协作，团队合作精神得到提升，每个成员希望自身的工作价值对团队贡献最大。同时，通过项目推进周例会方式，不断解决学生在规划过程中遇到的问题，当遇到复杂问题时加以辅导，当遇到简单或概念性问题时引导学生通过查文献，相互学习而自行解决。具体操作见表2。

"区块链+"模式任务分解列表　　表2

学生	主模块分工	亚模块分工（学生组织）		汇总人	阶段
学生A	双评价	学生B	水土资源评价	学生A汇总汇报；集体撰写报告	第一阶段
		学生C	农业空间适宜性评价		
		学生D	生态空间适宜性评价		
		学生E	建设空间适宜性评价		
学生B	双评估	学生A	构建安全、共享指标体系评估	学生B汇总汇报；集体撰写报告	
		学生C	构建绿色、协调指标体系评估		
		学生D	构建开放、发展指标体系评估		
		学生E	规划实施评估		
学生C	国土空间整治与生态修复	学生A	生态修复	学生C汇总汇报；集体撰写报告	第二阶段
		学生B	建设用地空间整治		
		学生D	农业用地空间整治		
		学生E	现状社会经济条件分析		
学生D	镇域村庄规划布局	学生A	村庄布局现状用地问题	学生D汇总汇报；集体撰写报告	第三阶段
		学生B	村庄社会经济条件分析		
		学生C	村庄职能分工规划		
		学生E	村庄结构体系规划		
学生E	镇区城市设计	学生A	景观结构规划	学生E汇总汇报；集体撰写报告	
		学生B	城镇更新方案		
		学生C	城镇设施配套规划		
		学生D	城镇生态规划		

5 结论

通过对二年级本科生一学期的职业化教学试验，获取以下经验、创新点和不足之处。

经验：一是试验对象选择二年级本科生最佳，既有先修课程的理论和方法基础，又有参与学习活动的思想动力，对职业化教学方式普遍表现出乐于接受，参与的积极性较高；二是团队建设，设立双组长责任角色，通过阶段压力适度调动小组的紧迫感，各组进展不同又可以形成良好的学习传导机制。

创新点：（1）通过课程内容分类，引导学生对自己的职业发展进行自评估，从而重视本课程学习，提升自发学习能力；（2）通过分组作业加去中心化分工，做到个体挖潜，激发学生的团队荣誉感，从而提升个人学习积极性;(3)通过分组、分阶段指导和点表评图,了解学生的学习效果、知识面的不足和关注方向,不断调整教学方法,例如,课程入门之后,让学生点评比老师点评效果更佳。

不足之处:(1)二年级本科生学习能力偏弱,主动查阅文献能力不足,碰到任何小的问题都是直接问老师,以后应尽可能引导其自己找答案,增强其学习能力;(2)一门课程的教学改革很难在学生的学习规划中形成延续性,必须依靠全面教学改革,实现分类引导学生的学习规划甚至人生规划。

参考文献:

[1] 刘冬冬,程广文.本科层次高等职业教育的发展契机、现实困境与消解路径[J].教育与职业,2021,(09):34-37.

[2] 陈念,陆克中.应用型课程建设促进地方性本科职业化教学改革的思考[J].软件导刊(教育技术),2017,16(02):35-37.

三维 GIS 的教学改革与课堂设计创新探索

何 丹 侯艺曼 李启萌

（北京联合大学应用文理学院，北京 100191）

摘 要：该研究探讨了三维地理信息系统（3D GIS）在地理信息科学专业教学中的应用及其教学改革与课堂设计创新。三维 GIS 作为一种新兴 GIS 技术，对于城市规划、环境保护等领域具有重要价值。然而，传统的三维 GIS 教学模式存在实践教学模式单一、学生参与度低等问题，亟需改革。针对北京联合大学应用文理学院开设的三维 GIS 课程的现状，提出了一系列教学改革建议，包括优化课程内容、建立以学生为中心的教学模式、改革评价体系以及挖掘课程思政元素。教学内容改革方面，强调理论与实践相结合，更新课程内容以适应行业发展。教学方法创新则侧重于网络教学、翻转课堂和多元化评价方式，以提高学生的参与度和学习效果。课堂设计创新实践则通过课堂组织形式、实践教学环节设计和教学资源开发，激发学生的学习兴趣，提升实践能力。此外，文章还强调了校企合作在扩大产学研用，以及实践活动在培养学生实践能力中的重要性。三维 GIS 教学改革和课堂设计创新对于培养具有创新精神和实践能力的人才至关重要。教师和学生应共同参与改革过程，不断更新知识储备，积极参与实践，以适应技术发展和社会需求。通过持续的教学改革和创新，三维 GIS 教学有望取得创新成效，为教育事业的进步和发展注入新活力。

关键词：三维 GIS；教学改革；课堂设计；创新

0 引言

地理信息系统（Geographic Information System，GIS）集成了地理学、计算机科学与数据分析等多学科优势，旨在实现对地理空间数据的高效采集、管理、分析和展示，可以直观、生动地呈现地理空间数据，提高数据的可视化效果。通过虚拟现实、地图制图等技术，用户可以在虚拟环境中探索地理信息，实现地理数据的快速浏览、查询和定位[1]。三维地理信息系统（3D GIS）作为一种新型的 GIS 技术，在现代社会中具有广阔的应用前景。三维地理信息系统在我国城市规划、环境保护、资源管理、国土监测、交通规划等多个领域，为政府、企业和公众提供了有力的决策支持[2]。

在实际应用中，三维 GIS 与二维 GIS

作者简介：何丹（1980—），女，湖南岳阳人，博士、教授。主要研究方向为信息地理学、GIS 空间分析和应用。

资助项目：北京联合大学教改重点项目《文化遗产卓越工程师研究生人才培养驱动的课程创新与改革：地理信息科学与技术课程教学创新探索》研究成果（JY2024Z002）；教育部高等教育司 2024 年第一批产学合作协同育人项目《基于 PIE 的数智复合 GIS 应用型创新人才培育实践基地建设》研究成果（230902313204133）。

的差异在于三维 GIS 场景下的数据规模庞大、尺度跨度广泛、符号呈现具有动态性、计算量大、实时性要求高以及交互程度高等特点[3]。三维 GIS 具有显著优势，能够取代传统的二维 GIS，弥补其在空间信息表达方面的不足。三维 GIS 能够在现实的三维空间中精确描绘城市各个部分和细节，促进城市数字化、信息化和智能化进程。当前，随着智慧城市、大数据以及"互联网+"等理论与概念的提出，为三维 GIS 带来新的发展机遇和挑战。近年来，测绘地理信息领域取得了显著进展，测绘地理信息正朝着获取立体化、实时化、处理自动化、智能化，服务网络化、社会化的方向发展，为地理研究和城市建设提供有力支持。通过与物联网、云计算、大数据等技术的深度融合，三维 GIS 将进一步提升数据处理和分析能力，为城市决策者提供更加精准、全面的信息支持，应用也将更加广泛[4]。

地理信息系统是一门研究空间地理信息的科学，三维 GIS 实践能力已成为地理信息科学专业学生的核心竞争力。当前，培养学生的三维 GIS 实践能力已成为专业实践教学亟待加强的环节，对其创新性要求亦较高。随着科技的发展和社会对地理信息需求的不断增长，传统的课堂教学方式已无法满足新时代的需求。因此，需要进行教学改革，改进课堂设计，这是培养目标指导下的、专业教育的实质内容，其合理性和先进性决定了一流专业建设的成效和人才培养的质量[5-6]。

课程改革和课程设计的革新能够为学生提供更灵活多样的学习途径，同时也能充分调动学生的学习积极性。通过介绍和运用三维 GIS，让学生对地理信息有更直接的认识，并在实际运用中提升解题能力。在这一过程中，教师应注重对学生的有效

管理，提高学生的综合素质，增强他们的创新意识，为今后的工作奠定良好的基础。

三维 GIS 是地理信息科学专业的高级课程，围绕地理空间数据的采集、建模和处理等过程展开。实践教学是地理信息科学（GIS）人才培养的重要途径[7]。针对北京联合大学应用文理学院开设的三维 GIS 课程中存在的问题，结合地理学专业的特点，提出了优化课程内容、建立以学生为中心的教学模式、建立基于过程考核的评价方式、挖掘课程思政元素等教学改革建议，以提升该课程的教学质量。通过本次研究，深入探讨三维 GIS 在教学改革和课堂设计创新中的价值和意义，持续深化三维 GIS 教学改革，不断推进 OBE 教育理念改革，力促学科交叉融合建设，推进学科建设升级，持续推进多元化人才培养，推动教育的进步和发展。

1 课程现状及目前存在的问题分析

1.1 课程内容的技术特点

1.1.1 多学科集成，渗透性强

三维 GIS 作为一门综合性学科，要求学习者具备一定的数据库系统原理、数据结构、计算机图形学、地理学、测量学、信息学、数学等学科的基础知识，以及程序设计与开发的相关知识。在学习过程中，各学科之间的交叉、集成、渗透教学对学习者提出了较高的要求。这意味着，学习者需要掌握多学科知识，善于在各学科间进行知识迁移和应用，以实现地理信息的高效处理和分析。

1.1.2 兼顾理论性与应用性

作为一门基础理论与实践技术相结合的课程，在学习过程中，理论知识与实践技能的培育均至关重要。一方面，课程着

重基础知识的教学，涵盖地理信息系统的基本概念、原理及算法等；另一方面，强化学生的工程技能与实践能力的培养，通过实际项目案例，使学生精通 GIS 技术在实际应用和开发中的运用。

1.1.3 发展速度快

GIS 技术随着相关学科的发展而不断演进，尤其是计算机软、硬件技术的进步，极大地促进了 GIS 技术的迅猛发展。随着云计算、大数据、人工智能等技术的融合，GIS 技术正在朝着更高效、智能的方向发展。这也使得 GIS 教学内容需要不断更新，以适应技术发展的步伐。这对教学方法和手段提出了更高的要求，教师需要不断探索创新的教学方法，以满足不断发展变化的 GIS 技术教学需求。

1.1.4 实际应用广泛

GIS 技术在我国各行业中的应用越来越广泛，包括城市规划、环境保护、资源管理、国土监测和交通规划等。掌握 GIS 技术可以为解决实际问题提供有力支持，提高工作效率并降低成本。因此，学习 GIS 课程具有很高的实用价值。

1.1.5 技能要求高

GIS 技术涉及多个领域的知识和技能，例如空间数据处理、地理分析、地图制图和软件开发等。学习者需要具备较高的技能水平才能应对复杂的实际项目。因此，在教学中需要注重培养学生的技能素养，提高他们解决实际问题的能力。

1.2 课程教学现状

以地理学为基础的 GIS 专业注重 GIS 应用的优势，并侧重于整合人文地理学、经济地理学、城市规划、资源环境学和土地管理等专业领域的地理模型，培养学生能够建立支持可持续发展决策的 GIS 系统应用能力。理论课程主要是教师利用 PPT 课件讲授，实践课程则结合教师的讲解、演示和学生的操作。课程考核分为理论和实践两部分。其中，理论考核依据平时成绩进行评定，实践考核则由平时成绩和实验报告成绩综合评定。平时成绩主要考察学生的出勤和课堂表现，期末考试为闭卷考试。实验报告的评分主要依据实验完成度、结果合理性和报告规范性。

采用"多媒体教学＋演示＋实践"为主题的教学模式。多媒体教学囊括符号、语言、文字、声音、图画和动态影像等多元化元素，依照教学需求巧妙整合，创建出富于互动性的教学环境。相较于传统教学模式，其能够形象生动地呈现难以传达或肉眼无法观测的信息，使学生更深入地理解课本知识，激发他们的学习热情。同时，多媒体教学有利于丰富课堂信息，提升教学成效。因此，多媒体已逐渐成为当前教学趋势。其中，备受关注的便是多媒体课件的制作。数字教育课件包含教师授课型及其交互型两种类型，每种实验都先由教师讲解原理后进行示范，之后要求学生自主完成并课后自行探讨。此外，还会安排以实际问题为主导的专题作业，让班级分为若干小组完成，且在下堂课由各组代表报告讨论结果。通过精选典型示范系统进行展示，有助于学生对 GIS 基本理念、功能及系统构造有更为直观的认识，使其充分理解课程内容。实践环节是 GIS 教学中不可或缺的关键部分，通过运用 GIS 专业软件和参与系统设计与开发的过程，有助于学生更深入地理解相关知识，并提升其实践能力与工程素质。

尽管基础理论和技术相对较为抽象，但如何引导学生有效理解与把握这些知识仍为 GIS 教学所面临的挑战。然而，借助"多媒体教学＋演示＋实践"的教学方式，能够帮助学生直观形象地深化对 GIS 理论的理解与铭记。经过实践验证，此方法在教学效果方面表现优秀。

1.3 存在的问题

如今，三维 GIS 教学主要表现出以下特点：一是教学内涵频繁更新，新技术与工具层出不穷，需要教师保持持续学习，以保障教学内容的可靠性和实用性；二是技术依存度较高，依赖于专业软件和硬件设备，对师生的技术能力有较高要求，因此，必须不断提升技能；三是实践环节需求强劲，学生需进行实地调研、数据采集和空间解析等活动，对教与学双方的时间与资源都提出了严峻挑战。

1.3.1 学生基础薄弱

掌握 GIS 技术，不仅需要扎实的数学、地理和计算机科学基础，还要具备一定的专业知识和实践经验。然而，目前在非专业学生中，普遍存在数学、地理和计算机科学基础薄弱的问题[8-9]。此外，中学教育中对 GIS 相关知识的普及程度不高，导致学生过去对 GIS 的认识不足[10]，进一步影响了他们对 GIS 技术的掌握。

1.3.2 学生参与度低

当前教学模式单一，学生参与度低，学习成效不佳。因 GIS 课程专业属性显著，其理论学习以教师主讲 PPT 为主导，这降低了学生的参与积极性；而实践环节采用讲授演示法。虽然要求学生在实验中主动运用大脑，掌握软件技能并思考实际应用，然而现实情况下，许多学生仅跟随教师步调，受限于有限的实验时长和学生众多，他们难以对案例进行深入拓展练习，

对实践内容的理解也不够全面透彻。此类教学模式忽视了学生的主体地位，乏味无趣，难以调动学生的求知欲，不利于创新精神的培养。

1.3.3 课程体系构建不完善

作为应用型本科院校不仅仅强调学生的理论基础，更应该注重培养实践技术水平以及实际应用能力。在实际的课程体系设计中，无法体现三维 GIS 与其他课程的衔接与融合，容易造成学生"断档式"学习。在完成相关课程后，所学知识与实际应用间缺乏明显关联。专业课与后续研究无缝对接的缺失使毕业生在设计论文或项目原型体系时面临困难，难以将所学基础专业技术与论文研究相融合[11]。

综上所述，目前的三维 GIS 教学存在一些问题和挑战，但通过教学改革或课堂设计的创新，可以有效应对这些挑战，提高教学效果，促进学生的学习和能力培养。教师应密切关注最新的技术动态，提供最前沿的教学资源；学生应主动学习和掌握三维 GIS 技术的基本操作和应用；同时，教师还应通过虚拟实境、实践演练等方式，提供更多的实践机会，帮助学生进行充分的实践操作。只有这样，三维 GIS 教学才能更好地满足学生的需求，培养他们的专业能力和创新能力。

2 教学改革探索

在三维 GIS 的教学中，教学改革是必不可少的一环。教学改革的目标是提高教学质量、培养学生的实践能力和创新能力。以下是一些教学改革的探索方向。

2.1 教学内容改革

在课程设计中，应注重结合理论与实

践的教学模式，并加强学生的主体地位，使学生能够将所学知识应用于实际案例中，提高他们的问题解决能力和创新能力。创新性课堂设计意味着关注学生的需求和兴趣，尊重学生的个性差异和多元智能，设计与学生实际情况相符的教学活动，激发学生的学习兴趣和主动性。此外，应该根据学生的反馈和教学效果的实际情况，及时调整和完善设计[12]。比如，可以收集学生的意见和建议，改进和优化教学活动及资源，以提高教学效果和学习体验。

课程设置以问题和实际需求为导向，结合城市发展和实际需求，以开放兼容、扎实求精的跨学科知识结构，培养基础性、前沿性的技术和工具。实践这一课题体系，要推动地理信息与城市研究向服务未来城市建设转型升级转变，培养创新人才，引领未来相关领域发展，需要多学科交叉组织教学、科教协同育人、校企协同育人。

2.2 教学方法创新

2.2.1 加强网络教学

校园网络环境为三维 GIS 网络教学提供了条件。与传统教学中教学组织形式单一相比，三维 GIS 网络教学可以采用多种方式[13-14]。例如，通过留言板、E-Mail 等方式实现实时或非实时的答疑，也可通过群聊等方式来促进教师与学生之间的交流和讨论。甚至可以通过视频会议的方式实现一对一或一对多的实时讨论和答疑，并且可以将讲课录像以流媒体的形式呈现在网络上，学生可以通过视频点播或下载的方式实现异步学习。录像还可插入文字、视频和动画等内容。

2.2.2 实训制度建设

作为一门新兴且具有高度交叉性和前沿性的学科，三维 GIS 的实践教学技术在

GIS 基础课程中日益受到关注。尤其对于应用型大学而言，实践教学需要紧跟学科专业和产品的发展，同时结合学校应用实践技术教学领域的先进科技。在课程实践教学方面，随着我校多学科融合建立北京学学科，三维 GIS 的课程实践同样需要与其他学科结合。例如在实际操作案例中加入与北京学相关的应用，激发学生学习兴趣，甚至可以拓展校外实训基地，将课程中学到的内容真实地应用于实际问题中。这不仅包括扩大校外实训基地，还要增加学生的实习机会，让学生们能够获得更广阔的实习经验。

大力推进优质教学资源的共建共享，加大由企业和学校共建综合性课程力度，有计划地将企业技术革新项目和真实案例引入教学内容，建设新型实践课程模式，推动实际技术发展成果、产学研合作项目转化为教学资源。推动产学研项目的发展，整合资源构建智慧教学平台，创新研修新模式，提高教师数字素养，深入推进信息技术与教育教学深度融合的教学改革创新，全面提高课堂教学实效和人才培养质量。

2.3 教学方法创新

2.3.1 创新评价方式

传统的评价方式往往过于注重学生的考试成绩，而忽视了学生在课堂上的实际表现和能力发展。因此需要从多个角度全面评价学生的学习效果，以更客观、全面地了解学生的能力和潜力。通过学生完成的实际项目或作品，可以直观地反映学生在课堂中所学到的知识和技能。小组报告和口头报告也是创新评价方式的重要组成部分。通过小组合作完成的报告和口头陈述，可以检验学生在团队协作、沟通表达、分析解决问题等方面的能力。教师在评价小组报告时，要关注每个学生的贡献和表

现，确保他们在团队合作中都能发挥自己的优势，相互学习、共同成长。此外，利用在线教育平台的统计数据和反馈机制，可以及时了解学生的学习情况和进步。教师可以通过数据分析，掌握学生的学习动态，为学生提供个性化的指导和帮助。同时，学生也可以通过反馈机制，了解自己的学习状态，调整学习策略，不断提高自己的学习能力。

2.3.2 改革考核方法

采用综合评价方法评价学生的 GIS 领域知识。综合评估包括笔试、作业、论文和课程设计。笔试用于考查学生对 GIS 基础理论的掌握情况；作业则着重评估学生在实践与理论教学中所完成的任务；论文要求学生展示创新思维和能力；课程设计则侧重考察学生的实践能力和工程应用水平。采用这种综合评估方法可以全面检验学生对 GIS 理论及实践能力的掌握，并且可以促进学生的学习效果。

进一步建设和完善教学考核平台建设，优化学生日常反馈、教学调查、听课评学、教学分析等功能，常态化开展日常教学检查，发挥督导专家对教育教学工作质量的全方位作用。积极以评促建，进一步深化细化各学科、各课程对应的任务清单，争取以评促强，进一步推动教育教学改革，深化专业内涵建设。

3 课堂设计创新实践

在三维 GIS 教学改革中，课堂设计创新是非常重要的一环。通过创新的课堂组织形式和实践教学环节设计，可以激发学生的学习兴趣和主动性，提高教学效果。

3.1 课堂组织形式创新

在三维 GIS 课堂中，可以采用翻转课堂的形式，将课前预习与课后拓展相结合。学生在课前通过预习教材或观看相关视频，对基础知识有所了解，然后在课堂上进行讨论和互动。通过设立课堂互动环节，鼓励学生提问和讨论，促进学生之间的交流和合作。同时，可以开展小组合作学习和成果展示活动，让学生在实践中提高解决问题的能力。

3.2 实践教学环节设计

为了加强三维 GIS 的实践教学，需要加强实验室建设和实验教学管理。设计综合性、创新性的实验项目[15]，让学生能够在实际操作中学习和运用三维 GIS 的知识和技能。同时，可以通过与企业合作，为学生提供实习实训机会，让他们能够接触到真实的项目和工作环境，提升就业竞争力。

3.3 教学资源开发与利用

在三维 GIS 教学中，教学资源的开发与利用也是非常重要的。可以开发多媒体教学课件和网络教学资源，通过图文并茂的方式呈现知识点，使学生更加直观地理解和消化所学内容。同时，搜集和整理行业案例和数据资料，让学生能够了解到实际应用中的问题和挑战。此外，利用开源软件和云平台可以降低教学成本，提高教学效率。

建立信息化赋能构建交叉融合的教学资源库、虚拟仿真模型库、思政案例库以及科教融合三维 GIS 软件库等多角度、全方位的教学资源，为学生提供全面、立体的学习体验，帮助他们更好地理解理论知识，提高实践操作技能和教学育人的实际效果。

3.4 实践活动筑基

在实践教学过程中，教学团队积极鼓励学生参与实践活动，如学科竞赛、实践基地考察和产学研项目等，将课堂所学的理论和技术应用到实际工作中，实现知识的转化与输出，提高自身的实践经验和技能水平。同时，学生可以更加深入地了解相关领域的最新发展动态、拓展视野，激发自己的学术兴趣和求知欲。既增强了学生的动手能力，也提高了创新意识和团队协作能力，为未来的发展奠定了坚实的基础。

校企合作，扩大产学研用课程育人朋友圈。三维 GIS 课程教学团队根据学科发展特点和需要，使其成为产学研用融合，为学生提供进科研、进企业的综合实践教学平台，在产学研合作单位中选择一批具有学科交叉知识、技术能手、创新经验的企业管理者、高级技术人才担任兼职导师，建立健全校内外联合培养机制，支撑课程育人平台建设。

通过以上的课堂设计创新实践，可以有效地推动三维 GIS 教学改革，提升学生的学习效果和能力，培养符合社会需求的高素质人才。

4 结论

在当今时代，随着社会对知识重要性的不断凸显，人们对知识的需求不断增长。在这种背景下，三维 GIS 作为一种新兴的技术手段，其在教育领域的应用引起了越来越多的关注。通过以更加直观、立体的方式呈现地理信息，三维 GIS 技术对于提高学生的空间认知能力和地理信息处理能力具有重要意义。

作为教育者，教师肩负着引导学生掌握新技术的重要使命。对于三维 GIS 技术，教师不仅需要了解其基本原理和应用领域，还应熟悉该技术的操作要点，以便更好地指导学生。在教学过程中，教师须关注学生在学习过程中遇到的技术难题，并及时给予帮助和指导，以帮助学生克服困难，提高技术应用能力。

实践环节在三维 GIS 技术的教学中占据着至关重要的地位。通过实践操作，学生能够更深入地了解三维 GIS 技术的实际应用和操作技巧。为了提供更好的实践机会，教师可以运用虚拟实境、实践演练等手段，模拟真实场景，帮助学生掌握技术要领。此外，教师还可以引导学生参与实际项目，提升他们解决问题的能力。

教学改革和课堂设计创新对于三维 GIS 技术的发展也具有重要意义。在教学内容方面，应以行业需求为导向，注重实践应用与理论知识的结合。通过引入实际案例和实践项目，帮助学生更好地理解和应用所学知识。在教学方法上，可以采用案例教学、项目式教学等多元化手段，激发学生的学习热情和兴趣。同时，建立多元化的评价体系，以"场景式、特色化、有组织"的工作理念，将"实践性"贯穿教学全过程，注重学生实践能力和创新能力的培养和评价。

为了更准确地评估教学改革和课堂设计创新的效果，需要制定科学的评估指标和评估方法。通过收集改革前后的数据对比分析，可以客观地评价改革效果，并提出改进建议。在此基础上，不断优化和完善教学改革和课堂设计创新路径，为培养具有创新精神和实践能力的人才作出贡献。

在三维 GIS 教学改革和课堂设计创新的进程中，教师和学生应共同参与、共同努力。教师应不断更新自身的知识储备，关注三维 GIS 技术的最新发展动态，为学生提供最新、最前沿的教学资源。同时，学生也需要积极参与到教学改革中来，充分发挥自己的主观能动性，认真学习并掌握三维 GIS 技术的基本操作和应用技巧。

综上所述，随着技术的不断发展和社会对地理信息需求的不断增长，传统的教育模式已无法满足人才培养的需求，教学改革和课堂设计创新成为了必然趋势。相信在师生的共同努力下，三维 GIS 教学将会取得更加显著的成果，为培养具有创新精神和实践能力的人才作出重要贡献的同时，也为教育事业的进步和发展注入新的活力。

参考文献：

[1] Huang Y F, Peng H T, Fang X X, et al. A research on data integration and application technology of urban comprehensive pipe gallery based on three-dimensional geographic information system platform[J].IET Smart Cities, 2023, 5（2）: 111-122.

[2] 李濛，何倩，李广明，等.面向数字孪生城市的三维 GIS 基础软件技术创新及应用[J].上海城市规划，2023，（05）: 36-43.

[3] 任福，宋志浩，张书亮，等.地理信息科学专业学生三维 GIS 实践能力培养[J].地理信息世界，2021，28（03）: 1-4.

[4] 陈志伟.浅议地籍测绘在国土资源管理中的重要性[J].江西建材，2017，（17）: 212+214.

[5] 亢孟军，任福，苏世亮，等.地理信息科学一流本科专业核心课程体系设计与实践[J].测绘通报，2023，（09）: 165-170.

[6] 邓敏，刘启亮."大知识"时代地理信息科学专业本科人才培养探索与实践[J].测绘通报，2023，（08）: 178-181.

[7] 杜清运，任福，沈焕锋，等.综合性大学一流 GIS 专业建设的探索与实践[J].地理信息世界，2021，28（01）: 2-6.

[8] 许璟，汪婷婷.非地理信息系统专业 GIS 课程教学改革研究——以城乡规划专业为例[J].池州学院学报，2021，3（35）: 121-125.

[9] 姚琴凤，杜晓圆.应用型本科院校《地理信息系统概论》课程的教学改革实践[J].教学革新，2018，（19）: 45-46.

[10] 彭亚琪.GIS 系统技术促进高中生地理空间思维能力培养的实践研究[D].济南：山东师范大学，2023.

[11] 曾微波，王春，江岭.应用型本科 GIS 专业课程体系设置改革探索[J].测绘与空间地理信息，2019，42（09）: 1-3.

[12] 胡青.项目式教学与地理信息技术融合的高中地理信息化教学研究[D].上海：上海师范大学，2023.

[13] 郭思思.基于 GIS 的综合思维培养研究[D].武汉：华中师范大学，2023.

[14] 任福，唐旭，胡石元，等.新媒体语境下地理信息科学专业学生的空间思维培养[J].测绘通报，2019，（01）: 159-164.

[15] Mao X C, Ren J, Liu Z K, et al.Three-dimensional prospectivity modeling of the Jiaojia-type gold deposit, Jiaodong Peninsula, Eastern China: a case study of the Dayingezhuang deposit[J].Journal of Geochemical Exploration, 2019, 203: 27-44.

"线上＋线下"混合教学模式的实践与探究
——以《人文地理学》为例

李　琛　刘剑刚　李雪妍

（北京联合大学应用文理学院，北京　100191）

摘　要：本文以"人文地理学"课程为例，结合人文地理与城乡规划专业特色和培养方向，探讨线上线下混合教学模式在教学实践过程中出现的问题，正确认识线上线下教学的优缺点，充分发挥人的主观能动性，提出课程优化改革方案，其具有系统化、信息化、开放化的特征。以学生为中心，明确教学目标，重构教学内容，充分利用"典型文化遗产地数字再造"虚拟仿真项目、"人文北京""人文地理学的野外方法"等多种线上资源，创新教学模式，激发学生热情，提高教学质量。

关键词：人文地理学；线上线下混合式教学；翻转课堂

0　引言

20 世纪末以来，以计算机和互联网为代表的信息技术的快速发展，使得传统的教学方式发生革命性的变革。2012 年，教育部正式发布《教育信息化十年发展规划（2011-2020 年）》对于围绕我国未来十年的教育信息化工作进行规划与部署，要求特别注重信息技术与学科教育之间的深度融合，实现优质教育教学资源的广泛共享，以信息化教育引领教学理念与教学方式的创新[1-2]。教育信息化对于今后教育形式和教学方式都将带来重大变化，正在成为教学改革的基本趋势。

各大院校抓住传统教学模式改革机遇，借助网络教学平台等端口，利用优质的教学课件、教学视频等线上资源，开展线上线下混合教学模式[3-5]，强调师生和生生之间的交流学习。课程团队以"人文地理学"课程为例，针对教学实践过程中出现的问题，尝试开展线上线下多元融合的教学模式。

1　教学分析

1.1　课程概况

人文地理学是研究地表人文事象空间分布、空间过程的科学，主要探讨各种人文现象的地理分布、扩散和变化，以及人类社会活动的地域结构的形成和发展规律，它是地理学科体系中的重要组成部分。

本课程主要以人地关系理论以及人类文化、经济、社会与地理环境之间相互作用的基本规律作为重点教学内容，同时注

作者简介：李琛（1974—），女，甘肃人，博士、副教授。主要研究方向为人文地理与区域发展研究。
资助项目：2024 年北京联合大学教育教学研究与改革项目"基于科教融汇的人文地理学协同育人模式探索"（JJ2024Y004）；北京联合大学 2024 年高阶综合性课程建设项目"城市解读与规划设计"。

重对社会文化地理学、政治地理学和行为地理学等学科前沿的教学。

1.2 教学目标

（1）专业知识目标：能够正确理解人地关系理论，了解并掌握人文地理学的研究主题，能够运用时—空—人结合，"过去未来现在"分析文化景观与地理环境的关系。以人地关系理论作为轴线，培养学生地域综合分析能力，将人地关系始终贯穿线上线下授课全过程。

（2）专业技能目标：掌握人文地理环境中各个组成要素的空间分布、扩散、发展和变化的规律性及其与地理环境之间的关系，运用人文地理学理论解决区域与城乡发展领域出现的相关问题。

（3）职业素养目标：将人文地理蕴含的历史人文、科学智慧和民族情感融入城乡规划工作和领域，认识到人文地理学对于挖掘和展现中华民族优秀文化、树立文化自信的特殊价值和重要作用。

（4）通用能力目标：能够提升自主学习能力、批评性思维能力、团队协作能力、创新能力等。

1.3 学情分析

1.3.1 学生知识基础

学生已完成人文地理学的理论和研究主题等内容的学习，掌握了文化区、文化生态、文化扩散、文化整合等基本知识，熟悉文化区的类型，了解文化扩散与整合的基本模式，理解文化生态的内涵，为本次课程教学奠定了良好的理论基础。

1.3.2 学生认知特点

文化景观是人文地理学研究的主要问题，具有很强的实践性，深入案例区进行实地调研是解决这一问题的有效途径。但

是，对于已经消失的文化景观，学生则无法进行体验。通过典型文化遗产虚拟仿真实验，让学生沉浸式体验文化景观与地理环境的关系，对于保护和研究文化遗产、传承和发扬优秀传统文化、践行人地和谐的科学发展观、激发学生热爱中华传统优秀文化的情怀，具有重要意义。

1.3.3 学生学习风格

传统的人文地理学理论教学反映出学生学习认知能力和动手实践能力亟待提高，学习兴趣亟待激发。通过线上资源和线上教学手段的灵活运用，借助虚拟仿真实验平台进行教学，提升学习兴趣，加强学生主动学习的能力与习惯，掌握人文地理学的基本内容。

2 线上线下混合式教学改革的实践与优化

2.1 建设思路

本次教学改革尝试将翻转课堂与线上线下混合式教学有机结合，利用线上优质在线课程资源，通过课堂的有效翻转与学习时间的重新分配，以先学后教的形式，将传统讲授式课堂分解成为课前的线上自主探究学习型课堂与课中课后的线下互动协作思考型课堂，凸显"以学生为中心"课堂的建设。并通过多元考核评价方式考评学生线上线下学习情况，将学生从浅层学习引向深度学习，从而培养学生解决复杂问题的综合能力与高阶思维。

2.2 建设路径

2.2.1 重构、有序组织线上线下教学内容

整体把握人文地理课程知识体系，借助北京联合大学开发的"典型文化遗产地数字再造虚拟仿真实验"项目，利用"中

国大学慕课"中的"人文北京（北京联合大学张宝秀教授团队）""人文地理学（华东师大孔翔教授团队）""人文地理学野外实习（北师大周尚意教授团队）"、中国大学视频公开课"中国传统文化（西北大学张岂之教授团队）"作为线上资源配合教学，进行人地关系理论认知与实践训练。线上阅读材料选用《文化地理学》（王恩涌）、《人文地理学野外方法》（周尚意）、《Human Geography：Theory，Method，and Practice》（Domenic Craine）等经典名著以及《人地系统可持续过程格局的前沿探索》（樊杰）、《人文地理学的发展历程及新趋势》（顾朝林）等相关学术论文；线下课堂教学内容，以促进学生内化知识为目的，通过分析学生线上自测数据，精准把握学生碰到的课程重难点问题，以解决问题为出发点，引导学生在解决问题的过程中植入理论部分的讲授，理论联系实际，通过组织学生主题讨论、案例讨论等形式提升学生分析问题、解决问题的能力。

2.2.2 采用翻转课堂进行线上线下混合式教学

教学过程是教师安排教学内容和教学活动的先后顺序，是实现教学目标的具体时间性安排[6]。基于翻转课堂的线上线下混合式教学的《人文地理学》建设教学过程改革思路是：要求学生课前在线学习课程内容，课上老师对所学内容进行总结回顾并组织学生进行讨论、提问和答疑，帮助学生内化课前所自学的内容，课后拓展巩固，打造翻转课堂，实现以老师教为中心向以学生学为中心转变。

（1）课前教师建课，学生在线学习。

课前在线学习阶段，主要是利用翻转课堂模式完成布鲁姆教育目标分类法中识记和理解层次的目标。

《人文地理学》课程选择雨课堂作为课程网络平台。雨课堂教学平台是融资源、课程、学习、评测、交互为一体的学习通移动APP，是立足于信息化与教学深度融合，面向移动终端、电脑端的在线教学平台，适用于混合式教学[7-8]。教师在平台教师端创建课程，发布任务，组织教学活动。学生在平台学生端自主完成学习任务。教师可以实时检查学生的学习情况，进行大数据分析，以便及时调整教学计划。

课前教师建课，学生在线学习。教师准备教学资源包括教学视频、教学PPT、试题库、案例库、测试题、作业库和图片库等。课前将相关教学资源发送到学生通平台上，并发布相关任务，学生按照任务要求在线自主学习。这些自学材料要引导学生进入学习情境，唤起先前的学习经验，引发学生学习兴趣和问题思考。在学习通班级讨论区中，学生可以就自学过程中的问题进行讨论，并将难点反馈给教师。教师通过软件后台得到学生预习数据和难点反馈，进一步调整线下课程计划及内容，从而使教学更有针对性，促进线上线下课程深度融合（图1）。

（2）线下翻转式教学，激发学生学习兴趣。

线下课堂教师主要采用与学生互动的方式，利用翻转课堂模式完成布鲁姆教育目标分类法中评价和创新，加快知识消化吸收的过程，可进行问题导向的项目化模拟操作、主题讨论、案例分析等，打破传统在线课程的单一化教学模式，激发学生的问题意识与创新探究能力[9]。设计的教学活动要能够检验、巩固、转化线上知识的学习。线下课堂互动教学的实施，是线上线下学习深度融合过程的重点，旨在培养学生解决复杂问题的综合能力与高阶思维。

在线下课堂中，结合分享互助教学理念，由教师发布学习任务，通过建立高效的学习互助小组，充分调动学生的学习积极性，小组成员共同完成并明确分工，教师根据学生需求可进入组内进行指导工作，定期对所有小组进行成果检查，其他同学也可以提出评价和建议，进一步促进各小组之间的交流。这种互动教学形式让所有学生都参与到课堂中，提升了学生学习积极性，教师可以将重心放在了解和帮助学生上，分析每一位学生的长处和短板，针对不同班级学生的需求，设计不同的教学内容，优化设计"一对一"的学习任务，做到真正意义上的个性化和差异化教学。

（3）课后线上拓展巩固，确保学习效果。

通过此阶段的学习，学生可以对相关理论和方法掌握得更好，从而真正实现理论与实践的融会贯通，巩固学习效果。

雨课堂有强大的全周期数据采集功能，结束授课时，教师手机端可同步接收课堂小结，包括到课情况、优秀学生、预警学生、习题作答数据、不懂反馈、互动详情、投票总结等。通过精准分析数据，教师可推送有针对性的课后资料[10-11]。学生接收到教师通过学习通发送来的课后资料，进行拓展学习和巩固提升，完成任务后，发送至平台。教师进一步指导学生线上交流学习，并随时监控、解惑和批阅（图2）。

图1 线上线下混合教学模式——课前阅读

图2 线上线下混合教学模式——课后线上讨论

2.2.3　课程成绩评定方式

采用线上线下的过程性评价（60%）和结果性评价（40%）相结合的多元化评价体系：

（1）线上过程性评价（30%：雨课堂过程数据）；

（2）线下过程性评价（30%："望得见山，看得见水，记得住乡愁——我为家乡代言"实践报告 10%、"探寻城市记忆，体验老城烟火"调研报告 10%+课堂互动与分组讨论 10%）；

（3）线上结果性评价（10%：线上虚仿实验效果评价）；

（4）线下结果性评价（30%：闭卷考试评价）。

2.2.4　教学评价

在线上线下教学模式实践中，教学效果评价主要为调查问卷、学生评教系统和学生成绩统计，课程团队在课后通过调查问卷收集学生对教学模式的建议和需求，学生线上资源课和线下翻转课堂的学习情况主要统计到平时成绩中，学生评教系统的结果由教务处反馈给任课教师。现阶段教学评价还未完全渗透线上线下教学模式各环节，还应对教学评价做进一步优化改革。

2.3　课程评价及改革成效

2.3.1　沉浸式学习体验感增强，学习活动参与度高

通过构建多元化课程资源平台，挖掘地理现象、地理事件、地理人物、地理景观，统筹设计人文地理课程资源点，打造沉浸式授课环境，学生问卷调研结果显示，学生表示混合式教学比传统授课方式更有利于其对知识的掌握。

2.3.2　学习成效明显，教学目标达成度高

学习内容紧贴前沿，学生创新思维活跃。虚拟仿真实验等前沿技术融入教学，丰富了学习感受，也活跃了学生的创新思维。2020 年以来，指导学生获得北京市优秀毕业论文；指导大一至大三年级的学生获得联大致用杯二等奖、三等奖 2 项；北京联合大学城市感知大赛一等奖 1 项，二等奖 2 项，三等奖 2 项；获批并完成启明星项目 3 项；获批并完成文科中心项目 4 项。

2.3.3　思政理念落实到位，思政元素入脑入心

课程改革把人文地理学课程作为落实学校大思政课建设要求的重要平台之一，坚持课程思政、专业思政，学科思政一体化建设，突出"文化培元、学术支撑、成果导向"特色，抓好身边事例，讲好人文地理故事，让思政元素入脑入心，帮助学生树立了正确的价值观，培养了学生的世界胸怀、家国情怀、人文关怀。

3　结语

在教育信息化时代背景下，传统教育模式改革已成为必然，课程团队在《人文地理学》课程中采取线上线下混合教学模式，融合多元的教学理念，对教学内容、教学形式和方法等方面进行优化，同时，结合线上视频课高效利用线下课堂时间，营造积极互动的学习氛围，确保所有学生都参与到课堂中，学生根据自身需求、兴趣和节奏主动学习，实现了个性化和差异化教学。

参考文献：

[1] 吴岩.建设中国"金课"[J].中国大学教学，2018，（12）：4-9.

[2] 李明宸，莫永华，孙竞丹，等.国内混合式金课研究热点分析[J].南宁师范大学学报（自然科学版），2021，38（4）：1198-1203.

[3] 苏振.基于翻转课堂的旅游规划与开发课程混合式教学设计[J].大学教育，2019，（2）：136-138.

[4] 卢艳丽.基于翻转课堂理念的旅游资源规划与开发课程混合式教学研究[J].吉林工商学院学报，2021，37（1）：126-128.

[5] 王志丽.基于超星学习通的《综合英语》混合式教学模式改革[J].辽东学院学报(社会科学版)，2018，20（3）：121-126.

[6] 伍松，吴小龙，魏晟弘.线上线下有效融合的教学模式探究[J].大众科技，2021，23（5）：134-136.

[7] 李莎.基于"雨课堂"的混合式教学模式的设计与实践研究[D].赣州：赣南师范大学，2019.

[8] 周莹，刘杰，徐慧.基于"SPOC"的混合式教学模式的应用探讨——以《房屋建筑学》为例[J].高教学刊，2020，（16）：97-99.

[9] 田凌，任丽.从建构主义的视角来看学校的课堂教学——走出课堂、参与实践、课程融合[J].中国科教创新导刊，2012，（19）：155.

[10] 肖辉辉.基于JiTT和翻转课堂教学模式的计算机专业课程的教学改革研究[J].轻工科技，2016，32（11）：166-167.

[11] 张维敏.浅谈对微课、慕课、翻转课堂、混合式学习的认识[J].学周刊，2016，（17）：189-190.

《规划CAD》在线开放课程建设

陈媛媛

（北京联合大学应用文理学院，北京　100191）

摘　要：依据在线课程的特点，重塑规划CAD课程讲授内容，通过生动、活泼、互动性强的短小视频抓住学生兴趣点、调动学习热情、激发自信心，达到最佳教学效果。课程教学设计中，通过作业讲评发现问题，强调重点难点，加深学生理解，巩固知识点，增加线上群内互动频次，增进师生感情，实现良好沟通。

关键词：CAD；在线课程

规划CAD在线课程建设依据学生特点，通过制作短小有趣的课程视频，抓住学生兴趣点、调动学习热情；通过多平台、次数多的线上交流，增进师生情感，增加课程师生黏性，更好地完成教学内容。课程在内容建设、教学设计、课后辅导、考核评价等各方面进行创新，取得良好的教学效果。

1　重塑课程教学内容

课程通过由易到难、循序渐进的绘制规划设计专业类图纸，教授CAD软件绘图技巧、规划专业制图原则、方法等。依据MOOC教学模式特点将课程内容分为81个视频，合计总时长500分钟，单个视频时长3～15分钟不等。另外，整理了教学大纲、教案、课程设计表、图纸、CAD制图素材等其他课程文档资料。

依据MOOC课程平台要求，课程所做视频不涉及违反平台规范内容。根据课程特色，视频制作封面、LOGO，以及配乐等皆采用生动、活泼、诙谐幽默的风格。依据课程内容特点，视频在知识点的首次讲解中时长控制在3分钟左右，重点突出、案例鲜明、记忆深刻，避免枯燥乏味的同时加深记忆点；在知识点复习部分，配合多样的案例，在各个层面加深对知识点的理解和记忆；在作业讲评部分视频时长在15分钟左右，以其对作业中出现的各种类型问题皆讲解清晰，表扬作品完成度高的同学，提取中等水平作品，指出其提升空间，对完成度较差的作品，给予鼓励引导，期望下次有好的作品呈现。

课程视频在时长分配、内容由浅至深、知识点重复记忆、形式等方面具有较强的规范性、思想性、科学性、适当性及多样性。课程视频片头主讲教师出镜录制本小节课程的主要知识点，片尾出镜录制课程内容总结，强调知识点，其间视频教师不出镜，只录制授课音频，以增加软件操作空间尺寸，且不干扰学生边听边制图。

作者简介：陈媛媛（1979—），女，黑龙江牡丹江人，硕士、讲师。主要研究方向为城市园林景观设计、文化地理学。

资助项目：2023年北京高等教育本科教学改革创新项目"'价值引领、实践创新、多轮驱动'地理学类一流专业协同育人模式研究"（202311417002）。

2 课程教学设计与教学活动

2.1 教学设计

依据课程大纲中对应培养方案中的情感与价值，培养学生对图纸绘制工作的崇敬，对个人作品的钟爱，激发学生学习志趣与潜力。教导学生正确认识"专业理论与绘图软件"之间的关系，理论知识指导软件绘制，软件只是绘图的工具，图纸画的好不好，在于能否将专业理论很好地融入图纸中。学习软件操作较简单，而学习如何画图较难，CAD 绘图重点在于怎样画图，而不是用什么命令画，提升学生对规划设计师职业的向往。同时，课程注重培养学生课前和课后利用各种线上线下资源自主学习的习惯和意识，养成在工程实践中学习的习惯，培养快速迭代的学习力。

2.2 教学活动与教师指导

校内网络学堂 2 个轮次中，累计作业 16 次，测验及考试 4 次，答疑讨论等活动在论坛版块、企业微信平台开展，与学习者交流频繁，活跃度高，作业评价反馈及时，教学效果好。

3 课程应用效果与影响

规划 CAD 课程在校内网络学堂开设过 2 个轮次，选修人数分别为 43 人和 47 人。学习者反馈内容主要有：（1）授课风格诙谐幽默，趣味性强，接受度高，普遍获得学生喜爱；（2）课程内容与规划专业联系紧密，在夯实专业理论知识的基础上，拓展知识，尤其在理论知识的应用上，案例分析多且类型多样，学生获得许多专业知识与解决实际问题的技巧；（3）学生普遍感到学习该课程极大增强了对本专业的归属感及作为规划设计师的成就感，许多学生期望自己毕业可以成为有情怀的规划设计师；（4）学生认为课程极大地培养自身的耐心、专注力及韧性，当面对反复不成功的操作，学生从烦躁到逐渐耐心的倒回视频，逐步听讲解，到最终完成图纸，越来越坐得住，熬得起，以其精益求精，绘制出完美的图纸。

4 课程特色与创新

4.1 针对规划专业的课程体系与教学内容

课程面向景观设计、城市规划、建筑学、人文地理等规划背景的本、专科学生，不同于大多数 CAD 软件教学只教授命令使用，课程注重如何绘制规划类图纸，将景观设计、建筑基础、城市规划原理等规划专业基础知识融于 CAD 软件中，通过绘制景观平面图、建筑户型图、城市用地规划图，更有针对性地完成软件的教授。

4.2 寓教于乐的教学方法

课程录制主讲教师边操作软件边讲解的视频，在视频剪辑软件中后期编辑，于软件操作枯燥、载入及不流畅处融入风趣幽默的弹幕系统，与主讲教师对话，或吐槽或夸赞调节气氛。同时融入网络流行音乐、表情包、GIF 图等配合弹幕系统，课上可以蹦迪、可以嗨翻、可以大笑，还时不时地放出录制视频中的出糗花絮，让学生可以感受到视频背后不是一个没有感情的授课机器人。

4.3 专业针对性强、风趣幽默的课程讲授风格

相较目前已上线 CAD 软件授课，课

程更具专业针对性。对具有规划背景的学生更有绘图指导意义。风格多变、紧跟年轻人潮流的授课视频得到学生良好的反馈。作业点评及时且有针对性，使学生可以得到虽未谋面但却相互熟知的感觉。

4.4 丰富的信息技术支持

课程搜集大量的视频制作素材，运用视频制作软件剪辑、编辑录课视频，配以严谨的课程讲解文字、风趣幽默的弹幕系统，使最终的课程视频具有很强的观赏性。

"以学为中心"的应用型本科专业核心课程教学改革

——以《城乡规划原理》为例

杜姗姗　　周翰文

（北京联合大学应用文理学院，北京　100191）

摘　要:《城乡规划原理》是城乡规划学和人文地理与城乡规划专业的专业核心课之一，具有较强的实践性、协作性、创新性，传统的教学方式效果难以满足现阶段城乡规划人才培养的需要。在"以学为中心"的改革背景下，通过确立学生在理论教学和综合实习中的主体地位，以问题为导向，引导学生自主学习思考，持续推进《城乡规划原理》的教学改革。

关键词: 以学为中心；核心课程；城乡规划原理；教学改革

0　引言

随着我国教育改革不断深化，"以学为中心"的本科教学改革范式正席卷而来。"以学为中心"的教育理念符合应用型大学专业课程教育改革和应用型人才的培养要求，对我国当代教育，特别是高等教育的改革实践具有重要的指导意义。因此，推进"以学为中心"的应用型本科专业教学模式改革刻不容缓。

当前我国城市化进程不断加快，应用型城乡规划专业人才需求旺盛，但传统教学范式下培养的城乡规划人才与规划行业岗位相脱节现象比较突出。近年来一些地方本科院校、独立院校、新晋本科院校纷纷向应用型大学进行转型，为培养出更多更优秀的应用型专业人才，国内应用型大

学专业核心课程教育教学领域一直在进行着改革研究[1]，如针对创新实践性教学体系[2]、信息化在核心课程教学实践中的应用[3]；专业核心课程与思政教育[4]、市场需求、"嵌入式"项目[5]相结合的教学改革；将 OBE 理念[6]、研究性教学[7]运用于专业核心课程教学之中等。国外研究主要集中在专业核心课程的混合式组织模式、核心课程与边缘课程的关系[8]、教师教学素养[9]等方面。但受传统教学观念、实验设备、教学经费、学时安排等方面因素限制，许多应用型高校的本科专业核心课程仍沿用传统的课堂讲授方法，以教师为中心，课程教学重理论、轻实践，学生实际操作和应用能力得不到提升，学习效果不理想。本研究以人文地理与城乡规划专业核心课程"城乡规划原理"为例，探讨

作者简介：杜姗姗（1978—），女，河南南阳人，博士、副教授。主要研究方向为城乡规划、休闲农业与乡村发展；周翰文（1997-），男，硕士研究生，主要研究方向为乡村旅游。

资助项目：北京联合大学教改项目《基于"两性一度"的规划设计类课程"金课"教学改革——以住区规划与设计为例》研究成果（JJ2023Y002）。

"以学为中心"理念下的应用型本科专业核心课程教学改革，以期为全面推动城市型、应用型城乡规划专业人才培养改革贡献力量，为应用型高校专业核心课程建设与教学改革提供一定借鉴。

1 《城乡规划原理》课程简介及存在的问题

1.1 《城乡规划原理》课程简介

城市建设离不开城乡规划工作，城乡规划学科是建设领域的龙头学科，城乡规划原理是我国高校城市规划、建筑学等专业的基础主干课程，课程呈现知识面极广、体系庞大的特点，在整个城市规划过程中起着举足轻重的作用。它在课程结构上又具有承上启下的重要作用，一方面加深并综合运用前期课程的知识，另一方面为后续课程的进一步深入研究奠定基础；它在专业学习导向上还具有引导学生入门、深造学习、创新创业的重要作用。

《城乡规划原理》课程是北京联合大学国家级一流本科专业人文地理与城乡规划的主干核心课程，是地理学思想与城市规划理论联系实践重要的教学环节，开设本课程的目的在于使学生通过学习，树立全面正确的城市观念，了解并初步掌握城市规划基本理论、原理和方法，并能在实践中以所学的规划战略思想分析解决城市问题，特别是解决涉及城市职能定位、城市空间布局、历史文化名城保护等的专业问题。同时，为学生进行居住区规划、场地设计、景观规划、城市设计等实践性课程奠定坚实的理论基础。

鉴于该课程在课程体系的重要性，国内高校曾从教育理念、教学内容、教学方法进行教学改革。我校自从 20 世纪 90 年代开课以来，历经多轮课程内容的改革与实践。城市科学系与中国城市规划设计研究院村镇规划研究所等多家规划机构签订校外实习基地合同，并安排部分学生参加规划项目实习，实践城乡规划原理知识。课程教学组曾积极进行翻转课堂教学改革，"翻转课堂支撑下的人文地理与城乡规划专业规划设计类课程建设"获得 2016 年校级教学成果奖三等奖；曾基于 OBE 理念对《城乡规划原理》课程进行教学改革研究并发表论文；曾联合中国城市科学研究会、中国城市规划设计研究院城市与乡村规划设计研究所进行校企共建、深度产学合作下的"城乡规划原理"课程改革，培养学生理论联系实践能力，并形成系列特色教材、论文。

1.2 教学中存在的问题

《城乡规划原理》是国家一流本科人文地理与城乡规划专业的专业核心课，但从现实来看，由于应用型本科专业核心课程自身的一些特点和外在因素的影响，国内开设《城乡规划原理》课程的高校大多仍沿用传统的课堂讲授方法，仍以教师为中心，课程教学重理论、轻实践，学生城乡规划实际操作和应用能力得不到提升，学习效果不理想，在建设过程中存在一些问题。

（1）理论教学仍以教师讲授为主，学生被动接受，参与讨论少。

在传统教学中，教师扮演着至关重要的角色，是教学实践的主导者、掌控者和决定者。而现代应用型专业人才培养要求教师改变角色，成为指导者、帮助者、协作者和督促者。许多教师未能完成心理上的角色转换，没有从强势的主体地位转换到和谐的主导地位，对理论教学效果产生极大影响。

（2）实践教学流于形式，学生未能主

动建构课程知识体系。

《城乡规划原理》具有综合性和实践性，要求根据学生的态度、能力设定目标，开展针对性强的教学实践。而应用型本科院校的生源相较于双一流高校，其学生的自觉性、主动性欠缺，在学习和实践过程中未能自主进行课前预习和课后复习，影响整个学习的进程和效果。诸多课程以"校内实验室或模拟任务方式"实现实践教学，走马观花式的实践教学，并没有提供给学生真正应用理论知识、建构课程知识体系的机会。

（3）现有教学资源、教学环境、教学情境偏向于以教师与学校为中心。

《城乡规划原理》课程建设不仅对学生和教师产生新的挑战，教学资源同样需要准备或重建的过程。现有教学资源都是按照教师为中心的准则构建的，无论是教学内容还是教学设计，也不论是理论教学还是实践教学，大多体现经验主义教学模式；其次，教学环境、教学情境显现传统教学模式的深度影响，很显然这种环境和情境都体现出教师的中心地位和学校的中心作用，同样具有经验主义特征。

2 "以学为中心"理念下《城乡规划原理》的课程教学改革实践

"以学为中心"理念下对《城乡规划原理》课程开展了以下的教学改革实践。

2.1 转变师生观念为基础

观念转变是一个过程，需要师生持续的共同努力。教师要转变教学理念，重新定位自身角色，由传授者转为引导者，鼓励学生思考、发现和解决问题，并及时提供指导；学生要转变学习观念，由被动接受者变为主动建构者，通过项目完成和综合实习，真正消化吸收所学知识，融会贯通，主动建构课程知识体系，提高实践能力，培养协作精神。

2.2 领会"以学为中心"建设技术要求

学习有关"以学为中心"建设技术要求，借鉴科学合理的课程设计方法和教学资源开发方法，从而提高课程开发能力和资源开发水平。从学习者角度出发，享用成熟教学方案、优质教学资源，有效提高学习效果。以此撰写《城乡规划原理》授课计划并指导建设应用型本科专业核心课程，做好课题参与人员的项目分工。

2.3 构建"教师-研究生-本科生"多层次教学实践指导体系

教师选拔成绩优异的研究生或具备科研潜力的高年级本科生组成教学实践指导小组，实行课程导师制。通过让接受科研培训的研究生担任本科生专业核心课程学习与实践项目的第二教师，在平时学习与项目研究过程中提供帮助和指导，既有效地解决了本科生学生的学习困惑，引导接触科研活动，为学生解决问题奠定基础，又提高了研究生的管理能力。

2.4 按照"以学为中心"建设技术要求重组课程结构

确定课程基本信息、教学单元授课形式及课程基本资源。决定具体内容，将具体任务以模块的形式分配到个人。着手"以学为中心"应有系统化的设计，包括课程结构和资源结构设计。不定期交流、及时互通信息及反馈意见。采用以教师为主导、学生为主体，多种教学方法与多媒体技术相结合，基于项目、问题的探究式教学模式进行课堂教学及实验教学。制作《城乡规划原理》教学课件和《城乡规划原理实验指导书》。

2.5 以教师为主导、学生为主体，调整课堂教学及实践教学方式

传统城乡规划原理课程理论教学仍以教师讲授为主，学生被动接受，参与讨论少；实践教学流于形式，学生未能主动建构课程知识体系；现有教学资源、教学环境、教学情境偏向于以教师与学校为中心。这些问题使得学生对课程学习产生抵触心理，成为高校专业核心课程本体功能发挥的重要阻碍。教学组将"以学为中心"理念融入《城乡规划原理》课程的课堂教学、实验教学及创新实践教学，本着教师为主导、学生为主体的原则，学生分成若干小组、分工协作、有步骤有计划地完成该课程的教学任务和教学改革项目。

2.6 以相关配套教学资源等调整为保障，持续推进改革

通过模块化课程设置、融合性实践体系和团队协作式修学方式，进行"职场模拟"的情景化教学实践。将知识还原到现实生活的情境中，以生活的生动性、丰富性来缩短知识、经验与问题解决之间的距离。以学生为主体，改变被动接收知识的传统课堂形式，体验在城市规划编制中的全部流程，有助于缩短学生与就业岗位的距离，同时在不断尝试中推进带动课程的教学，提升学生对课程知识的掌握。此外必须配套调整课程教学大纲和考核大纲乃至专业培养计划，为持续改革提供保障。

2.7 以学科竞赛激发学生学习积极性

通过举办学科竞赛，提升立德树人成效，提高地理学专业学生的学习和创新能力、团队协作能力、口头表达能力等综合素质，激发学生对地理学的学习热情，培养学生用地理学的视角和地理学方法去理解、解释、解决生产生活工作中的问题，推进学生学术科研、专业思考等方面的素质。比赛在学生小组进行城乡规划社会综合实践调查项目的基础上，以中国地理展示大赛校内选拔赛的形式进行城乡规划调研大作业集中展示。采用中国地理学会主办的"中国高校地理科学展示大赛"赛制，从精神风貌、团队配合、创新性、科学性、演讲能力与时间控制、答辩环节六大方面对学生小组研究项目进行评选，优胜队伍代表学校参加全国赛区竞赛。通过举办"城市感知与规划设计展示大赛"对学习成果进行全方位考核，增强对专业知识的认知与认可，加深对城市感知的理解与城市规划设计的实践，践行学以致用的校训。

3 结语

专业核心课程建设与改革是当前我国高校教育质量提升的重要内容，也是应用型高校改革过程中迫切需要解决和面对的核心问题。通过以人文地理与城乡规划专业核心课程《城乡规划原理》为例，探讨"以学为中心"理念下的应用型本科专业核心课程教学改革实践，发现在提升学生主动性、主动建构课程知识体系、提升综合能力等方面收效甚佳，尤其适用于城市规划这类实操性强的专业的教学工作。对全面推动城市型、应用型城乡规划专业人才培养改革，应用型高校专业核心课程建设与教学改革具有一定借鉴意义。"以学为中心"理念下的教学需要教师在前期对于课程的设计、学生的指导方面花费较多的时间，特别是在大班教学的情况下，教师课堂驾驭难度大幅度提高。因此，针对不同类型的学校和专业特性，还需要

进行调整，也对教师的能力提出了更高要求。

参考文献：

[1] 王帅，姜涛，杨阳.应用型本科高校环境工程专业核心课程的改革与探索 [J].黑龙江教育（理论与实践），2019，（11）：64-65.

[2] 龚素霞.实践性教学环境下《国际货物运输与保险》课程的设计与教学组织 [J].教育教学论坛，2016，（35）：206-207.

[3] 师婷，陈英，王楠楠，等.高校教师信息化教学理念、教学能力的研究——以模具专业核心课程《冷冲压工艺与模具设计》为例 [J].卫星电视与宽带多媒体，2019，（19）：86+88.

[4] 颜小华.历史学专业核心课程思政教学改革与思考 [J].教育现代化，2019，6（51）：47-50.

[5] 刘蕊，雷搏.项目实践教学法在应用型人才培养中的应用——以环境设计专业核心课程为例 [J].艺术科技，2016，29（06）：371.

[6] 谢新颖，蔡婧娓，朱春凤.OBE 理念在密西根州立大学专业核心课程中的实践 [J].教育现代化，2019，6（A2）：112-113.

[7] 於祥，王建科，胡成刚，等.中药学专业核心课程研究性教学模式的实施与总结 [J].时珍国医国药，2019，30（03）：679-680.

[8] 张华.论核心课程 [J].外国教育资料，2000，（05）：9+15-20.

[9] 曾颖，阿呷热哈莫.芬兰核心课程改革中的教师素养及其启示 [J].教学与管理，2020，（05）：73-75.

基于"两性一度"的规划设计类课程
"金课"教学改革
——以《住区规划与设计》为例

杜姗姗　　周翰文

（北京联合大学应用文理学院，北京　100191）

摘　要: 在推进一流本科课程建设、提高课程教学质量的背景下，基于"两性一度"标准打造"金课"，是当前各高校教育改革的重要举措。《住区规划与设计》是国家级特色专业人文地理与城乡规划专业的规划设计类课程，本研究以"两性一度"为标杆进行"金课"教学改革，着眼"高阶性"，重构教学内容，最后提升"创新性"，改革教学手段，增强"挑战度"，优化考核模式，以期为规划设计类课程教学改革提供一定参考。

关键词: 两性一度；金课；住区规划与设计；教学改革

0　引言

课程是大学人才培养的核心要素。近年来，国内外应用型大学课程教育教学领域一直在进行着改革研究[1]，国外研究主要集中在课程的混合式组织模式、核心课程与边缘课程的关系[2]、教师教学素养[3]等方面；国内研究主要集中在针对创新实践性教学体系[4]、信息化在核心课程教学实践中的应用[5]、专业课程与思政教育[6]、市场需求、"嵌入式"项目[7]相结合的教学工作；将 OBE 理念[8]、研究性教学[9]运用于专业课程教学之中，可谓百花齐放、百家争鸣，但是当前的教学改革还停留在方法与模式上，跟不上国家现阶段的政策与发展。在 2018 年 8 月，国家教育相关部门开始要求全国高校要仔细分析与修改各个学科的课程内容，即打造金课，消灭水课[10]，认为具有"两性一度"（高阶性、创新性和挑战度）的课程能称为"金课"[11]，基于"两性一度"的金课建设成为课程改革的研究热点[10-14]。

1　课程简介及存在的问题

1.1　《住区规划与设计》课程简介

《住区规划与设计》课程是人文地理与城乡规划专业的规划设计类选修课程，这门课集规划原理、设计方法与相关规范于一身，是住宅、商业、道路、公建、绿化等多要素运用的综合性设计课程，也是从建筑单体转向群体、从建筑设计转向规

作者简介:杜姗姗（1978—），女，河南南阳人，博士、副教授。主要研究方向为城乡规划、休闲农业与乡村发展；周翰文（1997-），男，硕士研究生，主要研究方向为乡村旅游。

资助项目:北京联合大学教改项目《基于"两性一度"的规划设计类课程"金课"教学改革——以住区规划与设计为例》研究成果（JJ2023Y002）。

划设计、从微观转向宏观的关键课程。通过课程的学习，学生掌握住区规划与设计的基本原理和常用的应用方法，能掌握完成住区规划与设计等任务，能应用住区规划与设计方法分析和解决实际问题；能应用规划与设计思维，并结合城市住区规划与设计，分析和解决专业领域的城市住区规划问题。能将住区规划与设计能力、科学素养和双创精神有机统一，能够结合其他专业知识，针对专业领域内的问题，产生新想法，提出解决方案，并通过住区规划与设计实现。

鉴于该课程在课程体系的重要性，国内高校曾从教育理念、教学内容、教学方法进行教学改革。我校自从20世纪90年代开课以来，历经多轮课程内容的改革与实践，例如进行翻转课堂教学改革后"翻转课堂支撑下的人文地理与城乡规划专业规划设计类课程建设"获得2016年校级教学成果奖三等奖，并与北京房地产业协会、中原地产、北京市国盛房地产评估有限责任公司等多家房地产相关机构签订校外实习基地合同，安排部分学生参加专业实习，培养学生理论联系实践能力，并形成系列教改论文。

1.2 教学中存在的问题

《住区规划与设计》课程开展了一系列的教学改革和探索，如在教学内容设置上更加面向真实社会需求、问题导向的教学方法更能引导学生自主探索、教学成果上反映出了学生学习能力和学习效果的提升，但仍存在诸多困难：

（1）"先理论后实践"的教学模式效果不好

传统的《住区规划与设计》课程是以教师为中心，全部理论课程讲完后，学生做课程设计，教师课上讲评，这种"先理论后实践"的教学模式会导致讲理论课时学生积极性不高，实践时无法灵活运用理论知识，理论与实践课程脱节，授课效果不好，因而探索适合地方本科院校生源特点"理实一体"设计课程的教学模式尤为重要。

（2）忽视了对学生多样化需求的关注

开学第一课时教师给出项目任务书，学生明晰了成果的图纸内容和深度要求，在学生设计出第一稿和第二稿后，教师根据学生的设计成果进行内容和深度的适当调整，比如设计能力强的同学增加全景鸟瞰图和局部三维效果图，设计能力稍差的同学不需做鸟瞰图，加大对设计深度的要求，但这种根据学生的设计成果反馈与学生的需求进行适当调整的教学模式仍显单一，忽视了对学生多样化需求的关注。

（3）课程考核模式机械化

《住区规划与设计》课程的考核存在考核模式机械化的弊端。课程考核是检验学生设计能力的有效方式，也是课程教学模式中的重要一环。但在教学过程中，课程考核呈现出机械化的弊端，主要体现在以下两个方面。第一，忽视过程考核。在以往的课程考核中，教师往往会对学生的设计成果直接进行评分，没有重视对设计过程的考核，不利于培养学生的设计能力。第二，忽视软能力考核，考核过程中更加注重从专业技巧角度考核学生的设计作业，忽视了对设计理念、人文关怀等方面的考核，也没有从文化视域角度对学生设计进行深层次分析。

2 基于"两性一度"的《住区规划与设计》课程"金课"教学改革

基于《住区规划与设计》课程自身的一些特点和外在因素的影响，导致课程建设过程中存在以上的问题，课程团队积极开展基于"两性一度"的《住区规划与设计》课程"金课"教学改革。

2.1 聚焦课程"高阶性"

重构课程知识体系，注重学生能力、素质培养，提高《住区规划与设计》课程教学内容质量，灵活巧妙地融入思政元素。《住区规划与设计》课程共3学分、48学时，理论与实验学时按照2∶1的比例分配，其中理论课32学时，实验课16学时。按照人才培养方案和教学大纲要求，对课程内容进行重新梳理与归纳，构建以"理论＋方法＋实践"为主线的进阶式课程内容体系，强化了章节内容间的关联性，积极引导学生对《住区规划与设计》课程理论知识有清晰的认知。教师不仅要传授知识，还要立德树人。在课堂教学中将中华优秀传统文化等思政元素同《住区规划与设计》课程知识内容进行巧妙融合，实现思政课程与专业课同向同行，达到"润物细无声"的育人效果。

2.2 提升课程"创新性"

运用混合式教学方法，灵活转变教学思路。理论教学以教学目标为导向、以学生为中心。导言内容是将知识点以问答的形式导入课堂，激发学生进行联想；学习目标环节是将知识、能力、素养目标直接展现给学生；前测环节是按照学生学号先后顺序轮流回答问题，了解学生是否认真预习以及对知识掌握的熟练程度；参与式学习环节包括教师精讲、学生设计、小组讨论及师生互评等4个小环节，讲授课程重点内容，实时解决疑难问题，确保学生牢固掌握课程的基础知识；后测环节运用超星学习通平台布置小作业，以检测学生章节知识点的学习效果；总结环节包括师生共同的总结，教师对知识点的系统概括与学生对所学知识内容的复习，通过教与学两个维度来保障课程的总体教学质量。

方法教学中运用多种教学方法。通过任务驱动法、案例教学法、真题真做的项目教学法，培养学生的学习热情、团队合作精神与责任担当意识，使学生的设计能力在实践的过程中得到较大的锻炼。

《住区规划与设计》课程除了运用多种教学方法，也可以利用线上线下混合式的教学方法，充分运用教学资源，体现教学改革的创新性。课前运用雨课堂、企业微信群等方式布置线上教学任务，发布教学内容以及相关知识抢答、课题讨论等内容，确保学生"有备而来"，预习课程章节内容，教师针对重难点知识在线下课堂上进行精讲细讲，学生在课堂上反馈教学效果，师生之间面对面交流沟通，教师根据学生的具体情况辅导学生练习，搭建师生沟通的桥梁，从根本上弥补传统教学模式下的教学遗漏，解决理论向实践转化的困难问题，提高了课程教学质量，有效培养学生自主学习的热情，提升学生自主探究问题的能力，增强学生大胆创新的勇气。

2.3 增强课程"挑战度"

引入真实设计案例，丰富课程综合评价体系。《住区规划与设计》是一门实践性非常强的综合性课程，不仅考查学生基础理论知识掌握的熟练程度，在实际操作运用的过程中也考量了学生对于设计手法的运用和软件操作的灵活程度，并要具备解决真实项目和复杂问题的应变能力。相较于传统《住区规划与设计》课程中的技能训练作业，真实设计项目的引入能够大大提高学生的学习热情，能够锻炼学生的设计思维能力，提升设计实践能力。在此环节中设计项目驱动的作用得以发挥出来，学生既得到了真实项目的训练，又能够从市场调研、产品定位、设计研讨等一系列流程中学习到丰富而全面的理论知识，并将其运用到实践中，使理论与实践得到有机结合，是对理论和设计方法教学的延续，通过完成此类具有较高挑战度的作业，学生自身综合实践能力和社会竞争力得到大幅提升。课程评价体系的合理性及可操作性是评价学生学习效果的主要手段。

《住区规划与设计》课程构建出一套多元评价体系。形成性评价是对学生学习过程综合性的评价，以线下课堂教学和线上学习内容为主，占总评成绩的15%，检验学生课下对线上教学资源的掌握程度；课堂表现占10%，主要考查学生上课的整体状态，如师生互动、回答问题、参与测验等的表现情况；小组互评、教师总评主要是针对课堂实验训练项目掌握程度的评价，占总分数的25%，并共同形成"组间互评为主、教师点评为辅"的评价关系。总结性评价是对学生最终完成结课作业的效果进行评价，也是住区规划与设计最核心的内容，占总分数的50%。改革后的课程评价体系更具合理性，能够从多个维度对学生进行综合考量，大大提高了考核的科学性和有效性。

2.4 体现"可持续性"

以师生转变观念为基础、以相关配套教学资源等调整为保障，持续推进改革。观念转变是一个过程，需要师生持续的共同努力。教师要转变教学理念，重新定位自身角色，由传授者转为引导者，鼓励学生思考、发现和解决问题，并及时提供指导；学生要转变学习观念，由被动接受者变为主动建构者，通过项目完成和综合实习，真正消化吸收所学知识，融会贯通，

主动建构课程知识体系，提高实践能力，培养协作精神。通过模块化课程设置、融合性实践体系和团队协作式修学方式，进行"职场模拟"的情景化教学实践。将知识还原到现实生活的情境中，以生活的生动性、丰富性来缩短知识、经验与问题解决之间的距离。以学生为主体，改变被动接收知识的传统课堂形式，体验在城市规划编制中的全部流程，有助于缩短学生与就业岗位的距离，同时在不断尝试中推进带动课程的教学，提升学生对课程知识的掌握。此外必须配套调整课程教学大纲和考核大纲乃至专业培养计划，为持续改革提供保障。

3 结语

根据《住区规划与设计》课程性质、课程特点、存在的问题，以及课程在人文地理与城乡规划专业中的具体作用，提出基于"两性一度"的《住区规划与设计》课程教学改革路径，聚焦课程高阶性、创新性、挑战性、可持续性四个层面进行教学改革。课程的高阶性需要重构课程知识体系，把课程知识与学生能力、素质培养有机融合，提高教学内容质量，灵活巧妙地融入思政元素。提升课程创新性，运用混合式教学方法，灵活转变教学思路。提升课程挑战性是"金课"建设的重要标杆之一，引入真实设计案例，丰富课程综合评价体系。课程的可持续性需要以转变师生观念为基础、以相关配套教学资源等调整为保障，持续推进改革。

基于"两性一度"的金课教学改革极大地解决人文地理与城乡规划专业《住区规划与设计》课程传统教学模式下存在的问题，提高课程教学效益，提升课程对规划设计领域人才的培养质量。

参考文献：

[1] 王帅，姜涛，杨阳.应用型本科高校环境工程专业核心课程的改革与探索[J].黑龙江教育（理论与实践），2019，（11）：64-65.

[2] 张华.论核心课程[J].外国教育资料，2000，（05）：9+15-20.

[3] 曾颖，阿呷热哈莫.芬兰核心课程改革中的教师素养及其启示[J].教学与管理，2020，（05）：73-75.

[4] 龚素霞.实践性教学环境下《国际货物运输与保险》课程的设计与教学组织[J].教育教学论坛，2016，（35）：206-207.

[5] 师婷，陈英，王楠楠，等.高校教师信息化教学理念、教学能力的研究——以模具专业核心课程《冷冲压工艺与模具设计》为例[J].卫星电视与宽带多媒体，2019，（19）：86+88.

[6] 颜小华.历史学专业核心课程思政教学改革与思考[J].教育现代化，2019，6（51）：47-50.

[7] 刘蕊，雷搏.项目实践教学法在应用型人才培养中的应用——以环境设计专业核心课

程为例[J].艺术科技，2016，29（06）：371.

[8] 谢新颖，蔡婧娓，朱春凤.OBE理念在密西根州立大学专业核心课程中的实践[J].教育现代化，2019，6（A2）：112-113.

[9] 於祥，王建科，胡成刚，等.中药学专业核心课程研究性教学模式的实施与总结[J].时珍国医国药，2019，30（03）：679-680.

[10] 教育部.关于狠抓新时代全国高等学校本科教育工作会议精神落实的通知[Z].教高函，2018（8号）.

[11] 吴岩.建设中国"金课"[J].中国大学教学，2018，（12）：4-9.

[12] 王霞.基于成果导向的模拟导游课程线上线下混合式"金课"设计研究[J].开封文化艺术职业学院学报，2022，42（12）：87-90.

[13] 丁键，于锦禄，尉洋.基于"两性一度"的混合式"金课"建设策略[J].陕西教育（高教），2022，（12）：57-59.

[14] 王琼，秦汉雨.金课时代慕课教学升级与创新——以宏观经济学慕课为例[J].高教学刊，2022，8（33）：35-38.

以学生为中心理念下《3DMax 设计》教学改革探索

周爱华

（北京联合大学应用文理学院，北京　100191）

摘　要: 基于《3DMax 设计》课程特征及教学中存在的问题，将"以学生为中心"理念运用到《3DMax 设计》教学改革中，进一步明确课程目标，优化教学内容，引入思政元素，设计多层次多类别教学案例，照顾差别分类施教，利用线上线下多种资源开展混合式教学，改革考核方式。上述改革措施有效解决了《3DMax 设计》课程教学中存在的学时少任务重的矛盾，给不同水平学生提供不同的学习方案，提升了学生的学习积极性与主动性，并促使学生实现知识技能价值观共进。

关键词: 以学生为中心；3DMax 设计；教学改革

0　引言

"以学生为中心"的本科教学改革运动始于 20 世纪 80 年代的美国[1]。1998 年联合国教科文组织召开的"世界高等教育大会"指出，高等教育需要"以学生为中心"的新视角和新模式[2]。"以学生为中心"理念逐步得到全球教育界的认可，成为高等教育改革与发展的显著趋势。在我国，"以学生为中心"已成为高等教育转型的重要方向，是新时代高等教育高质量发展的衡量维度之一，"以学生为中心"理念已成为高等教育界的共识，但尚未在高校办学实践中得到全面落实，学生的学习动力、学习投入、学习效果并未获得整体性提升[3]。

"以学生为中心"教育理念关注学生需求，强调学生是教育的主体，一切教育活动必须紧紧围绕学生，要根据学生的个性特点设计教学，坚持面向全体，照顾差别，分类施教，让学生都能有所进步和发展。本文将讨论以学生为中心理念下"3DMax 设计"课程的教学改革探索。

1　课程简介及存在问题

1.1　《3DMax 设计》课程简介

《3DMax 设计》课程是人文地理与城乡规划专业、地理信息科学专业的专业选修课程，通过课程的学习，学生能够熟练使用 3DMax 软件，掌握其基本功能，应用软件进行三维建模，进而完成规划效果图制作与三维 GIS 场景搭建，为城市规划、地理信息等专业领域提供更直观的辅助决策支持；同时，帮助学生转变思维方式，培养以制图方式思考问题、解决问题的能力。

作者简介: 周爱华（1978—），女，山东东营人，硕士、副教授。主要研究方向为城市地理信息系统。
资助项目: 北京市高等教育学会 2022 年立项面上课题（MS2022102）；北京联合大学校级教育教学研究与改革项目（JJ2021Y003）。

1.2 教学中存在的问题

首先，过去的教学中教师更多基于自身对课程的理解、对行业需求的认知设计教学内容，希望将尽可能多的知识与技能传授给学生，但是由于本课程仅是一门 2 学分的专业选修课，因此存在知识量与学时不匹配的问题，致使教师讲授多而学生实训少，部分实训任务只能课下开展，繁重的作业、被动的学习影响了学生的积极性与主动性。

其次，课程教学中对于所有学生一视同仁，没有过多考虑学生的差异性与个性化需求，所有同学都完成同样的学习任务，擅长软件操作的同学认为学习太轻松没有挑战性，学习动力不足；而有些不擅长软件学习的同学则认为学习任务繁重，疲于应对，学习压力过大，都没有达到最佳的学习效果。

再次，《3DMax 设计》课程是一门典型的软件操作课程，教师更注重知识与技能的传授，教学案例以几何、机械、建筑等领域三维图形为主，致使课堂学习氛围严肃有余而温情不足，对于学生的思想动向、价值导向的关注与引导不够，不利于立德树人、德育为先、全面发展等育人目标的实现。

鉴于以上教学中存在的问题，《3DMax 设计》课程团队积极开展教学创新改革，研究学生差异、调查学生需求，优化教学内容，打破传统的教学模式和固有思维，充分利用网络学堂等线上教学资源，线下为主线上为辅，通过具备趣味性、实用性、热点性或思政性的案例激发学生发挥主观能动性，变被动学习为主动学习，努力实现知识传授、能力培养和价值塑造三位一体，显著提高了教学质量 [4, 5]。

2 以学生为中心理念的《3DMax 设计》教学改革

2.1 明确课程教学目标

基于专业培养方案、用人单位调研、毕业生访谈及学生需求等调查分析，明确《3DMax 设计》课程的教学目标，即理解三维建模的原理及过程，并能够利用 3DMax 软件进行三维建筑模型构建及城市风貌再现，为城市规划、三维 GIS 等提供三维地图支持、辅助分析或成果展示。

2.2 开展案例教学，优化教学内容

3DMax 是一款功能非常强大的软件，内容非常多，但是《3DMax 设计》课程仅每周 2 个学时，因此，本课程不可能将软件的所有功能都学习完毕。所以，根据学生的专业特点和课程教学目标，基于案例开展教学。设计能够充分运用软件主要功能的各种案例，讲解案例时将软件功能介绍给学生（表 1），即仅讲授案例中用到的功能。整个课程的案例分为两大类，一类是趣味性强，与学生生活密切相关的随堂案例，如通过电脑桌、沙发、地球仪等案例介绍标准基本体、扩展基本体，通过立体文字、冰淇淋等案例讲解编辑修改器，通过象棋、牙膏等案例引入复合对象，通过剑兰、电视机等案例学习网格建模与多边形建模，这些都是同学们生活中常见的事物，能够激发学生的学习兴趣；第二类是与专业相关的综合案例，如别墅建模、室内效果图制作、小区鸟瞰效果图制作等，综合运用所学知识完成专业相关的实用模型制作或场景搭建，学生能够深刻体会到学习带来的获得感与成就感。

2.3 设计多层次案例，开展分层教学

学生在软件学习方面是具有明显差异

案例教学及对应知识点   表 1

类别	案例	知识点
随堂案例		标准基本体 扩展基本体
		操作基础
		编辑修改器
		复合对象
		网格建模 多边形建模
		材质贴图
综合案例		3DMax 综合应用

的，因此，针对相同的软件功能学习，设计多层次案例，即基础案例与进阶案例，教师课程讲解基础案例将软件的相关基础命令与功能传授给学生，并要求所有学生完成基础案例实训。学习速度快的同学则自行开展进阶案例的探索，在探索过程中可以与同学讨论，也可以请教教师，还可以观看网络学堂的操作视频。随堂案例与综合案例中都有设置进阶案例，如讲解标准基本体、扩展基本体时，电脑桌与沙发是同学们都要完成的实训任务，属于基础案例，而地球仪则是针对操作速度快的同学设计的进阶案例，同学们参考实训指导书上的建模步骤或网络学堂操作视频，自学完成该实训任务；再如综合案例小区鸟瞰效果图的制作，同学们必须完成的基础任务是小区静态效果图的制作，而学有余力的同学则可以借助教师、指导书或网络学堂的帮助继续完成小区动画的制作，收获更多，学习的成就感更强。设计多层次案例，开展分层教学，满足不同学生的学习需求，更加充分利用课堂学习时间，实现学习成效最大化。

2.4 线上线下多种教学资源结合，开展混合式教学

根据课程特点，教师将课堂教学中的所有案例都录成小视频上传至我校使用的BP网络学堂，方便同学们回看或自学课程，是课堂教学的有效辅助。同时推荐给学生一些其他优秀课程平台与网络学习资料，鼓励学生开展自主学习，帮助同学们独立设计、独立制作社会主义核心价值观宣传栏、感恩蛋糕这两项课后作业。

2.5 思政元素融入课程教学，正确价值观引导学生

在软件操作的过程中，在教学案例里，

或是教学中遇到问题时注意将正确的价值观输入给学生，影响学生。第一，课程学习中强调规则意识。三维建模需要遵循一定的流程，即建模—赋材质—设置灯光摄影机—渲染输出—后期处理，这是一种规则，遵守规则事半功倍，反之则可能事倍功半，因此强调遵守规则的重要性，并进一步将规则意识扩展到遵守学生守则、遵纪守法、遵守社会准则、遵守行业规则等，培养学生的规则意识。第二，宣传核心价值观。布置"设计社会主义核心价值观宣传栏"的课后作业，让学生自行设计并制作完成，同学们通过自己的技术展示核心价值观，强化爱国责任意识；第三，提醒学生常怀感恩之心。让学生给自己感谢的人设计并制作一个生日蛋糕，通过这个作业提醒学生常怀感恩之心，常行感恩之举。第四，强调诚信品质。课程中存在个别同学将别人的作业作为自己的作业提交的现象，任课教师会在课堂强调诚信问题，同时，严格审阅作业，从技术上阻断弄虚作假的作业，要求学生必须具备诚信的态度，既要诚信做人，又要诚信做事。第五，宣传和谐之美。在现代居住区设计案例中充分考虑地形、周边环境以及取材等要素，因地制宜，就地取材，让自然环境与设计景观和谐共存，切身体会生活环境的和谐之美。多听多看多思，发现美好，传播美好；发现问题，解决问题，引导学生健康成长。

2.6 功夫在平时，全过程考核

《3DMax 设计》课程，1～9 周讲授基础内容，每次课都安排有随堂实训任务，课后需要学生提交作业作为平时成绩，此为过程性考核，占总评成绩的 40%；10～16 周为综合应用阶段，学生需要在教师的指导下完成三个综合性实训，并撰

写实训报告，以此为终结性考核，占总评成绩的 60%。所有实训任务中，基础实训占 90%，进阶占 10%，确保大多数同学可以完成实训任务获得优异成绩，同时学习能力强的同学更有学习动力。

学习该门课程，每次课都记录成绩，全过程监督与考核，保证学生认真对待每一堂课、每一份实训作业。

3 结语

在"以学生为中心"理念下，对《3D Max 设计》课程进行了有效改革，经过几个学期的实践探索，学生的学习积极性与主动性显著提高。通过课程的学习，学生能够掌握 3DMax 软件的基本技能、建模方法以及在城乡规划、地理信息等领域的应用，能够使用 3DMax 软件解决专业或生活中的相关问题。而且能够利用所学知识宣传社会主义核心价值观，用知识回馈社会、服务社会，体现北京联合大学"学以致用"的校训。同时，在课程学习过程中，培养学生的规则意识、家国情怀、感恩之心、诚信品质与和谐审美，让学生成为更可爱、更美好的社会主义建设者与接班人。

参考文献：

[1] 盛庆辉，刘淑芹．以学生为中心的课程思政建设探索——以"审计学"为例 [J]．中国大学教学，2021，375（11）：46-50.

[2] 李嘉曾．"以学生为中心"教育理念的理论意义与实践启示 [J]．中国大学教学，2008，（4）：54-58.

[3] 胡建波．应用型高校"以学生为中心"范式转型的案例研究——西安欧亚学院的实践与思考 [J]．高等教育研究，2021，42（11）：57-68.

[4] 闫勇，张丽红，刘靖靖，等．思维导图在微生物学教学中的应用实践 [J]．微生物学通报，2020，47（4）：1019-1025.

[5] 张守科，张心齐，苏秀，等．林海萍以学生为中心的微生物学线上线下混合式教学创新与实践 [J]．微生物学通报，2023，50（3）：1354-1364.

《专业文献检索与分析》课程实践教学探索

谌　丽　黄建毅

（北京联合大学应用文理学院，北京　100191）

摘　要：《专业文献检索与分析》是北京联合大学人文地理与城乡规划专业面向三年级本科生开设的一门实践类专业课，对完成学生培养目标和毕业要求有重要作用。本文分析了人文地理与城乡规划专业开设文献检索类课程的基础与面临的问题，提出结合地理学专业特色，构建理论与实践相结合，"教、学、做"一体化的教学模式，可以为相关专业开设此类课程提供参考。

关键词：地理学；文献检索；文献分析；实践教学

0　引言

当今社会处于信息爆炸的时代，科技发展日新月异，知识信息迭代加快，迫切需要工作者具备的信息处理所需要的实际技能和对信息进行筛选、鉴别和利用的能力，这也成为大学生必须掌握的信息素养，是衡量大学生是否合格的重要标志[1]。已经有众多研究指出，文献检索分析能力对于改善大学生知识结构、完善思维模式和提高创新能力有重要作用[2-4]。地理学作为研究地球表层各种地理现象的综合学科，和经济、社会、生态、计算机等众多学科存在交叉，经常需要进行跨学科查找信息，更是面临着海量文献检索的巨大挑战，给地理学者和学生带来了很大的困难。因此，从本科阶段开始培养学生检索与分析文献的能力，对于地理学专业而言至关重要。

有鉴于此，北京联合大学人文地理与城乡规划专业从2018年起开设了《专业文献检索与分析》课程。该课程是培养学生掌握文献信息的检索与利用，不断提高自学能力和科研能力的一门科学方法课。开设本课程的目的是培养学生掌握中英文文献检索、分析方法，提高学生检索信息和利用信息的效率，自主解决专业学习中的各种问题，能够撰写文献综述，通过文献与分析，深入理解城市与社会、经济、环境等领域问题，具备综合思维与交叉思维的能力。进一步理性认识中外研究现状，具备一定的国际视野与文化自信，能够沟通专业问题。培养学生养成课前和课后利用各种资源自主学习的习惯，树立自觉捕捉、分析信息的意识，具有主动获取更深、更广、更新知识的技能以及具有善于思考、勇于创新的精神。该课程开设于三年级，是在学生已经学完大部分专业知识课程的基础上，已经掌握了专业基础知识的基础上，对学习研究能力的进一步拓展，将为学生完成毕业论文以及进一步深造提供支撑。

作者简介：谌丽（1985—），女，四川绵阳人，博士、教授。主要研究方向为城市居住环境。

资助项目：北京市教育科学"十三五"规划2019年度青年专项课题"基于OBE理念的本科专业课堂教学评价改革与实践研究——以学生评教为切入点"（CDCA19127）。

《专业文献检索与分析》课程同时具有较强的理论性与实践性，传统的仅偏重理论或实践的教学模式显然不太适用。经过五年的探索，笔者总结了课程开设的基础与存在的问题，合理调整教学内容，根据地理学专业特色，构建理论与实践相结合，"教、学、做"一体化的教学模式，以期让学生循序渐进地掌握文献检索、分析、评述的能力，同时具备一定的地理学科研素养，为学生撰写毕业论文和开展科研活动积累知识技能，并为相关专业开设此类课程提供参考。

1　课程开设的基础与存在的问题

1.1　学生互联网信息检索能力较强，但对专业文献认知不足

当代大学生成长于网络技术及通信技术飞速发展的时代，智能手机、电脑已经成为他们生活必不可少的重要部分，站在社会新技术和新思想发展的前沿，与网络的接触十分紧密。因此，他们非常熟悉从网络中学习新鲜知识，对日常生活的热点信息反应迅速，具有自觉更新资讯、选择资讯的意识[5,6]。但是，从笔者课堂上的调查来看，学生遇到问题主要还是从百度、知乎、小红书、微博等渠道获取信息，并不了解信息检索的策略和相关的法律法规。尽管知道知网也有所使用，但不会运用高级检索功能和多种检索策略查找资源，也不会对众多文献进行评价和遴选，而对于图书馆的资料和其他电子资源数据库使用不熟练，更不了解文献资源的使用规则和学术道德，对地理学专业的核心期刊等知之不详。因此，加强大学生文献检索分析能力培养尤为重要。

1.2　文献检索类教材种类繁多，但与地理学专业内容契合度不高

目前市面上文献检索相关教材比比皆是，例如王细荣等编写、上海交通大学出版社出版的《文献信息检索与论文写作》，王红军编写、机械工业出版社出版的《文献检索与科技论文写作入门》等，前者到2023年已再版8次。本课程曾选取该教材作为课堂教学使用，但是其案例选取对于地理学专业学生而言过于宽泛，没有针对性，无法和地理学专业课程知识融会贯通，需要老师紧扣本专业问题重新选取案例，实用性不强。

1.3　文献分析工具层出不穷，但系统科研思维训练缺乏

在信息化时代，文献管理分析软件不断推陈出新，功能日渐强大，从早期的 Endnote、NoteExpress，到中国知网研学推出的 E-Study，到开源文献管理软件 Zotero 和文献可视化软件 Citespace，再到现在的人工智能 ChatGPT 等，并且 B 站、小红书等社交媒体上对这些软件的使用教学视频也层出不穷，似乎软件就能替代科研工作者的分析与加工，片刻时间就能完成一篇论文的文献综述工作。许多大学生利用这些工具完成课堂论文，但他们是否真的了解和掌握本专业的研究现状，是否能够找到未来研究的方向？这些问题如果得不到解决，那么大学生的思维模式、创新能力就不能得到训练和提高，不能满足本科生专业培养要求。

2　课程教学探索

从以上专业文献检索与分析课程开设的基础和问题来看，这门课既需要教授学

生理论知识，包括文献的基础知识，了解地理学文献的特征，理解地理学论文的研究范式，为阅读地理学文献做好准备，还需要教授学生检索文献、管理分析文献、绘制思维导图、撰写文献综述等实践技能。因此，课程教学要做到理论与实践的沟通与联系，相互配合来加深学生的理解，让学生知识与技能掌握更加牢固。具体来说，需要"教、学、做"三方面一体化，包括教学目标、教学内容、教学方法和考核方法四个方面的设计。

2.1 教学目标

本课程为人文地理与城乡规划的专业选修课程。通过本课程的学习，学生能够达到以下目标：（1）具备较为扎实的学科基础知识及本专业基本理论知识，了解本专业前沿发展现状和趋势；（2）掌握文献检索、资料查询及运用现代信息技术获取相关信息的基本方法，并能通过信息综合得到合理有效的结论；（3）能够就复杂专业问题与业界同行及社会公众进行有效沟通和交流，包括撰写报告和设计文稿、陈述发言、清晰表达或回应指令，具备一定的国际视野，能够在跨文化背景下进行沟通与交流；（4）具有一定的创新意识和创业思维，有自主学习和终身学习的意识，有不断学习和适应发展的能力。本课程的预修课程为《人文地理学》《经济地理学》和《城市地理学》等核心课程，它们为本课程提供基本的概念、理论，让学生对人文地理学专业有一定的认识、理解，培养了兴趣点。本课程也能培养学生自主学习能力，加深对这些课程的认识。本课程后续为毕业论文，本课程能直接指导学生完成毕业论文选题调研及文献综述撰写。

2.2 教学内容

教学内容方面，在目标指导下，应在文献中检索基础知识和技能，结合地理学专业内容拓展，在有限的教学时间内，将理论讲授、课堂练习、课后实践紧密结合在一起，以讲义、课件、案例、习题为支撑，反复练习，做到学以致用，加深理解。本课程安排了五大模块，包括文献检索基础、中英文数据库检索、文献管理方法、文献阅读与研究、文献综述撰写，每一个模块都在理论知识基础上设计了课堂练习和课后实践，以达到课程设定的目标。具体安排见表1。

2.3 教学方法

在教学方法上，理论知识的讲授注重案例教学，以地理学文献为例，强调真实性和适用性，并采用研究性教学法（启发式讨论教学）等教学方法，培养学生的科研思维和规范。在实践教学方面，以技能训练为中心，模拟毕业论文开题的文献综述要求，各个课堂练习、课后作业都围绕这一要求展开，组成教学模块，强调培养学生的创新能力和实操能力。理论和实践同步进行，理论指导实践，实践加深理论知识的理解。

2.4 考核方法

在考核方法上，围绕上述设计，考核方式分为过程性考核和终结性考核，其中过程性考核构成平时成绩，占总评成绩的50%，终结性考核形成期末成绩，占总评成绩的50%。过程性考核包括出勤、课堂讨论参与（3次）、课外作业（2次），在平时成绩中的占比分别为10%、30%、60%。两次课外作业分别是完成一个包含中英文文献的检索报告、选择一篇文献撰

《专业文献检索与分析》课程教学内容与实践安排　　　　表 1

模块	理论	课堂练习	课后实践	目标
一、文献检索基础	1. 文献基本知识； 2. 文献信息检索； 3. 计算机检索基础	1. 熟悉不同类型文献的引用格式； 2. 了解地理学中英文核心期刊，查找影响因子并排序； 3. 使用布尔逻辑运算符检索信息	尝试确定选题	帮助学生理解文献概念和文献检索基本原理，了解地理学期刊，奠定文献分析使用的基本道德与法律约束
二、中英文数据库检索	1. 通用中文数据库检索； 2. 通用外文数据库检索	1. 知网、万方、维普等中文科技期刊数据库检索练习； 2. Web of sciences 引文数据库检索练习； 3. Springerlink/Elsevier/Wiley 等英文全文数据库检索练习	完成文献检索报告	使学生理解数据库的类型，掌握常见中英文数据库的检索方法
三、文献管理方法	Zotero；Endnote；E-study 等文献管理原件的运用	1. E-study 中国知网数字化学习与研究平台的使用练习； 2. Zotero 的安装与使用		使学生使用常见文献管理软件下载、管理、分析文献和撰写论文
四、文献阅读与研究	1. 文献快速阅读与精读； 2. 文献精炼与信息整合	1. 练习提炼文献与整合文献关键信息，进行文献对比； 2. 使用 MindManger 软件绘制思维导图； 3. 使用 Citespace 进行文献可视化	完成文献阅读笔记	掌握文献泛读与精读方法，能使用思维导图整理文献信息
五、文献综述撰写	1. 文献综述的目的； 2. 评述分析的要点	1. 集体阅读与分析经典文献综述论文与优秀毕业论文； 2. 汇报与互评同学文献综述	完成文献综述	使学生掌握文献综述的一般逻辑结构，能理解综述内容的排序方法和评述分析的要点，能自主创新、撰写本领域的文献综述

写文献阅读笔记，期末做大作业则是完成本专业某一领域文献综述，最后进行课堂互评。这些作业围绕一个选题来完成，循序渐进，体现对学生理论和实践能力的综合考量。

3　教学效果与反思

3.1　教学效果

　　一方面，《专业文献检索与分析》课程已讲授四轮，从学生反馈来看，绝大部分同学参与教学活动的热情饱满，在查找文献、分析文献、撰写文献综述的过程中，首先增进了对专业的了解，对毕业论文选题乃至未来研究方向都更加明确。有一部分同学与自己的启明星课题联系起来，或提前和本科生导师确定毕业论文方向，将所学知识运用到真实研究当中，大大提高

了毕业论文写作的质量。另一方面，该课程也增强了学生运用现代信息技术获取相关信息的方法与技巧，自主学习的能力大大提高。在课后，有同学明确反馈说"很荣幸能在最后一个有课的学期选修专业文献检索，这门课对我的学习和论文撰写帮助真的太大了，如果刚上大一的我学了这门课，启明星项目的开题报告一定会写得更好吧"；"总之我通过这门课的学习，提升了文献检索的能力，锻炼了自己的耐性，也学会了如何撰写文献综述，这门课为我的论文写作打下了良好的基础，同时我也希望自己能学以致用，好好运用我学到的知识"。总之，从课上课下的师生互动来看，学生的自我评价、满意度均有显著提升。

3.2　教学反思与持续改进

　　前文已提及，本课程的课堂练习、课

后作业和期末大作业具有非常强的延续性，这些作业围绕一个选题循序渐进来完成，但是如果后期发现选题不合适，所有工作就需要推翻重来。这也是科研本身的阶段特征，但对本科生而言会产生较大的挫败感，大大影响学生的积极性，因此，未来推进还需要持续改进，包括和本科生科研课题以及毕业论文怎样更好的衔接等。

同时，本课程缺少适用于地理学专业的成熟教材，未来还应注重案例、习题、经典文献的积累，形成具有本专业特色的教材，才能推动教学效果的不断提升。

参考文献：

[1] 王绍玉，李骐安，毛发虎，等．高校科技文献检索课程质量评估体系构建 [J]．中国建设教育，2023，（2）：120-125.

[2] 马艳，任娜，张俊灵．"文献检索与论文写作"课程教学改革与实践探索 [J]．武汉轻工大学学报，2023，42（6）：113-118.

[3] 李国琴，许国帅，朱洪梅，等．以培养食品专业大学生的创新能力为目标的课程教学改革——以"文献检索与论文写作"为例 [J]．食品工业，2024，45（1）：160-162.

[4] 林志灯，韩坤煌，阮少江．文献检索与论文写作课程教学改革探究——以宁德师范学院为例 [J]．教育信息化论坛，2023，（12）：54-56.

[5] 柳婉仪．信息化时代高校大学生信息素养教育的现状分析——以Q民族大学教师教育学院学生为例 [J]．中国新通信，2024，26（1）：146-148.

[6] 贾欣怡，孙孟雅，杨剑．社会热点事件下大学生的信息检索行为影响机制研究——基于问题解决情境理论 [J]．情报探索，2023（10）：52-59.

基于文献计量学的探究式地理空间思维能力培养研究

梅志成　刘小茜　彭　鹏

（北京联合大学应用文理学院，北京　100191）

摘　要：探究式教学突破了传统的灌输式教学，采用情境创设、小组讨论、师生交流和应用拓展等方法，与地理空间思维的培养紧密相连。利用 CiteSpace 对文献进行可视化与量化分析，以"地理空间思维"为主题词，找寻其与"探究式地理教学"的结合点，以"探究式教学"+"地理"为主题词，从研究热点、研究趋势、研究内容等方面进行梳理。结果表明："地理空间思维"与教学活动紧密相连，相对于"灌输式"教学，"探究式"教学更有利于学生地理空间思维的培养与应用；探究式地理教学由注重"教育改革"与"教育模式"转变为注重"核心素养"与"综合能力的培养"；以核心素养培养为导向的项目教学研究课题将成为国内教育研究的热点。

关键词：地理空间思维、探究式教学；CiteSpace

0　引言

教育部发布《教育部关于推进新时代普通高等学校学历继续教育改革的实施意见》，鼓励高校通过参与式、讨论式、案例式、项目式教学等提高学生学习积极性和参与度，注重学生学习体验。目前，高等院校在进行自然地理学的授课时，大多仍采用灌输式教育，存在实践少、学生参与度低、理论结合实际能力差等问题。"探究式教学"是使学生深度参与课堂的重要方式，有助于调动学生的积极性，提高课堂效率，是对"灌输式"教学的改进。此外，《普通高中地理课程标准（2017年版）》明确地理学既要研究地理事物的空间分布与空间结构，又要阐明地理事物的空间差异和空间联系，并致力于揭示地理事物的空间运动和空间变化规律[1]，故在进行探究式地理教学过程中，对学生空间思维的培养和运用也是必然的。本文通过 CiteSpace 挖掘探究式教学与地理空间思维的信息，找出两者的结合点，展示地理空间思维在探究式教学中的运用。

1　地理空间思维与探究式教学的理论基础

1.1　地理空间思维的定义与特点

空间性是地理学的本质特征，在地理教育中，培养学生的空间素养至关重要。

作者简介：梅志成（1999—），男，安徽滁州人，地理学硕士。主要研究方向为土地利用变化、景观生态等。
通讯作者：刘小茜（1984—），女，内蒙古赤峰人，博士、副教授。主要研究方向为区域生态安全格局与韧性修复，城市自然地理要素过程与建模。
资助项目：北京市教委教育科学一般项目（KM202011417008）。

作为空间素养的核心，地理空间思维能力在地理学习和地理问题分析中发挥着至关重要的作用，并为地理学科的学习奠定了基础。美国国家科学院全国研究委员会（NRC）早在2006年就指出，空间思维在当今信息时代中发挥着重要作用，应该成为各学段教育课程的重要组成部分[2]，从那时起，整个学科的研究人员和教育工作者都认识到调查、理解和积极教授地理空间思维的重要性[3]。

目前学界对地理空间思维还没有统一的定义，如表1所示，学者们对其认知都各有侧重。本文采用金卫东关于地理空间思维的定义：地理事物、地理现象、地理

图像的观察、分析、综合、比较、概括、抽象，从而在头脑中创造性地形成它们的空间形象，进行空间位置判定，确定空间分布状态并进行排列、组合，分析它们在空间上进行的物质、能量、信息的传递、交换和交流，比较它们的差异点和共同点，以及对它们的空间属性进行多个维度思考的心理过程[4]。地理空间思维主要有文字图像的转换思辨、空间图形的对应思辨、空间动态的联系思辨等特点[5]。地理空间思维的培养不仅有助于提高学生的学习效果和综合素质，还有助于培养他们的创新精神和实践能力。

不同学者对地理空间思维类型的划分　　　　　　　　　　　　　表1

文献	内容
《中学生地理空间思维的类型与训练方法》	地理空间定位思维、地理空间知觉思维、地理空间因果思维
《基于地理空间思维的角度命制地理试题》	地理空间定位思维、地理空间形象思维、地理空间结构思维、地理空间相互作用思维、地理空间比较思维、地理空间综合思维
《引导学生从地理空间思维路径学习地理》	地理空间观察思维、地理空间想象思维、地理空间抽象概括思维、地理空间记忆思维、地理空间推理思维
《中学生地理空间思维能力及培养措施》	地理空间定位思维、地理空间联系思维、地理空间创造思维、地理空间综合思维
《高中生地理空间能力测量量表初步编制》	地理空间知觉能力、地理空间思维能力、地理空间想象能力

1.2　探究式课堂的理论基础

自然地理学涉及大量抽象概念，仅靠听讲难以让学生深刻理解。因此，需要改进现有的授课方法。探究式教学是指教师讲解基本概念、基本原理的同时，提出问题，或引导学生发问；然后，通过学生自主收集资料，阅读（或观察），进行思维层面的思考分析，进而形成判断，直至决定（或决策）[6]。这符合建构主义教育理念和认知心理学的研究结论[7]。

1.3　空间思维与探究式课堂的结合点

在CNKI数据库中以"地理空间思维"为主题词进行文献检索，利用CiteSpace对筛选出的文章进行关键词可视化，为更直观地展现空间思维与教学之间的关系，对关键词表进行有针对性的提取，见表2，可发现与教学有关词汇出现的频率较高，如"地理教学""教学实践""教学策略""教学设计"等，表明"地理空间思维"能够与"教学"活动进行融合。此外，"地理实践力""地理信息科学""地理信息技术"等实践性词汇也与地理空间思维有着密切

联系，传统的"灌输式"课堂，仅关注理论知识的传授，缺乏实践活动，而"探究式"课堂具有讨论、实践环节，在教学过程中，需要学生充分发挥地理空间思维能力进行地理分析，由此可见，二者之间是相互促进的关系，"探究式"课堂更有利于"地理空间思维"的培养、应用。

"地理空间思维"关键词共现频次表　表 2

关键词	频次	中心度
地理教学	8	0.09
gis	4	0.11
Google earth	3	0.01
地理信息科学	3	0.08
地理实践力	3	0.09
中学地理教学	2	0.02
国际地理教育	2	0
地理信息	2	0.04
地理信息技术	2	0.03
地理信息系统	2	0.04
培养策略	2	0
教学实践	2	0
教学策略	2	0.04
教学设计	2	0.11
课程标准	2	0.04
高中地理教学	2	0.03

2　利用文献计量学分析探究式教学的现状与发展趋势

本文采用文献计量学方法，对 2013～2023 年我国地理"探究式教学"的研究进行统计和可视化分析。在 CNKI 数据库中，以"探究式教学"+"地理"为主题词进行检索，共检索到期刊文献 448 篇。通过分析这些文献，可以深入了解该领域的研究发展历程、现状、热点和发展态势。常用的信息可视化工具包括 CiteSpace 和

Vosviewer，可以显示一个学科或只适于在一定时期发展的趋势与动向[8]，形成若干研究前沿领域的演进历程[9]。

将时间切片设置为 1 年。图 1 中每个关键词的大小由关键词出现频次决定。表 3 中年份表示某关键词第一次出现的年份，中心度是表征一个节点重要性的指标，关键词的中心度与频次越高，代表该关键词是一段时间内研究者共同关注的问题，即研究热点。如表 3、图 1 所示，"问题式教学"被提及 147 次，出现的频次远高于其他关键词；"高中地理""地理核心素养""地理教学"也是当前研究的重点。此外，"探究式教学""主题式教学"等表明"探究式教学"在地理教育领域受到广泛关注，这些关键词代表了地理教育领域中重要的教学理念和教学方式，对于培养学生的地理核心素养、提高探究和解决问题的能力具有重要作用。

关键词突现是依据关键词在某一时间段的出现频次来判断的，反映研究发展趋势和预测前沿。图 2 展示了 2013～2023 年间出现频率前 17 名的关键词及时间段，由于教育研究方向受政策影响明显，依据政策文件将其分为 2013～2017 年和 2018～2024 年两个阶段。选择这些时间节点是因为 2011 年教育部颁布《义务教育地理课程标准（2011 年版）》完善了课程设计思路，明确了课程性质和理念。2018 年《普通高中课程标准》强调问题式教学和地理实践，将学生放到情境中，培养探究意识和能力。在突现图谱基础上，结合研读文献梳理，第一阶段文献主要围绕"教育改革"和"教育模式"，探究式地理教学在 2013～2017 年间受到关注，强调学生主动性、问题解决能力和科学思维的培养，与传统的讲授式教学形成对比。

"探究式教学"+"地理"关键词共现频次表　　　　　　表3

关键词	频次	中心度	年份
问题式教学	147	0.14	2017
高中地理	60	0.38	2013
地理核心素养	32	0.12	2018
地理教学	32	0.21	2013
教学设计	30	0.09	2015
核心素养	27	0.14	2018
探究式教学	26	0.32	2013
主题式教学	25	0.13	2015
综合思维	21	0.05	2019
地理学科核心素养	19	0.09	2018
体验式教学	15	0.13	2013
初中地理	14	0.15	2013
深度学习	12	0.04	2021
项目式教学	12	0.05	2020
地理课堂	11	0.08	2014
教学策略	10	0.06	2015
地理	10	0.07	2014
区域地理	9	0.06	2016
地理问题式教学	8	0.03	2019
中学地理	8	0.02	2013
地理实践力	8	0.01	2017

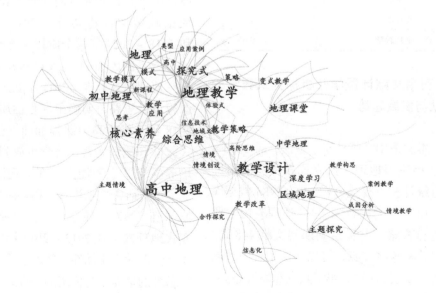

图1　"探究式教学"+"地理"关键词共现图

引用爆发最强的17个关键词

关键词	年份	强度	开始年份	结束年份	2013 ~ 2024
探究式	2013	2.04	2013	2016	
模式	2013	1.71	2013	2014	
策略	2013	1.57	2013	2015	
地理	2014	2.31	2014	2017	
教学	2014	1.85	2014	2016	
地理课堂	2014	1.72	2014	2019	
教学策略	2015	1.64	2015	2017	
教学模式	2016	2.18	2016	2019	
核心素养	2018	1.64	2018	2020	
主题探究	2018	1.59	2018	2020	
应用	2014	1.31	2018	2019	
问题情境	2019	1.41	2019	2021	
综合思维	2019	3.85	2020	2022	
大概念	2020	1.37	2020	2022	
深度学习	2021	3.13	2021	2024	
区域地理	2016	1.94	2021	2022	
教学设计	2015	1.83	2021	2022	

图2 "探究式教学"+"地理"关键词突现图

第二时间段的文献主要围绕着核心素养与综合能力的培养以及解决问题的能力，由关键词突现图可知，在2018～2024年间，探究式地理教学更加注重地理空间思维的培养，采用多种方法和策略提高学生的空间分析能力和解决实际问题的能力。

国内对科技和人才的重视，要求我们在培养高素质创新人才时，注重其核心素质的塑造和跨学科知识的整合。根据教育部发布的《2019年全国教育事业发展统计公报》，中国高等教育毛入学率在2019年达到51.6%，进入了高等教育普及化的阶段。在这个阶段，强调人才的全面素质与能力的培养[10]。结合关键词突现图的研究、社会发展需要和政策分析，可以发现核心素养培养为导向的项目教学研究课题可能成为国内教育研究的热点[11]。

3 探究式教学的实施流程

伍光和所编写的《自然地理学》是目前自然地理学科教学中较为普遍的教材书。本文以该书"大气水分和降水"一节为例，进行探究式教学。在"降水"一节中，教师须明确教学目标与重难点，确保课堂内容与教学任务一致。通过创设情境和问题，激发学生的兴趣与好奇心。随后，教师引导学生激活旧知，提供必要素材，帮助学生建立新旧知识的联系，为后续探究做好准备。学生以小组为单位交流讨论，分享发现、思考和感悟，通过互相质疑、共同探讨深化对知识的理解。教师关注各小组进展，给予指导和帮助。各小组选派代表汇报探究成果，全班范围内可提问、质疑和讨论。教师总结点评，肯定学生的探究成果和创新思维，指出问题与不足。引导学生对汇报内容进行归纳提炼，促进学生对知识的深入理解和系统化掌握。探究活动结束后，教师引导学生总结归纳，梳理知识体系和框架。学生反思探究过程和表现，分析成功与失败原因，改进学习方法和策略。教师对整个探究活动进行反思总结，改进完善探究式教学的实施策略。

由关注结果性评价转向关注过程性评价，综合评价整个课堂教学活动，方法有二：一是问题设计是否以学生认知水平为依据，是否将完整呈现问题和相应情境作为学生学习的起点；二是是否让所有学生参与问题解决的整个过程，是否使学生形成一定的地理知识结构框架和体系，是否呈现了学生开放性的思维和创新精神[12]（图3）。

探究式教学法从美国流传到中国，目前，国内关于探究式教学的研究主要集中在中等教育，这有利于培养学生的创新思维和实践能力，但受学生知识贮备量、软硬件设施、成绩考核制度等制约，虽然教育部明确积极推动教学改革，改变目前的教育模式，鼓励将课堂还给学生，让学生

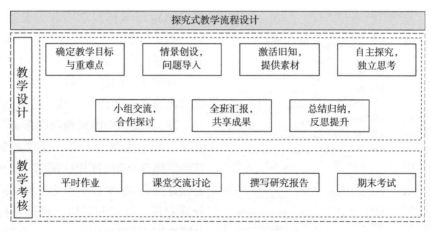

图 3　探究式教学流程与评价体系图

成为课堂的主人，但是灌输式的教育模式依然在中等教育中占据主导地位。相对于中等教育，高等教育无论是在实验设备、地理教学课时、教师专业素养、学生地理空间思维能力、实践机会等方面都拥有优势，故本文将探究式教学应用到高等教育中。

4　地理空间思维在探究式课堂中的运用

在地理学中，空间思维是核心能力，探究式教学法有助于培养这种能力，它包括演示、假设、观测和观察四种方式。利用现代技术直观展示地理分布和演变，设计虚拟情景思考问题，组织实地考察和实验，以及利用图像资料引导学生观察。这些方法分别培养空间感知、想象力、实践能力和理性思维。将空间思维应用于探究式课堂能帮助学生更好地理解和掌握地理知识，提高综合素质和能力，为未来学习和职业发展奠定基础。

5　结论

空间性是地理学的本质特征，地理空间思维的培养与应用有助于学生更好地理解地理现象，发现地理规律。依据探究式教学的特性，地理空间思维在探究式课堂得到更加广泛的应用。经关键词趋势分析，我国的探究式地理教学由注重"教育改革"与"教育模式"转变为注重"核心素养"与"综合能力的培养"，通过对社会发展和相关政策分析，以核心素养培养为导向的项目教学研究课题可能成为国内教育研究的热点[11]。

参考文献：

[1] 曾聪颖.高中生地理空间思维能力现状调查研究——以四川省简阳中学为例 [J].地理教学，2019，（23）：25-28.

[2] Jongwon Lee, Robert Bednarz.Components of spatial thinking：evidence from a spatial abity testy[J].Journal of Geography，2012，111（1）：15-26.

[3] 郭宝仙.核心素养评价：国际经验与启示 [J].教育发展研究，2017，37（4）：48-55.

[4] 金卫东.基于地理空间思维的角度命制地理试题 [J].地理教学，2019，（9）：12+62-64.

[5] 龚倩，赵媛.略论地理空间思维 [J].地理教学，2010，（21）：4-7.

[6] 李庆宁，龚朝辉，乐燕萍，等.探究式课

程设计在医学生临床决策能力培养中的探索 [J]. 生物化学与生物物理进展，2023，50（07）：1767-1774.

[7] Sousal Y.Quality indicators of an experienced middle school science teacher's argument-based inquiry teaching[J].Science & Education，2022，32（3）：689-736.

[8] 陈悦，陈超美，刘则渊，等.CiteSpace 知识图谱的方法论功能 [J]. 科学学研究，2015，33（2）：242-253.

[9] CHEN Chao-mei.CiteSpace Ⅱ: detecting and visualizing emerging trends and transient patterns in scientific literature[J].Journal of the American Society for Information Science and Technology，2006，57（3）：359-377.

[10] 王建，仇奔波.二十一世纪的地理学 [J]. 地理教育，2004，（2）：1.

[11] 韦仕降，郭勇，何华俊，等.近十年我国项目式教学研究现状、热点及演进趋势 [J].教育信息技术，2023，（10）：3-7.

[12] 凌锋.地理课堂探究式教学设计策略——以"热力环流"教学内容为例 [J].地理教学，2019，（6）：12+49-50.

面向地理实践力提升的自然地理学课程理念创新框架与案例研究
——以北京西山地质地貌实习为例

彭　鹏　刘小茜　梅志成

（北京联合大学应用文理学院，北京　100191）

摘　要： 本文以北京西山为地理野外实践教学区域，从地理实践力提升的角度出发，探讨自然地理学课程的理念创新与实践。首先阐述了地理实践力的内涵和提升模式，提出在野外实践教学中应转变为以学生为主体，教师为引导的教学模式，通过合作探究提高学生的地理实践能力。然后，针对大一学生学习自然地理知识基础较弱的实际情况，设计了以野外考察为主的北京西山地质地貌实习教学内容，涵盖地貌、地质、岩石、植被等方面。同时，构建了评价体系，从行动能力和意志品质两个维度综合评价学生的地理实践力。最后分析了这样的野外实习对提高学生实践能力、团队合作、学科兴趣、开拓视野等方面的积极作用。北京西山地质地貌野外实习教学实现实践与理论相结合，提高地理实践力，培养团队合作精神，增强学生对地理学科的兴趣，开拓视野和增加知识面，为地理实践力导向下的研学课程开发提供了有意义的参考和借鉴。

关键词： 地理实践力；创新；地质地貌；野外实践教学

0　引言

《国家中长期教育改革和发展规划纲要（2010-2020年）》提出要"加强实验室、校内外实习基地、课程教材等基本建设，强化实践教学环节，支持学生参与科学研究"。地理野外实践教学这一教学形式，是提升地理专业学生实践能力的重要方式。此外，自然地理学探索人类赖以生存的地球表层自然地理环境的水文、土壤、植被、地质地貌、气象气候等地理要素以及其与人类活动的关系，是大学地理学专业所修课程中对专业性要求较强的课程，具有较强的实践性。在自然地理学课堂教学中，通过教师讲授学生能积累一定量的理论知识，对于知识的理解未达到可以实际应用的层面。经过野外实地考察，将课堂所学知识与理论迁移至实践，能加强学生对基础知识和基本理论的理解和应用能力。野外实践教学方式大多以教师制定线

作者简介：彭鹏（2001—），女，黑龙江大庆人，地理学硕士。主要研究方向为土地利用变化、景观生态等。

通讯作者：刘小茜（1984—），女，内蒙古赤峰人，博士、副教授。主要研究方向为区域生态安全格局与韧性修复，城市自然地理要素过程与建模。

资助项目：北京市教委教育科学一般项目（KM202011417008）。

路、定点讲解、学生接受为主，内容形式较为固定，并且其评价方式较为单一，大多通过学生野外实习记录本完成情况进行评价。传统的地理野外实践教学内容以考察验证为主，不能让学生自发地探索地理问题、应用地理知识，不能完全达到培养学生地理实践力的目的[1]。

为此，本文从地理实践力提升角度出发，以北京西山地质地貌实习为例，设计实习内容，帮助学生掌握区域综合观察、调查及分析的方法，培养和提高学生的地理实践力，培养综合型地理人才。

1 地理实践力

1.1 内涵

《普通高中地理课程标准（2017 年版 2020 年修订）》定义地理实践力是指人们在考察、实验和调查等地理实践活动中所具备的意志品质和行动能力。考察、实验、调查等是地理学重要的研究方法，也是地理课程重要的学习方式。根据学生实施地理实践活动能力水平的高低及获得认识的创新程度，将地理实践力从低到高划分为水平 1、水平 2、水平 3 及水平 4 四个层级[2]，四个水平层级既有相似点，也有一定的的不同点（表 1）。从水平 1 到水平 4，对于观察和研究的能力的要求不断提高，对信息处理的复杂程度也在逐步加深，并且能逐步对地理实习活动进行设计并执行，甚至产生创造性的想法。

地理实践力作为地理学科的四大核心素养之一，不仅支持着地理学科的发展，而且在地理人才培养过程中制约着学生成长的方向和质量。而地理野外实习又是提升学生地理实践力素养的重要方式，所以，对野外实习教学活动进行科学、合理的创新性设计是非常重要的。

1.2 提升模式

提高教师的创新能力，可以作为一种有效的措施来提高学生的地理实践力水平，而在这种情况下，教师在教学手段和教学方法上的创新程度，会对他们的教学质量产生很大的影响，从而会对学生学科知识的理解和吸收产生很大的影响[3]。在实践教学的过程中，提升地理实践力重在学生，教师为主学生被动接受的教学模式应得到转变，学生成为实践主体，并引入研究性教学方法，教师引导并鼓励学生进行自主探究。此外，在实际教学的过程中，教师要避免对地理现象的识别和成因进行简单的讲解，而是要在这个基础上，适时地提出一些研究性的问题，这样可以激发学生学习地理的兴趣，培养学生的探索精神。学生以小组为单位小组，分配相应的

地理实践力各水平内容的比较　　　　　　　　　　　　　　　　　表 1

素养	水平划分	相似点	不同点
地理实践力	水平 1	有探索问题的兴趣；从体验和反思中学习；有克服困难的勇气和方法	能够进行初步的观察和调查，获取和处理简单信息，并能够借助他人的帮助，设计和实施地理实践活动，理解和接受不同的想法
	水平 2		能够进行细微的观察和调查，能够与他人合作设计和实施较复杂的地理实践活动，有自己的想法
	水平 3		能够进行分类观察和调查，获取和处理较复杂的信息，主动发现和探索问题，并能够与他人合作设计和实施较复杂的地理实践活动，有自己的想法
	水平 4		能够进行较系统的观察和调查，获取和处理复杂的信息，能够独立设计和实施地理实践活动，并提出有创造性的想法

任务，让学生自主探究学习，对所观察到的地理现象的特点和成因进行分析，以及对地理现象的感知，在培养学生团队协作能力、探索精神和地理逻辑思维的同时提升地理实践力，具体流程见表2。

地理实践力提升模式　　　　　　　　　　表2

	前期准备阶段	实施阶段	汇报与评价阶段
教师	设计教学目标；设计实习内容	指导教学；参与讨论	制定学生评价体系；教学成效评价
学生	自行分组；查阅整理资料	小组分工与合作记录；参与讨论	总结汇报

2　案例设计与实施

2.1　北京西山简介

北京西山位于北京西南部，植被类型以落叶阔叶林和草甸植物为主。区内主要河流水系分属海河水系的大清河、永定河和北运河流域，主要河流有拒马河、大石河、永定河和大清河，地下水总体由西北流向东南[4]。地貌形态以山区和平原为主，西北部山区地势较高，东南部平原区地势较低，区内发育一系列走向呈北东 - 北北东向展布的复式褶皱和大型断裂构造，包括百花山 - 暑警山向斜、九龙山 - 香裕大梁向斜、沿河城断裂和八宝山断裂等[5]。地层从中元古界蓟县系到第四系出露较全，部分地层缺失[6]，其中蓟县系白云岩、保罗系砂岩及火山岩地层出露范围较大，新生界第四系出露于平原地区，主要为黄土、砂土、砾石土及河流冲积砂卵石等。此外，北京西山地质灾害频发，包括崩塌、洪水、泥石流和滑坡等。

2.2　学情分析与目标设计

野外实践教学对象为城市系专业大一的学生，所修专业课程为经济地理学、人文地理学等人文地理学方向课程，自然地理学方向仅笼统地学习了自然地理学课程，并未对地质地貌学、土壤地理学、水文学等自然地理学课程有细致讲解。学生有一定的自然地理理论知识基础，但从未参加过野外实践活动，实践技能较弱。根据学情确定研学目标为：通过实地考察，学生能够应用地理学相关知识解释北京西山典型地质地貌、岩石、地层以及植被特点；通过小组讨论协作，分析洪水、泥石流、崩塌等地质灾害的成因，明确地质灾害的避险方法；通过参与野外实践教学活动，体验野外实践教学的活动设计、组织与实施，提升团队协作能力和地理实践力。

2.3　内容设计

基于地理实践力进行实践教学的开发是一项系统工程，本文以北京西山为实践教学区域，以期为地理实践力导向下的研学课程开发提供有意义的参考和借鉴，具体内容与形式见表3。

2.4　评价方式

行动能力和意志品质贯穿于地理实践活动的各个阶段，因此本文把行动能力和意志品质作为本次实力测评体系的一级指标，在三个阶段一级指标的基础上再构建二级指标[7]。具体评价体系见表4。

北京西山地理实践教学内容　　　　　　　　　　　　　　　表3

实践教学任务	实践教学内容	实践教学形式
北京西山主要地貌特点与成因	选取一个黄土垂直地形剖面，利用水准仪、标尺、卷尺等地理测绘工具，测量黄土的厚度。 实地观察黄土塬、黄土峁、黄土梁、黄土川等典型黄土地貌，分析黄土地貌成因	学生实地考察通过查阅资料、询问教师、网络搜索、小组讨论等方式加深对知识的理解。并通过书写野外实习记录本、拍摄、绘示意图等方式记录。同时教师给予指导性建议
北京西山地质环境与典型地质构造特征	阅读北京西山地形图与地质图，实地观察分析背斜、向斜、节理、断层以及岩溶漏斗的特征	
岩石产状、岩性识别	使用地质罗盘测量岩层的产状（走向、倾向和倾角）的测量，比较馒头组、张夏组、徐庄组岩性。 根据层理特征等区别石英砂岩、灰岩、页岩等岩石并分析其形成原因	
地层划分依据与证据	依据沉积特征化石等判断区别元古界、古生界、中生界和新生界地层	
北京西山植物群落特征描述与植物区系	统计主要植物种类组成，分析植被生长的自然环境因素及植被区系特征	
洪水、泥石流、崩塌等地质灾害成因分析	实地观察地质灾害修复区，分析自然与人为因素对地质灾害的诱因，总结归纳地质灾害的预防与处理措施	

北京西山地理实践教学评价体系　　　　　　　　　　　　表4

阶段	总体权重	一级指标	二级指标	分数
前期准备	0.25	行动能力	地理信息的搜集与分析能力	5
			调查方法的选择能力	5
			调查方案的设计能力	5
		意志品质	独立发现问题的意识	6
			积极主动的调查态度	4
实施	0.35	行动能力	地理工具的使用能力	8
			地理问题的解决和问题再提出能力	8
		意志品质	与他人交流的勇气	5
			参与调查的热情	7
			克服诱惑的自制力	7
汇报与评价	0.40	行动能力	调查数据的处理能力	10
			调查报告的撰写能力	10
			调查结果的评估能力	10
		意志品质	严谨的科学态度	5
			完成调查的毅力	5

3　教学成效

第一，实践与理论相结合，地质地貌野外实习是将学生从课堂带到自然环境中进行实地考察和实践活动。通过实践，学生能够更直观地感受和了解地质地貌现象，加深对地质地貌理论的理解和掌握。第二，提高地理实践力，实地考察和实践活动需要学生进行数据采集、观察分析、问题解决等一系列实际操作。通过这些实践活动，学生能够培养实践能力，提高自己的科学研究和解决问题的能力。第三，培养团队合作精神，地质地貌野外实习通常以小组形式进行，学生需要相互合作、共同完成任务。通过合作，学生能够培养团队合作意识和能力，提高协作能力以及沟通和交流能力。第四，增强学生对地理学科的兴趣，实地考察和实践活动能够增加学生对地质地貌的兴趣和热情，通过亲身体验和感受，学生能够更加深入地了解地质地貌学科的重要性和意义，激发他们学习和研究地理学的热情。第五，开拓视野和增加知识面，地质地貌野外实习可以带领学生去到真实的自然环境中进行观察和研究，学生能够开拓视野增加知识面，了解更多地质地貌的特点和形成机制。同时，还能够增强学生对自然环境的保护和环保意识。

综上所述，北京西山地质地貌野外实习教学能够提高学生的实践能力、培养团队合作精神、增加学科兴趣、开拓视野和增加知识面等。通过这种实战教学方式，学生能够更全面地了解和掌握地质地貌学科知识，为今后的学习和研究打下坚实基础。

4 结束语

自然地理野外实践教学是对课堂理论课的深化与延伸，以提升地理实践力为立足点，与学情相结合，从创新教学手段、整合教学内容、重建评价方式等方面，对传统的教学模式进行了有效的变革，开发出新型地质地貌实践教学课程，这将有助于将地理基础知识的教学付诸实践，从而提高地理教学的广度、厚度和高度。而且对于区域地理学的教学，地理野外实践学习具有较强的现实性、针对性和实践性，能够使学生对该地区有更深刻的认识，使学生地理实践力得到进一步的提高。

参考文献：

[1] 郑庆荣，孙二虎，徐茂祥.自然地理野外实习模式与内容的设计研究——以管涔山实习基地为例 [J].忻州师范学院学报，2009，25（05）：64-67.

[2] 秦耀辰，彭剑峰，张广花.基于实践力培养的高校地理学野外实习改革与实践 [J].地理教学，2020，（20）：31-33+49.

[3] 靳少非，吴永红.高等院校自然地理野外实践教学模式改革 [J].创新创业理论研究与实践，2022，5（01）：115-117.

[4] 郭高轩，代垠东，许亮，等.北京西山岩溶地下水化学特征及成因分析 [J].环境科学，2024，45（02）：802-812.

[5] 叶泽宇，徐尚智，刘欢欢，等.基于信息量与逻辑回归耦合模型的北京西山崩塌易发性评价 [J].城市地质，2023，18（03）：9-15.

[6] 北京市地质矿产局.北京市区域地质志 [M].北京：地质出版社，1991.

[7] 华守汶，陈晔.高中地理社会调查实践力的测评体系的构建 [J].地理教学，2020，（20）：16-18.

课程思政篇

激发潜能与责任:《城市地理学》中的思政融合

谌 丽 张景秋 黄建毅

（北京联合大学应用文理学院，北京 100191）

摘 要：本文探讨了《城市地理学》课程在人文地理与城乡规划专业中融入思政教育的重要性与实践策略。课程旨在培养学生专业知识和技能的同时，激发他们的内在潜能和社会责任感。课程设计了"一个核心目标、两个评价维度、三个思政内容、四个设计融合、五个方法手段"的12345课程思政策略，以实现知识传授与价值引领的有机结合。课程思政以"努力培养担当民族复兴大任的时代新人"作为核心目标，从个人成长和社会责任两个维度进行评价考核，以确保学生在学术和道德层面均衡发展。思政内容涵盖家国情怀、职业素养和价值观念三个思政内容，从历史与时事、微观与宏观视角、本土与国际对照、知识与情感等四个方面进行融合，采用案例驱动、互动式教学、实地参观、小组合作调研和情景模拟演练等多元化教学方法，确保学生积极融入课堂。实践效果表明，学生在认知、情感和行为层面得到显著提升，能够将所学知识应用于解决复杂的城市问题，为成为具有创新思维和社会责任感的城市规划专业人士打下坚实基础。

关键词：城市地理学；课程思政；潜能激发；社会责任

1 《城市地理学》课程思政建设的背景

人文地理与城乡规划专业是一门综合性、实践性很强的专业，需要运用地理学、城乡规划学、经济学、社会学等各学科知识，解决城市发展实际问题[1-2]，参与到诸如国土空间规划、城市发展规划、全国城市体检等工作中去，因此将影响着人民方方面面的生活，担负着巨大的社会责任。因此专业课程设计注重学生理论知识的系统学习与专业技能的实践培养，学生不仅要掌握人文地理的基本理论，还要学会应用这些知识解决实际问题；课程设置强调实践教学的重要性，通过实地考察、案例分析、项目实践等方式，使学生能够将理论知识应用于城乡规划和管理的实践中；在培养学生专业能力的同时，注重培养学生的职业道德和社会责任感。最终目标是培养学生成为能够在国家发展大局中担当重要角色的专业人才，具备规划和建设美好城市的能力，为实现国家的可持续发展贡献力量。

北京联合大学人文地理与城乡规划专业构建了 1+4+2 思政课程体系，包括 1 项北京高等教育"本科教学改革创新项目"；4 项"价值引领 + 专业特色"的专业课建

作者简介：谌丽（1985—），女，四川绵阳人，博士、教授。主要研究方向为城市居住环境。

资助项目：2023 年北京高等教育本科教学改革创新项目"'价值引领、实践创新、多轮驱动'地理学类一流专业协同育人模式研究"（202311417002）。

设，2 门校级通识教育选修核心课程。《城市地理学》是支撑 4 项"价值引领 + 专业特色"的专业课基础之一，共计 64 学时，授课对象为人文地理专业本科 2 年级上期的学生。这门课程的知识目标是理解城市的发展一般规律，掌握城市化的概念原理和理论认识并掌握城市职能、城市规模和城市空间等理论和方法，了解中国城市分布和发展的基础知识。能力目标是让学生掌握城市及区域调研与分析方法，具有城市管理综合应用思维能力。价值目标是培养学生具有人地协调观，树立爱国、爱家情怀，具备城市规划师及管理者的责任感。它通过系统化的知识传授与价值引领，塑造学生的世界观和方法论，以城市发展的历程与现状为载体，引导学生深刻理解并内化爱国主义和社会责任感，同时，通过实践教学的实地考察与案例分析，激发学生的实践参与和创新思维能力。《城市地理学》强调对城市问题的批判性分析和科学规划，培养学生运用专业知识解决复杂社会问题的能力，从而在城乡规划领域内形成积极的社会变革力量。此外，课程内容涵盖思想品德与人文素养的培育，旨在提升学生对人类与自然环境、社会结构之间相互作用的深层次认知，促进其成为具备全面素质和专业能力，能够在快速城市化背景下作出负责任决策的城市规划专业人士。

2 《城市地理学》课程思政的核心问题与实施策略

2.1 核心问题

综上，人文地理与城乡规划专业是一个深植于思政元素的专业，《城市地理学》作为这一专业体系中的基石，不仅承载着知识传承的使命，更肩负着引导学生深入理解城市发展规律、空间结构及其与社会动态相互作用的重任。然而，在这一教育理想与实践的过程中，教学对象——我们的学生作为社会变革的直接参与者和见证者，在快速变化的社会环境中，面临着前所未有的认知与心理适应挑战。他们在社会转型的浪潮中，时常感受到不确定性带来的困惑与失落，这种情绪的蔓延，若不加以适当的引导和解决，可能会转化为对个人发展与社会参与的消极态度。特别是在与 985、211 高校学生的对比中，二本高校学生在社会话语权和影响力方面往往处于不利地位，更容易成为社会讨论中的"沉默的大多数"[3]。这种现象不仅限制了他们作为未来社会建设者潜能的发挥，也对社会的整体进步与和谐构成了潜在的挑战。

因此，如何在课程思政中有效地激发学生的内在潜能，培养他们面对社会变革的适应力和创造力，引导他们建立起积极的社会责任感，成为在教学实践中必须深入思考和解决的核心问题。这不仅是对教学方法和课程内容的挑战，更是对如何理解和践行教育使命的深刻反思。本课程试图通过创新思政教育模式，构建开放、包容、互动的教学环境，激发学生的主动性和创造性，引导他们成为能够积极贡献于社会发展的栋梁之才。

2.2 实施策略

围绕这一核心问题，本课程设计了"一个核心目标、两个评价维度、三个思政内容、四个设计融合、五个方法手段"的12345 课程思政策略，以实现知识传授与价值引领的有机结合（图 1）。

2.2.1 一个核心目标

《城市地理学》的思政目标是"努力培养担当民族复兴大任的时代新人"，旨

图1 城市地理学"12345"课程思政设计框架

一个核心目标
两个评价维度
三个思政内容
四个设计融合
五个方法手段

在通过认知、情感和行为三个维度的协同培养，塑造学生的全面素质。认知层面，课程致力于让学生在掌握城市发展理论的基础上，洞悉国际城市实践的教训与经验，深刻理解科学规划与政策制定的关键性。情感层面，通过回顾我国城市发展的辉煌与挑战，课程旨在激发学生的民族自豪感和文化自信，培育爱国、爱家的情感，从而内化为规划师的职业责任感。行为层面，课程通过实地考察与调研，引导学生树立人地协调观，培养节能环保的行为习惯，鼓励将理论知识应用于解决实际城市问题，将爱国情怀转化为具体的建设行动。这三个维度相互支撑，共同促进学生形成正确的价值观和世界观，同时提升其分析和解决问题的能力，以潜移默化的方式培养学生的综合素质。

2.2.2 两个评价维度

《城市地理学》课程的评价体系构成

了一个多维度的评估框架，旨在综合评价学生的个人成长与社会责任。个人成长维度的评价侧重于学生自律性、批判性思维、沟通能力及团队协作精神的培养。而社会责任维度的评价则侧重于学生对社会规范的认同、共识建立能力以及对社会服务的积极参与。在考勤环节，学生的准时出席不仅体现了对学术活动的尊重，亦反映了对教育共同体规范的遵守。课堂讨论环节，学生被激励展现批判性思维，提升沟通技巧，积极地表达和交换观点，这不仅促进了学生认知能力的发展，也是他们在社会互动中建立共识、尊重多元意见的实践。小组社会调研环节显著体现了团队合作与实践能力的重要性，不仅锻炼了实际操作技能，而且在共同完成调研任务的过程中，深化了对社会责任的理解，通过实际行动对社会作出积极贡献。期末考试环节设计与社会问题相关的题目，旨在考查学生对课程知识的系统化理解，并激发他们对社会责任和道德判断的深刻思考，将学术学习与社会责任紧密结合。《城市地理学》课程的评价体系通过这四个考核项目，确保了学生在专业知识和技能上的扎实成长，同时强化了他们作为未来社会成员的责任感和道德判断力（表1）。

《城市地理学》课程考核评价维度 表1

评价项目	比例	个人成长评价体现	社会责任评价体现
考勤	5%	体现学生的自律性和责任感，对学习的认真态度和时间管理能力	展现对集体规范的尊重和对他人劳动的尊重
课堂讨论	10%	促进学生批判性思维和沟通技巧的提升，鼓励积极思考和表达观点	学习在社会互动中建立共识和理解，尊重不同意见
小组社会调研	35%	通过团队合作解决问题，提升实践能力和团队协作精神	增进对社会责任的理解，通过实际行动为社会作出贡献
期末考试	50%	综合检验学生的知识掌握程度、分析和解决问题的能力，促进知识系统化	设计与社会问题相关的题目，展现对社会责任和道德判断的理解

2.2.3　三个思政内容

《城市地理学》课程通过家国情怀、职业素养和价值观念三个思政内容的深入教育，旨在培养学生成为具有深厚爱国情感、高度职业责任感和正确价值观念的城市规划与管理专业人才。

《城市地理学》课程深植于爱国主义教育的沃土，致力于培养学生的家国情怀。课程通过对中国古代城市发展的历史地位与现代城市化进程的深入剖析，强化学生对国家文化与制度的自信。特别是在探讨城市形成、发展与城市化历史进程时，课程比较了不同国家的城市化模式，突出了中国城市化道路的独特性与挑战，同时展示了中华人民共和国成立以来城市化水平的显著提升，以及北京、上海等城市作为国际大都市的崛起，从而激发学生对祖国建设成就的自豪感和对未来城市规划职业的使命感。

在职业素养方面，《城市地理学》课程强调城市规划与管理的跨学科特性，要求学生具备宏观决策的视野和能力。课程着重培养学生"以人为本"的规划理念，强调城市规划应以公众利益为出发点，而非单一追求政绩或商业利益。此外，课程亦注重法制观念在城市规划中的约束作用，通过规划制定流程的讲解和实地参观，塑造学生的职业责任感。

价值观念的教育在课程中同样占据重要位置。人地协调观作为地理学的核心，指导学生理解人类活动与地理环境之间的相互作用与协调发展。课程通过分析城市化进程中的生态破坏和环境污染问题，引导学生探讨经济发展与环境保护的平衡，培养学生的科学决策能力。以北京为例，课程深入讨论了土地功能分割、职住分离现象及其对交通和水资源的影响，引导学生认识绿色出行和生活的重要性，从而在专业学习中融入绿色发展理念，提升学生的思想觉悟和综合素质。

2.2.4　四个设计融合

《城市地理学》课程旨在构建一个立体教学框架，实现课程教学与思政教育的无缝对接。这种策略涵盖四个方面：历史与时事的融合、微观与宏观视角的结合、本土与国际的对照，以及知识与情感的交织。

首先，历史与时事的融合体现在课程内容的安排上。通过案例分析，课程不仅回顾城市发展的历史脉络，也关注当下的时事热点，以此激发学生的兴趣并培养他们的历史意识和时代责任感。这种融合使学生能够在历史与现实的对话中，洞察城市发展的连续性与变迁。

其次，微观与宏观的结合是课程设计的另一重要特征。课程内容从微观层面探讨学生容易理解居民的日常交通、居住等具体问题，同时扩展至城市管理和宏观决策的宏观视角。这种结合使学生能够理解个体生活与城市整体之间的相互影响，培养其系统性思维和解决复杂问题的能力。

再次，本土与国际的融合通过比较不同文化背景下的城市发展模式，增强学生的全球视野和民族自豪感。课程强调本土城市发展的独特性，并将其置于国际舞台上进行比较分析，使学生认识到本国城市化进程中的创新与成就，同时学习借鉴国际经验。

最后，知识与情感的融合通过在理论学习中融入感人的故事和案例，触动学生的情感，促进知识的内化。这种融合策略认识到情感在认知过程中的重要作用，通过情感共鸣激发学生的学习动力，增强他们对城市地理学知识的认同感和归属感。

综上所述，《城市地理学》课程的四个设计融合策略，共同构成了一个立体化的教学框架。这一框架不仅促进了学生对城市地理学知识的深入理解，也培养了他们的批判性思维、跨文化比较能力、历史意识和情感共鸣。通过这种综合性的教学设计，课程旨在塑造具有国际视野、本土情怀、历史责任感和情感智慧的城市规划与管理专业人才。

2.2.5 五个方法手段

《城市地理学》课程采纳多元化的教学方法与手段，旨在提升学生的综合素养，其中包括案例驱动式教学、互动式教学、实地参观、小组合作调研以及情景模拟演练五种策略。

案例驱动式教学：此方法通过精心挑选与课程内容紧密相关的案例，激发学生的积极参与和深入思考。案例的选择覆盖广泛的城市地理现象，从巴黎改建等城市规划的经典案例到韧性城市等现代城市发展中的新兴问题，以此引导学生将理论与实践相结合，提高他们分析问题和解决问题的能力。

互动式教学：课程设计若干课堂讨论及辩论环节，强调师生之间以及学生之间的交流与合作[4]。通过小组讨论、辩论和反馈环节，学生在思想碰撞中锻炼自己的思辨能力和口头表达能力。互动式教学不仅增强了课堂的活跃氛围，也促进了学生批判性思维的发展（图2）。

实地参观：课程安排学生参观北京城市规划展览馆等实地场所，使学生能够直观感受和深入理解北京乃至全国的城市规划历史、现状与未来愿景。实地参观作为连接课堂与现实世界的桥梁，帮助学生建立起对城市空间布局和规划策略的直观认识。

课堂讨论

- "在城市交通规划中，是否应该优先考虑步行者的需求而非驾驶者的利益？"
- 讨论目的：
  - 探讨城市交通规划中不同用户群体的需求和权益。
  - 分析开车和步行两种交通方式对城市环境的影响。
  - 促进学生对城市可持续发展和交通公平性的深入思考。
- 重点思考：
  - 城市交通规划应如何平衡开车和步行者的需求？
  - 优先考虑步行者需求对城市环境和社会有哪些潜在益处？
  - 驾驶者的利益是否与城市可持续发展目标冲突？
  - 在不同城市环境下，交通规划的优先级应如何调整？
  - 如何通过政策和设计创新解决开车与步行之间的矛盾？

图2　课堂讨论案例

小组合作调研：通过小组形式进行的城市调研项目，学生在团队协作中运用专业知识，共同探讨和解决实际城市问题。此过程不仅锻炼了学生的团队合作能力，也加深了他们对社会责任感的认识。小组合作调研鼓励学生走出课堂，将所学知识应用于真实的城市环境之中。

情景模拟演练：课程中的情景模拟环节，如社区更新和环境管理的模拟，为学生提供了一个接近现实的实践平台[5]。学生在模拟情景中扮演不同的社会角色，体验决策过程，训练应对复杂社会问题的能力。情景模拟不仅提高了学生的实践技能，也加深了他们对社会责任的理解（图3）。

社区更新情景模拟演练

- 情景背景：一个发展迅速的城市社区面临着更新改造的需求。该社区有居民、商业业主、城市规划师、环保组织成员、政府官员等不同利益相关方。社区更新计划需要平衡各方利益，同时考虑到环境可持续性、经济发展和社会公平。
- 角色分配：
  - 居民代表：关注生活质量和社区环境。
  - 商业业主：关注商业发展和经济利益。
  - 城市规划师：负责制定社区更新规划，考虑长远发展。
  - 环保组织成员：关注环境保护和可持续发展。
  - 政府官员：代表政策制定者，需要平衡各方利益并作出决策。

演练步骤	活动内容	时间分配
角色分配	抽取角色，准备立场	-
小组研讨	讨论各自利益和更新建议	10分钟
立场展示	向市政府展示提案	15分钟
互动辩论	各角色互动，辩论利弊	10分钟
决策出台	市政府综合意见，作出决策	5分钟
集体反思	讨论学习成果和体会	10分钟

图3　课堂情景模拟案例

这五种方法手段的综合运用，构成了《城市地理学》课程独特的教学模式。案例驱动式教学和互动式教学相结合，促进了学生思维的深度和广度；实地参观和小组合作调研相辅相成，加强了学生对城市规划实际运作的理解；情景模拟演练则为学生提供了实际操作和决策的机会。这种教学模式的实施，有助于培养学生的专业知识、实践技能、团队协作精神和社会责任感，为学生未来在城市规划与管理领域的专业发展奠定了坚实的基础。通过这种综合性的教学设计，《城市地理学》课程不仅传授了城市地理学的专业知识，更重要的是，它激发了学生的内在潜能，培养了学生的综合素质，使学生能够在快速变化的城市环境中，成为具有创新思维、战略眼光和社会责任感的城市规划与管理专家。

3 《城市地理学》课程思政的实践效果

《城市地理学》课程着重于培养学生的综合分析能力和解决复杂问题的能力。通过课堂讨论、社会调研和实践活动，学生不仅学习了理论知识，更通过亲身体验和实际操作，深化了对城市地理学概念的理解。课程内容的深度和广度，以及教学方法的多样性，为学生提供了一个全面了解城市发展问题的平台，使他们能够在未来的职业生涯中，以更加专业和负责任的态度，参与到城市规划和管理工作中。通过这些教学活动，学生在认知、情感和行为三个层面都得到了显著提升。他们学会了如何在理论指导下进行实证研究，如何在实践中应用专业知识，以及如何在社会服务中体现个人价值。这些经历不仅丰富了学生的学术背景，更为他们的全面发展奠定了坚实的基础。

3.1 课堂争鸣聚思潮

《城市地理学》课程中的课堂讨论环节，采用案例驱动教学法，精心挑选与城市发展紧密相关的争议性话题，如北京城市扩张与生态平衡的权衡，以及历史文化街区的商业开发限制。这些讨论不仅促进了学生批判性思维的锻炼，而且加强了他们沟通技巧的培养。学生在多元化观点的碰撞中，学习如何在差异中寻求共识，深化对社会现象的深层次理解，从而培养了他们的辩证思维和综合分析能力（表2）。

课堂辩论题目 **表2**

序号	辩论题目
1	北京城市扩张是否应该优先考虑生态平衡而不是经济增长？
2	是否应该限制北京历史建筑区域内的商业开发以保护文化遗产？
3	提高私家车使用成本是否是解决北京交通拥堵的有效策略？
4	北京是否应该增加更多的公共空间以提升居民生活质量？
5	城市更新是否总是有利于提高社区的整体福祉？
6	北京的文化多样性是否正在被商业化和同质化所侵蚀？
7	北京周边的农业用地是否应该被保护，而非转变为城市建设用地？
8	政府是否应该对北京日益增长的居住成本采取更多控制措施？

3.2 社会调研探真知

社会调研活动在《城市地理学》课程中占据着举足轻重的地位，它不仅促使学生将学术知识应用于实际场景，而且通过实地考察深化了他们对城市复杂性的理解。在这一过程中，学生被鼓励超越传统的课堂学习模式，直接步入城市生活的腹地，进行深入的观察和研究。通过对自选的城市问题进行深入调研，学生不仅对城市发展有了更为深刻的洞察，而且在团队合作的环境中锻炼了关键的职业技能。在团队中，学生学习如何分配任务、协调工作、整合信息，并共同形成有力的调研报告。这种团队工作的经历，不仅提升了他们的组织和协调能力，也增强了解决冲突和团队内部沟通的技巧。调研过程中，学生需与社区居民、地方官员、规划师等多方利益相关者进行交流和访谈。这种对外沟通的经历，锻炼了学生的交际能力，教会了他们如何在不同的社会环境中有效地表达自己的观点，倾听他人的意见，并建立起积极的工作关系。通过这些综合性的调研活动，学生在团队合作、沟通交流、数据分析等方面得到了全面的锻炼和提升。他们学会了如何在多元和动态的城市环境中，运用专业知识和技能，进行有效的研究和规划，为城市的可持续发展作出贡献。这些经历不仅丰富了学生的学术背景，更为他们在未来的城市规划和管理职业生涯中，培养了必要的专业素养和社会责任感（表3）。

2020～2022级城市问题小组调研题目　　　　　　表3

2020级	2021级	2022级
历史文化街区文化传承与利用：以北京坊为例	什刹海街区文化传承与利用问题	基于游客感知的鲜鱼口历史文化街区的改造开发的调研
北京市南锣鼓巷周边公共空间满意度调查	城中村改造问题研究	北京老房改造问题：居民对待老房改造态度的变化——古城南路东社区
北土城西路停车问题调研	京津冀污染协同治理问题——以河北白洋淀为例	京津冀雾霾天数的空间差异及影响因素分析
海淀区学院路商场发展情况和问题研究	北京地区老龄化与养老设施建设问题	北京老房改造问题：居民对待老房改造态度的变化——古城南路东社区
回天地区居民日常行为调查	北土城西路绿化景观及交通安全功能研究	后疫情时代牛街店铺净营业额与人流变化
中轴线的认知情况调研	不同房龄、不同类型社区的老房改造问题	文理学院周边地区盲道的建设、使用、占用情况——以工作日为例

3.3　实践磨砺显担当

真实课题在《城市地理学》课程中发挥着至关重要的作用，它为学生提供了一个将理论知识与实际问题解决相结合的平台。通过参与房山受灾乡镇的规划工作，学生们不仅有机会直接介入到城市规划的实际操作中，而且在这一过程中，他们的专业技能得到了实质性的锻炼和提升。学生们学习如何运用地理信息系统（GIS）、空间分析和规划理论来解决实际问题，这些技能对于他们未来作为城市规划师的职业发展至关重要。并且学生们通过亲身参与救灾项目，体会到了作为规划师在社会发展中所承担的责任和作用，从而培养了他们对于社会服务的深刻认识和积极参与的意愿。

同样的，参与保定规划工作营和新疆和田市昆仑文化园城市设计方案征集等活动，进一步拓宽了学生们的视野，使他们能够在更广阔的社会文化背景下思考城市规划问题。这些经历教会了学生如何在个人职业发展与社会责任之间找到平衡点，如何在尊重地方特色和文化传承的同时，推动城市的现代化和可持续发展。

通过这些实践活动，学生们学会了如何在复杂的社会环境中进行有效沟通、协调资源和团队合作，这些软技能对于他们未来在多元化和跨学科的工作团队中发挥作用至关重要。总之，实践活动为学生们提供了一个全面提高自身专业素养和社会责任感的机会，为他们的职业生涯奠定了坚实的基础（图4）。

图4 城市地理学2022级研究生及2021级本科生参与房山救灾项目现场调研

4 总结与反思

《城市地理学》课程思政的设计旨在实现对学生精神世界的深刻塑造和价值观的正确引领。重点不仅在于知识传授，更在于引导学生形成深远的思考力和正确的价值取向。教师应努力将思想政治教育与专业知识相结合，以激发学生的内在潜能，培养他们成为具有社会责任感和历史使命感的新时代青年。同时，应促进学生自我潜能的最大化实现。在教学中关注学生全面发展的培养，特别是批判性思维和创新能力的培育。应鼓励学生勇于探索未知，敢于挑战自我，以期学生在个人成长的同时，能够积极影响并推动社会的进步与发展。

作为一名教师，应认识到终身学习是个人专业发展和履行职业责任的必然要求。在教育环境的不断演变中，应坚持续学习与自我更新，确保教学内容的时效性和教学方法的创新性。通过与学生的互动学习，实现教学过程中的知识与经验的相互促进，共同成长，使教师能够更有效地指导学生在个人与社会层面实现积极的转变。

参考文献:

[1] 陈郁青，叶青，余华，等."新工科"视角下理工类专业课程思政建设研究——以人文地理与城乡规划专业为例 [J]. 教育评论，2023，（12）：154-158.

[2] 潘新潮，黄丽丽.新工科背景下人文地理与城乡规划专业产教融合研究 [J]. 教育教学论坛，2023，（33）：17-20.

[3] 黄灯.我的二本学生 [J]. 人民文学，2019，（9）.

[4] 余卓芮，刘钰，沈国强，等.大数据背景下城市地理学课程互动式教学改革探索 [J]. 高教学刊，2024，10（14）：148-151.

[5] 卢杨，刘喜梅.PBL结合情景模拟教学在现代物流教学的实践路径探析 [J]. 物流科技，2023，46（10）：178-180+184.

课程思政赋能规划设计实践教学探索

刘剑刚　李　琛　陈嫒嫒

（北京联合大学应用文理学院，北京　100191）

摘　要：经过课程思政赋能规划设计实践教学改革，让学生在学习专业知识的同时了解中国城市、中国社会，增加文化自信、历史自信。实践教学将思政元素与专业知识有机融合，充分发挥学生学习的主体地位，调动学生学习的主动性，适应新时代新形势下高校教育教学工作，切实提高学生规划设计能力，形成具有特色的规划设计思政育人模式。

关键词：课程思政；规划设计；实践教学；学生样例

1　课程思政融入实践教学概述

全国高校思想政治工作会议召开以来，各高校紧紧围绕"培养什么样的人、如何培养人以及为谁培养人"这个根本问题，坚守并砥砺"为党育人、为国育才"的初心使命，把立德树人作为对党的初心使命的最高践行，把课程思政作为落实立德树人根本任务的根本举措[1]，持续深入，取得了切实成效和相关成果，在此基础上，各高校开始探索从专业思政和人才培养体系构建的层面进一步提升对立德树人根本任务的认识和实践。

目前，课程思政建设在教学实践与专业能力培养中主要有如下几个研究与探索的方向：

其一，将思政元素融入专业知识传授。西南财经大学利用课堂教学主渠道，致力于推动"思政育人"与专业教育的有机融合，将思政教学元素融入专业课程之中，寓价值观引导于知识传授之中，确保各门课都守好一段渠、种好责任田，形成协同效应[2]。

其二，开设具有显著思政特色的专业课程。在这方面上海高校处于领先地位，复旦大学的"治国理政"、华东理工大学的"绿色中国"、上海师范大学的"闻道中国"、上海城建职业学院的"中国城事"等均为具有显著思政特色的专业课程，掀起了一股热潮。这些课程在组织保障、教学方法、课程选题、教师队伍等多方面进行了创新[3]。

其三，专业课程群思政育人的探索。沈阳工业大学通过抓好专业课程教学主渠道推进大学生思想政治教育工作，培养高素质人才。例如建筑与土木工程学院以规划设计类课程为研究对象，通过不同版块的改革实施，探讨课程思政的开展与优化，健全课程思政的育人体系，为新时代高校思想政治工作提供有益的探索和借鉴。

作者简介：刘剑刚（1972—），男，河北昌黎人，硕士、副教授。主要研究方向为城市设计与历史城市保护。

资助项目：北京联合大学2024年高阶综合性课程建设项目"城市解读与规划设计"；北京联合大学2024年教育教学研究与改革项目"基于科教融合的人文地理学协同育人模式探索"（JJ2024Y004）。

其四，构建思政育人的专业人才培养体系。根据专业特点，构建起全员、全程、全方位育人的专业思政建设格局，形成专业思政与人才培养的协同效应，让学生在专业学习的全过程中获得受益终身的思想和观念，提高学生的综合素养。

2 规划设计实践教学改革基本内容

规划设计是人文地理与城乡规划专业培养学生应具有的核心能力之一，能力的培养均有相应的课程群支撑。其中，城市设计课程是培养规划设计能力的主要课程之一，进行了初步的课程讲授和设计实践整体教学设计。将课程思政理念贯穿于课程大纲要求的知识、应用、整合、情感、价值、学习六维目标中，形成循环递进的全过程课程思政。

在知识层面，主要结合城市设计的历史与理论，融入城市营造的中国智慧和中国气派；

在应用层面，强调通过城市空间分析与设计实践，传承中国城市文脉；

在整合层面，统筹城市的空间环境、社会历史与人的活动，倡导人、城市、自然的和谐共生；

在情感层面，鼓励合作交流与表达展示，传播积极向上的正能量；

在价值层面，探索城市的多元属性与价值，感受在中国城市发展进程中折射出的时代变迁和历史成就，激励青年奋斗；

在学习层面，始终关注城市设计理论与实践的发展前沿，在不断学习中去理解思考，去探索创新，形成新的知识生产。

从而使课程思政与规划设计能力培养融合发展，力争取得更好的教学效果。

从人文地理与城乡规划专业的规划设计能力的培养特点来看，城乡规划设计具有很强的综合性和实践性，涉及政治、经济、文化和社会生活等各个领域。课程思政的目的在于让学生能够正确认识城乡规划工作，在于培养出能够在城乡规划设计工作中的综合性人才，要实现其目的，不仅需要扎实的理论基础，还需要学生对城乡规划设计工作具有强烈的认同感，对城乡规划设计工作持有正确观念。立足新时代，从行业需求、专业建设、课程体系、教师队伍、学生学习等角度考虑，课程思政对提升学生的规划设计能力具有重要作用。

2.1 明晰规划设计课程与思政育人的内在联系

历经多年发展，人文地理与城乡规划专业的规划设计课程形成了"规划设计理论、城市文脉解读、城市空间分析、综合设计实践"四个知识技能模块，从不同角度多个层面讲述城市发展故事、解读规划设计原理、训练规划设计技能、展示未来城市蓝图。在此基础上，进一步总结城市发展规律，探索新时代规划设计的本质特征和价值意义，明晰课程思政在知识模块之间的内在联系和主要任务。

2.2 创新规划设计课程思政的教学方法

基于课程思政、专业思政一体化建设的教学要求，将思政元素与专业能力培养有机自然交融，采用互动式教学方法，将理论知识教学与案例教学讨论相结合，理论知识教学讲究模块化和情景化，实践课程教学实施项目工作室体制，加强学生自主研究的能力。

2.3 实施文化涵养行动，深化课程思政的教学设计

坚持教育者先受教育，教师以深挖城

市文化为抓手，强化课程教学的思想性、专业性和文化性，充分体现授课教师的教育理念和学识境界。课堂从校内延伸到城市、乡村、社会，让学生走进城市空间、街道社区、历史场所，感受城市脉动，品读城市文化，达到体验、情感和领悟的统一。

2.4 开展特色规划设计实践，提升学生专业能力

进行规划设计实践是提高学生规划设计能力的有效途径，课程将继续紧紧围绕北京城市发展、历史文化名城保护、全国文化中心建设、乡村振兴等首都发展的实际问题，结合主讲教师的科研项目，开展富有特色的规划设计实践选题，力争取得更好的教学效果。同时，规划设计实践活动也是实施课程思政的重要途径，通过实践的开展和创新，能够让学生对城乡规划设计工作的现状、目标、难点等内容有更加直观、更加深刻的了解，在实践过程中进行思政教育，能够让他们意识到规划设计工作对促进国家发展的重要意义，增强职业荣誉感，涵养家国情怀。

3 历史文化街区保护与更新规划实践案例教学分析

3.1 教学过程

3.1.1 教学组织

城市解读与规划设计是北京联合大学人文地理与城乡规划专业本科"规划设计"大课程群的重要组成部分，属于集中实践课程。课程安排在三年级的春季学期的期末，教学周期为连续两周，分为城市解读和规划设计两个阶段，教学形式是以规划设计工作小组为基本单位，辅以专题讲座和过程指导。每个工作小组包括一名指导

教师、4~5位学生。历史文化街区保护与更新规划是该课程的重要内容，内容涵盖历史文化街区保护与更新理论、调研与分析方法、特色空间设计、交通组织、景观设计等，逐步推进实践教学的深入。

3.1.2 教学目的与要求

1. 教学目的

培养学生了解和掌握历史文化街区的基本概念、理论及一般编制程序、内容和方法。

使学生掌握对街区土地利用、建筑现状、公共设施、开敞空间、综合交通等系统的建构。

培养学生对历史文化街区空间形态的综合把握能力。

提高学生对城市建筑群体空间的塑造和整体形态的把握能力。

培养学生对城市历史文脉、城市文化资源等问题的发掘、观察和分析能力，鼓励从人的活动角度入手提出解决方案。

2. 教学要求

注意把握整体和局部的关系，正确处理好城市整体空间与历史街区空间、历史街区整体空间与建筑局部空间之间的联系与整合。

在综合考虑街区现状利用状况、资源环境的基础上，合理安排街区的更新和利用方式。

把握人的行为模式和活动规律，展现历史街区场所精神和风貌特色，从历史、环境、文化等角度入手，确定清晰合理的功能布局、空间结构，延续富有特色的整体空间形态。

优化道路系统，组织街区内外有效的交通系统，尤其是慢行体系与机动车组织问题的解决。

构建安全宜人的开放空间与绿化系

统，营造有序活跃的景观界面。

3.2 作业案例：法源寺历史文化街区保护与复兴规划

3.2.1 地段位置与面积

法源寺历史文化街区位于北京老城西南部，隶属于北京市西城区，规划范围北至法源寺后街，东至菜市口大街，南至南横西街，西至教子胡同。规划区用地面积约为 20 万 m^2，规划区内包括了大量对规划设计有重大影响的保护保留建筑。

3.2.2 地段概况

该地段位于明清北京外城宣武门以南，菜市口西南面，是北京历史最悠久的古老街区之一，早在唐幽州、辽南京和金中都时期该街区就已存在。该街区保留有北京难得的唐 - 辽 - 金街道和胡同遗存。地段内有北京城内巨刹法源寺（唐代初建时称悯忠寺），又有北京最古老的清真寺——牛街礼拜寺。此地在清代形成大量会馆建筑，是北京宣南文化的重要代表，至今存有大批会馆和名人故居。此外，牛街地区还是北京最著名的穆斯林聚居地。整体看来，该地区拥有极为深厚的历史积淀和丰富的文化内涵，以及多元的城市要素。

该地段目前存在下列问题：

（1）整个地段内新旧建筑混杂，缺乏统一的城市肌理和风貌；

（2）除了法源寺和牛街礼拜寺之外，大批会馆和名人故居沦为大杂院，保护状况极其堪忧，与该地区深厚的历史文化积淀极不相称；

（3）法源寺历史文化街区内的胡同、四合院普遍老化，市政基础设施落后，人口拥挤，大部分四合院沦为大杂院，生活条件、居住环境与空间质量均较差；

（4）周边新建街区缺乏城市设计引导，高楼林立，严重破坏历史文化街区周边环境的景观风貌。

3.2.3 保护内容

保护内容可归纳为历史建筑、街巷格局、空间肌理及景观界面等三方面内容。

1. 历史建筑

有两类建筑需要重点保护，一类是必须保护的各级文物保护单位，它们必须符合文物保护单位的保护要求；另一类是反映地区历史风貌和地方特色的建筑。后一类保护建筑的数量在历史文化街区中占绝大多数，它们的保护应该结合居民生活的改善进行，以保持地段的生活活力。

后一类建筑的保护方式一般概括为整体保存和局部保存两种。整体保存是指在不改变被保护建筑原有特征的基础上，对建筑的外观和内部进行修缮、整治，对建筑整体结构进行加固，对损坏部分进行修复。局部保存是指保留被保护建筑中体现历史风貌的最主要要素，如立面、屋顶、墙面材料和建筑构件等。针对不同的情况保留部分要素，并对保留的部分进行修缮，同时对建筑进行不改变原有形象特征的改建。

2. 街巷格局

街巷格局是构成城市纹理并体现街区个性的重要因素。保持街巷的格局应该考虑街巷布局与形态、街巷功能和街巷空间及景观三个方面。街巷的布局与形态主要包含街巷网络的平面布局特征、主次街巷的相互连接关系、街巷的分级体系和街巷空间的层次关系。一般情况下，历史文化街区的街巷形态不应改变，同时街巷的功能应该在原有的主体功能的基础上予以扩展，街巷的尺度、界面和空间标志物应予以保持和保留。

3. 空间肌理及景观界面

空间肌理及景观界面是体现街区风貌特征的重要部分，也是组成街区纹理的重要因素，两者是相辅相成的。空间肌理由城市各个层次的空间关系与形态、各种空间在城市空间肌理及城市生活中的地位与作用以及其中的活动等要素构成。景观界面包括开放空间周围的界面，主要景观视线所及的建筑、自然界面以及街巷界面。它不仅集中表现了一个城市的精华和特点，同时也展示了城市的文化。

空间肌理的保护重点在于空间功能和形态、空间联系的结构关系和界面的景观特征的保持。因而，空间肌理和景观界面的保持往往结合建筑保护进行。

3.2.4 规划引导

通过现场调研及相关研究分析，以北京老城整体保护为根本原则，结合此地段的特殊情况，围绕地段内的古老街巷格局、法源寺、牛街礼拜寺、宣南会馆及名人故居等重要元素，提出这一历史文化街区"共生·共享"保护与复兴的规划设计方案。

重点考虑以下因素：

（1）古老街巷：结合辽南京和金中都的城市历史和考古地图，确认地段内的古老街巷和胡同，加以严格保护和修缮。

（2）文化复兴：系统调查地段内的历史文化资源，尤其是大量会馆和名人故居，以此为该地段整治和文化复兴的基本出发点，同时兼顾牛街穆斯林传统文化的保护。

（3）宜居街区：结合对现有建筑遗产的保护，以及胡同、四合院的微循环渐进式改善，重塑历史文化街区的宜居环境。

3.2.5 作业选例

学生姓名：邢佳萌、庄妍、闫子鸣、尹佳晨。

指导教师：刘剑刚、李琛、陈媛媛。

（1）区域分析：从区域、城市、地区层面分别分析基地的区位特点、功能与空间关系、交通条件、历史文化演进等内容。

（2）现状研究：地形地貌、用地性质、公共设施、人口分布、建筑状况、交通组织与设施、绿化植被、景观视线、自然与历史人文资源。必要时进行访谈和问卷调查。

（3）现状建筑评价：建筑质量、建筑层数、建筑风貌、综合评价，提出保护、保留、改造、拆建建筑等（图1、图2）。

（4）定位与功能：基于多角度多路径，分析总体定位，提取街区特色，凝练设计概念；基于定位与特色，进行功能策划与功能空间分区（图3）。

（5）专题研究与规划

根据定位和特色选择深入研究的专题内容，并开展专题规划（图4、图5）。

（5）规划系统建构：总体框架布局、公共空间设计、交通空间设计、景观控制等（图6、图7）。

4 教学评述

通过课程思政赋能规划设计实践教学改革探索，将思政元素融入规划设计能力培养课程体系，阐述规划设计与人、规划设计与社会、规划设计与文化、规划设计与城市、规划设计与生态的关系，确立以人为本、服务社会、传承文化、读懂城市、尊重自然的正确的规划设计创作之路，切实提高学生的规划设计能力和规划设计水平。从提高和拓展规划设计能力的视角，以课程思政引领课程建设与教学改革，注重实效，探索课程思政建设在专业能力培养方面的特色模式和有效途径，具有教学改革的现实意义和教学研究的理论价值。

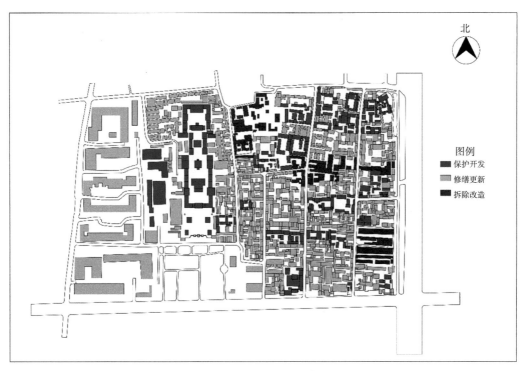

图1 法源寺历史文化街区建筑现状分析图

图片来源：邢佳萌、庄妍、闫子鸣、尹佳晨规划设计作业。

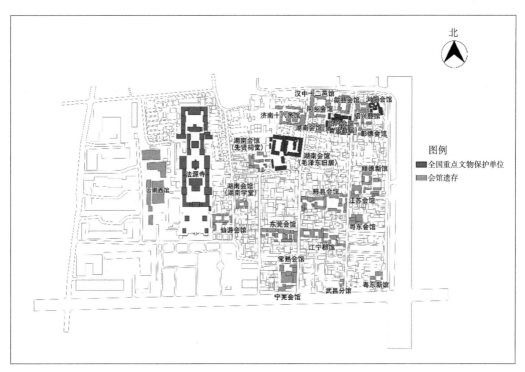

图2 法源寺历史文化街区会馆建筑现状图

图片来源：邢佳萌、庄妍、闫子鸣、尹佳晨规划设计作业。

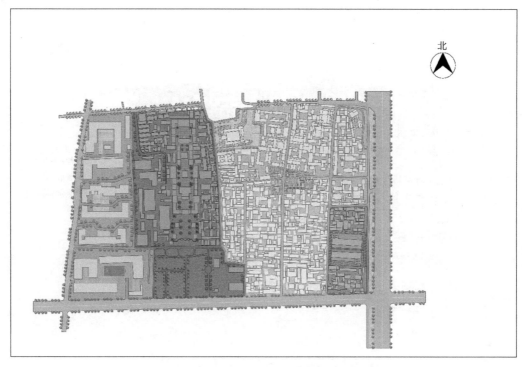

图 3　法源寺历史文化街区功能分区规划图

图片来源：邢佳萌、庄妍、闫子鸣、尹佳晨规划设计作业。

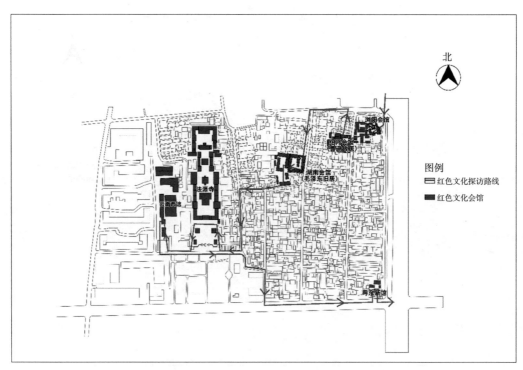

图 4　法源寺历史文化街区红色文化探访线路规划图

图片来源：邢佳萌、庄妍、闫子鸣、尹佳晨规划设计作业。

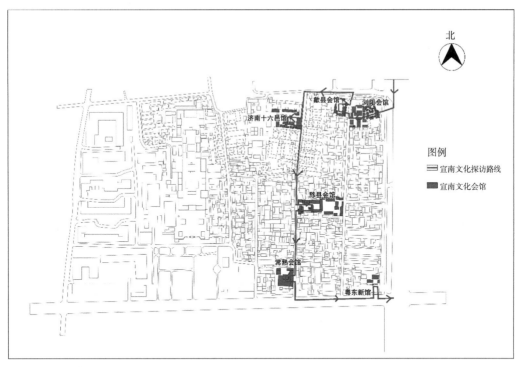

图 5 法源寺历史文化街区宣南文化探访线路规划图

图片来源：邢佳萌、庄妍、闫子鸣、尹佳晨规划设计作业。

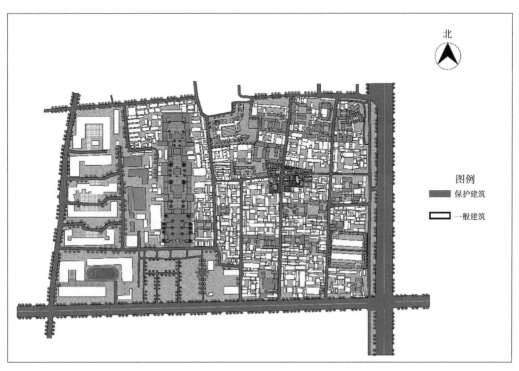

图 6 法源寺历史文化街区保护规划总平面图

图片来源：邢佳萌、庄妍、闫子鸣、尹佳晨规划设计作业。

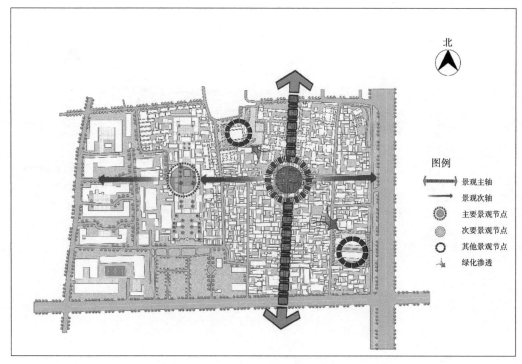

图 7　法源寺历史文化街区景观分析图

图片来源：邢佳萌、庄妍、闫子鸣、尹佳晨规划设计作业。

参考文献：

[1] 习近平 . 全国高校思想政治工作会议讲话
　　稿 [N]. 新华社，2016-12-8.

[2] 李晓东，周洪双 . 将思政元素融入专业课
　　教学 [N]. 光明日报，2019-9-18.

[3] 褚敏 . 上海城建职业学院课程思政丛书 中
　　国城事 [M]. 上海：上海交通大学出版社，
　　2019.

"＋文化"引领下《地图学》实践教学体系建设

付　晓　周爱华　黄建毅　陈　静　刘贵利

（北京联合大学应用文理学院，北京　100191）

摘　要：文化自信是党的十八大以来重要的文化理念和指导思想，也是高等教育课程思政中重要的着眼点。《地图学》是人文地理与城乡规划专业和地理信息科学专业的学科大类基础课，其课程地位和重要性不言而喻，经典的《地图学》教材普适性较好，但教学内容比较陈旧，实践教学环节针对性不强，特别缺少文化元素，已经不能适应新时代应用型地理学科人才培养的需求。针对上述教学痛点，该研究立足《地图学》课程的基本原理与基础知识，以学生科研项目为抓手，以"＋文化"为引领建立《地图学》课程实践教学体系，通过人文知识储备、文化数据采集、文化信息产品呈现等多个环节，进行地图学与地理信息专业技能和文化感知的深度融合，在实践教学过程中增强学生的文化自信，提升人文北京感知能力，改进专业建设模式，专业技能服务于北京三个文化带建设，开拓了课程思政在理科教学中的新思路新方法，实现教育教学的多重效应。

关键词：地图学；文化感知；地理信息服务；实践教学；文化自信

0　引言

课程思政是高校以习近平新时代中国特色社会主义思想为指导，以习近平关于教育的重要论述为根本遵循，落实立德树人的根本举措，是构建德智体美劳全面培养的教育体系和高水平人才培养体系的有效切入，是完善全员全过程全方位"三全育人"的重要方面[1]。在专业建设特别是实践教学改革中，许多高校积极探索课程思政的实践模式，将思想政治教育融入实习实践[2-16]。文化是一个国家、一个民族的灵魂。古往今来，世界各民族都无一例外受到其在各个历史发展阶段上产生的精神文化的深刻影响。坚定文化自信，是事关国运兴衰、事关文化安全、事关民族精神独立性的大问题。党的十八大以来，习近平总书记多次提到核心价值观和文化自信。文化自信作为课程思政的一个重要着眼点，也体现在高等教育的各个方面。北京联合大学根据"立足北京，研究北京，服务北京"的应用型大学定位，努力探索符合本校特色的课程思政体系，以人文北京为引导的课程思政建设正在积极的开展当中[1,2]。

课程思政不是简单的"课程＋思政"，不能将课程与思政视为两种不同的教学内容或教学目标，也不是课程"思政化"或者"去知识化"，而是对包括思政课在内的所有课程发挥育人功能的新要求[2]。同

作者简介：付晓（1977—），女，四川成都人，博士、副教授。主要研究方向为 GIS 与城乡生态。
资助项目：2023年北京高等教育"本科教学改革创新项目""'价值引领、实践创新、多轮驱动'地理学类一流专业协同育人模式研究"（202311417002）。

样，京味文化作为思政元素，也不是简单地将文化"说教"或"生硬"地嫁接到课程教学中去，而是在挖掘课程所蕴含的文化元素基础上对课程内容进行重新认识和重构再造[1-16]。建立以"+文化"为引领的地图学野外实践教学体系，在文化的穿针引线之下践行文化自信，进行课程思政，在本科导师制的背景之下，尝试采用小组教学年级混编的方式进行实践教学，以实现专业文理融合取长补短的教学效果。

1 地图学野外实践教学的创新探索

1.1 以学生科研项目为抓手，有的放矢

科学研究是大学教育的驱动力，带着任务去思考，在实践教学中寻找答案。改变过去以经典实习教材为内容的泛泛式讲授方式，对实践教学的体系和内容进行重新打造。根据研究基础与社会需要，围绕北京三条文化带的规划与建设，深入挖掘地域文化特色，设计具有文化主线的地理数据采集、管理、发布等一整套内容。以应用型人才培养的办学理念为引导，围绕地图学的核心内容，结合社会实际需求，以学生为中心，指导学生申请多项启明星课题及北京联合大学文科创新性实验项目，主要有"北京西山历史文化地图设计与实现""西山故事系列文创地图设计""门头沟长城沿线村落文化遗产保护与主题路线设计""寻找山水诗画中的西山永定河"等。

以科研项目为抓手，使学生有目的有计划地开展实践教学活动，在过程中培养学生的研究兴趣，激发学生主动学习能力及文化感知能力。以项目为基础，聚焦北京三条文化带，建立以区域自然人文基底调查为基础，以历史文化保护传承信息化建设为主要内容，以保护发展专项规划为

目标，以多元化呈现为特色的文化地理信息实践教学体系。以文化引领实践教学的教育理念，将地图学与地理信息专业技能和北京地域文化研究有机地结合起来，将所挖掘的文化元素有机融入课程教学，实现所讲授课程在思想政治教育和知识体系教育上的有机统一，体现地理学研究的综合性和实用性，实现人文地理与城乡规划专业和地理信息科学专业实践教学的多维人才培养目标，进而达成育人和育才的统一。

1.2 以文化为引领，建立文理交融的实践教学体系

在实践教学的各个阶段，通过普及人文知识、采集文化数据、制作文化信息产品等方式，补齐文化这块短板，夯实专业技能（图1），紧紧围绕科研项目的需求开展实践教学活动。

首先，重视实践教学路线及实践目的地的选择，不仅考虑自然环境，也考虑其文化底蕴，西山永定河文化带域内资源众多，不能面面俱到，在多次学术考察的基础上，选择门头沟区永定河沿线进行实践教学，并以比较有代表性的村落为重点历史文化资源考察目的地。通过区域点、线、面的结合，深挖考察线路及考察点的历史文化特色，丰富实践教学的内容与层次。

其次，重视文献收集及人文知识铺垫，在实践教学之前，组织学生收集大量的历史文献及古地图，推送图文并茂的书籍，激发学生的求知欲。最关键的是，充分发挥地理学文理综合的特点，结合课堂内容，野外实地考察加以文学描述，通过查勘地质构造讲述西山永定河亿万年的演化历史，观测地势地貌讲述太行八陉、神京右臂及北京湾的由来，攀爬长城敌台感受军事建筑融入山川形胜的设计理念。

再次，注重文化的相通性，不同年级学生在专业技能上有不同的水平，但文化感知是相通的，通过引导话题展开讨论，寓教于乐而不是简单的知识堆砌，加深学生对专业知识及中华传统文化的理解。

最后，实践教学中贯彻全员全过程全方位的思政理念，前期文献收集，进行广泛而深入的讨论与学习，让学生主动去寻找资料，挖掘文化元素，提出自己的见解。实地考察阶段，围绕历史文化主题，设计考察线路，制作信息采集表，在实践中加以完善，后期专项规划及产品呈现阶段，充分发挥不同层级的专业技能，开展组内合作，不仅追求地理信息技术的完成度，同样对文化要素挖掘有更多的要求。

图 1 "+ 文化"《地图学》课程实践教学体系

1.3 以专业技术为基础，学以致用

地理信息技术作为一个行业来讲，具有基础性、战略性、应用广泛性、高新技术密集等特点，在地理信息强国的大背景下，地理信息技术已经深入到人文地理与城乡规划的各个领域。

通过实践教学，树立"以学生为本，突出学生在实践教学中的主体地位"这一现代教学的根本理念，突出主体，帮助学生主动建构科学的知识体系；突出手、脑并用，促进理论与实践结合；突出研究探索，培养学生分析解决问题的能力；突出综合设计和多元分析结合，提高学生综合素质；突出知、情、意、能的高级复合作用，

引导学生进入更高的境界。在教学方法上，全面实施以基于问题、基于项目、基于地理问题的教学方法改革，实行小组教学，注重学生的团队学习、团队研究和团队协作，引导学生自主学习、主动实践，全面推进创新人才培养模式的改革。着眼点放在努力为学生提供有意义的学习经历，培养学生学习、探求、参与的积极性，使学生能根据自己的能力自主开展学习，养成自主学习的习惯，而且不是靠老师消化之后传授给学生。建立以"自主式的教学活动""多层次的实践形式""综合性的能力培训"和"多维化的考核方法"为特征的实践教学模式。

在实践教学过程中对标行业需求，将各项专业技能有机串联[11-15]，贯穿始终，以小见大，实现文化地理信息数据库与文化带规划建设的目的。从数据流程角度出发，主要分为资料准备阶段、文化数据采集阶段及信息产品呈现阶段三个过程，每个过程环环相扣，相互联系。前期，资料准备阶段，不仅通过传统手段收集历史地图、社会经济统计资料，下载遥感影像，也利用数据抓取等新方法收集分析微博大数据及百度热力图，了解大众对文化带的感知。采用基础实践教学加专题实践教学的模式，通过传统资料收集方式与新的数据挖掘方式的结合，加深了对多源数据的认知。

中期，野外数据采集阶段，在实地开展地图识图任务，理解抽象的地图符号与地理实体之间的对应关系，对照自然人文要素，进行简要的地质地貌、土壤分析、植被分析等，理解长城关口选址依据及村落的历史缘由及村落布局依据。筛选历史文化特征点，进行 GPS 点采集及路线采集，并根据实践内容手绘认知地图。重点开展长城敌台等特征点的无人机摄影，通过倾

斜摄影和三维建模技术对门头沟段长城部分敌楼和周边村落进行数字化建模与分析（图2），对长城的文化价值进行保护性挖掘。在实践教学中，与下载遥感影像进行常规处理相比，无人机摄影更加强调操纵能力与数据处理能力，也更加有吸引力。

后期，信息产品呈现阶段，充分发挥专业特长，进行研究区的多数据集成。建立历史文化地理信息4D产品（数字正射影像、数字高程模型、数字线划图、数字栅格图），建立历史文化保护传承信息网络数据库，建立传统村落虚拟现实平台，创建历史文化专题在线地图，根据不同项目需要创建多元产品，为后续的文化带资源普查及文化带发展规划提供了坚实的基础。

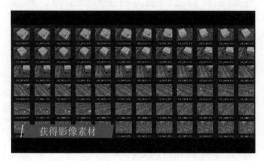
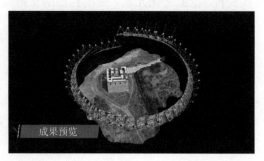

图2　无人机倾斜摄影成果

2　以文化人，《地图学》实践教学的创新成效

实践教学是课堂教学的延伸和补充，在教学实践中始终坚持从课堂中来，到课堂中去的原则，以文化为主线，重构实践教学体系，更新实践教学内容，以适应新时代背景下地理信息技术创新赋能的需要，实现了专业技能与文化感知的深度融合和叠加效应。从文化感知能力、专业建设模式改革、专业服务社会能力、思政方法探索等多个方面都有一定的创新成效。

2.1　增强学生的文化底蕴与文化自信

通过对北京西山永定河文化带、长城文化带、大运河文化带等区域的实地走访，加深了对北京三条文化带的地理认知，对天人合一、长城文化、皇家园林文化、大运河文化等中华传统文化有了更深入的理解，对红色文化、生态文明建设等脱胎于传统文化的社会主义先进文化有了更深入的感受，增强了同学的文化自信，并对未来的发展充满信心。同时，对文化源地、文化传播、文化整合、文化景观等文化规划与文化地图中的概念有了更深的认识，对使用地图学工具进行文化地理研究及地方文化建设有了更直观的感受。

2.2　学生发表学术论文，扩大专业影响力

过去的《地图学》课程实践教学，往往强调数据采集与技术流程，以文化为引领的实践教学体系，以文化人，文以载道，将课堂讲授中抽象的数据，转化为野外考察中看得见摸得着的文化遗迹，而地形分析、连通性分析、可视域分析等地理信息专业工具，也能在长城敌台选址等野外考察中得以使用和验证。从兴趣出发，从实践出发，知识传授变得更加鲜活生动，激发了学生们的学习热情。实践教学验证了无人机倾斜摄影与三维建模技术在遥感测

量领域的可行性，同时使学生更加熟练掌握遥感测量的技术手段，探究遥感测量技术的革新，发掘优势，寻找不足，并进一步展望未来技术的革新方向。在此基础上，指导学生自己撰写学术论文，先后有3名学生发表相关论文，并在国际会议上宣读，进一步扩大了专业影响力。

2.3 专业技能服务社会，为三个文化带建设提供技术支持

研究长城文化，发掘北京的历史人文，科技的进步让我们可以对文物古迹进行更深入的研究以及更全面的保护。创建长城文化带数字档案，构建长城数字文化，保留和发扬长城文化带的历史文化内涵。在实践教学中，学生们在老师的指导下，充分发挥自己的文化创意，结合地图学与地理信息技术专业技能，创作了大量的文化信息产品，如"西山故事"系列文化地图、传统村落三维模型、长城数字化影像库、游客大数据分析集等，科研反哺教学，教学促进科研，这些实践成果都真真切切服务于北京三条文化带建设的发展规划，为文化带建设提供新的思路与启发。

2.4 开拓课程思政在理科教学中的新思路与新方法

实践教学是课堂教学的集中展现，理清专业课程之间的逻辑关系，深入挖掘各门课程所蕴含的思想政治教育元素，以文化为引领，以项目为导向，将各种思政元素进行有机组合，依据"挖掘、融入、教育者先受教育"的理念，教师首先加强政治思想学习，通过实践教学传递给学生，反过来学生在实践过程中提出新的需求又能带给老师新的启发，实现螺旋式上升，结合课程、专业以及学科的实际，增强课程的育人功能，为开展课程思政夯实基础，

优化教学设计、教学结构和教学过程，提升课程的育人功能，做到春风化雨、润物无声。

通过《地图学》这门基础类课程的实践教学改革探索，进行理念创新与体系重构，内容设计紧贴时代需求，实践教学过程凸显新方法新技术，教学成果凝练成学术论文，最终实现"课程＋文化"，进一步实现"专业＋文化"，以达到具有学院特色的"文理交叉，文化培元"的教学目标。

参考文献：

[1] 韩宪洲.深化课程思政建设需要着力把握的几个关键问题[J].北京联合大学学报（人文社会科学版），2019，4（2）：1-6.

[2] 韩宪洲.课程思政方法论探析——以北京联合大学为例[J].北京联合大学学报（人文社会科学版），2020，4（2）：1-6.

[3] 李新伟.地理信息科学类"教学条件及实践教学"环节评估[J].北京测绘，2021，35（12）：7-9.

[4] 范孟会.我国地理信息科学专业实践教学研究进展[J].中国市场，2016，（32）：238-239.

[5] 邱银国，鲁立江，刘吉凯，等.地理信息科学专业"地图学"课程教学优化与实践[J].安徽农学通报，2016，22（22）：122-123.

[6] 李军，刘睿，张虹.地方高师院校地理信息科学专业实践教学体系研究[J].开封教育学院学报，2017，37（7）：108-110.

[7] 李军，刘睿，张虹.本科生导师制下地理信息科学专业实践教学模式的研究[J].高师理科学刊，2017，37（8）：107-110.

[8] 张冬有，郝冬梅.地理信息科学专业学生实践技能体系建设[J].继续教育研究，2017，（11）：25-27.

[9] 郑贵洲，林伟华，彭俊芳.地理信息科学专业多层次实践体系构建及学生综合能力培养[J].测绘与空间地理信息，2018，41（2）：14-17+23.

[10] 李玲，刘正纲，王崇倡.面向地理信息科学专业的计算机制图实习改革与实践[J].测绘工程，2018，27（3）：77-80.

[11] 刘远刚，何贞铭，蔡永香，等.地理信息科学专业《数据结构》课程教学改革与实践[J].电脑知识与技术，2017，（6）：96-97.

[12] 王成武，唐章英，汪宙峰，等.双创背景下地理信息科学专业的实践教学环节的优化与整合[J].教育教学论坛，2017，（8）：163-164.

[13] 沈敬伟.地理信息科学专业数据结构课程教学内容改革实践[J].教育界：高等教育，2016，（11）：78-78+81.

[14] 姜宇榕，刘彦文，周霞，等.湖北科技学院地理信息科学专业建设的思考与实践[J].湖北科技学院学报，2018，38（1）：133-135+144.

[15] 陈哲夫，陈端吕，彭保发.多主体协同视域下地理信息科学专业实践教学平台构建[J].黑龙江科学，2019，10（3）：1-4+7.

[16] 徐进，李颖，陈澎，等.突出航海特色的地理信息科学专业实践教学改革[J].航海教育研究，2016，33（1）：94-97.

跨学段北京优秀传统建筑艺术美育实践

刘剑刚　张宝秀　李　琛　陈媛媛　叶盛东

（北京联合大学应用文理学院，北京　100191）

摘　要：建筑艺术教育是实施美育的重要手段，具有特殊魅力。实践教学依托规划设计类专业课程，坚持走读北京，将校内课堂知识传授与校外实地现场体验相结合，在潜移默化中对学生进行情感的陶冶、健康审美力的培养和健全人格的塑造。实践教学将优质美育教学资源下沉到中小学，形成了大中小学融合的跨学段联动的美育实践体系和涵盖研究生、本科生、中学生、小学生的美育学生群体。

关键词：建筑艺术；美育；学段衔接

　　"跨学段北京优秀传统建筑艺术美育实践"是北京联合大学应用文理学院人文地理与城乡规划专业美育教育实践方面的创新探索项目，主要依托规划设计类专业课程，强化课程教学的艺术形象性、情感体验性和文化感染性，并将课堂从校内延伸到校外，带领学生走读北京，从美育角度出发，引导学生品读北京优秀传统建筑艺术，继承弘扬中华美育传统，达到体验、情感和审美的统一。同时，发挥教学资源优势和教学团队教师的专业学识，将教学资源共享到中小学，与地处"三山五园"核心区域的北京市八一学校附属玉泉中学合作开发了《三山五园的园林之美》校本美育课程，指导海淀区花园路学区的小学生进行"三山五园园林建筑艺术"研究项目，形成了大中小学融合的学段衔接的美育实践体系和涵盖研究生、本科生、中学生和小学生的美育学生群体。

1　实施背景

　　美育是党的教育方针的重要组成部分。学校美育工作是立德树人、培根铸魂的事业。以习近平同志为核心的党中央高度重视学校美育工作，明确提出"改进美育教学，提高学生审美和人文素养"要求，明确以立德树人为根本，以社会主义核心价值观为引领，以提高学生审美和人文素养为目标，弘扬中华美育精神，以美育人、以美化人、以美培元，把美育纳入学校人才培养全过程，贯穿学校教育各学段[1]。

　　建筑艺术教育是实施美育的重要手段。建筑艺术教育包括建筑设计创作与建筑艺术欣赏，也就是通过建筑设计创造的实践培养学生的审美能力，通过对建筑艺术作品的鉴赏活动提高其审美能力。二者的途径不同，但培养审美力的目的却是一致的。比较起来，在建筑艺术教育中，建

作者简介：刘剑刚（1972—），男，河北昌黎人，硕士、副教授。主要研究方向为城市设计与历史城市保护。

资助项目：北京联合大学2024年高阶综合性课程建设项目"城市解读与规划设计"；北京联合大学2024年教育教学研究与改革项目"基于科教融合的人文地理学协同育人模式探索"（JJ2024Y004）。

筑艺术欣赏比设计创作运用得更为广泛普遍。一般说来，当我们谈到建筑艺术教育时，通常就是指通过建筑艺术欣赏的途径所进行的审美教育[2]。

建筑艺术是一个真实的生活场所，其具体的空间、形象、构造方法透露出各种文化、历史、科技、美学和艺术的信息。北京是一座建筑遗产极其丰厚的历史名城，拥有全国最集中的众多建筑艺术精品，更代表了明、清两朝，即中国古代建筑发展最后一个高峰期的最高水平。无论是北京中轴线上的宫殿建筑、坛庙建筑、城门城墙、钟楼鼓楼，还是三山五园里的皇家园林建筑，以及以北京胡同四合院为代表的民居住宅，都取得了当时中国建筑的最高成就。将学生领入这一个无限神奇、动人心魂的绝美的建筑艺术世界，常常能激发学生的学习兴趣，增强民族文化自豪感，在潜移默化中进行了情感的陶冶、健康审美力的培养与健全人格的塑造，可以收到极好的美育教育实践效果。

2　做法与特色

2.1　实施美育涵养行动，完善专业课程美育建设体系

教师是知识的传播者和课堂的管理者，只有教师足够重视美育，才能统筹全局，从备课、授课全方面渗透美育，使美育有所成效。因此，坚持教育者先受教育，提高教师的专业素养和道德、美学素养，教师以深挖建筑美学与建筑文化为抓手，强化课程教学的形象性、审美性和文化性，充分体现授课教师的美育理念和审美境界。

加强美育的渗透与融合，课程建设是重点，紧紧抓住课程这一关键要素和环节，历经探索，北京联合大学人文地理与城乡规划专业的"跨学段北京优秀传统建筑艺术美育实践"结合专业能力培养，形成了以《建筑学基础》《中国古代建筑》《景观设计》《城市景观鉴赏》《走读北京》《旅游规划》等为主的优秀传统建筑艺术品读课程模块，多角度多层面讲述建筑艺术观念、建筑美感特征、建筑审美变异、展示中华优秀美育精神。在此基础上，进一步总结建筑艺术发展规律，探索新时代优秀传统建筑艺术美学的本质特征和价值意义，明晰美育在专业知识模块之间的内在联系和主要任务。

2.2　实地探访经典建筑，开展现场沉浸式教学

建筑是空间和时间的艺术，走出教室，走出校园，能够亲临现场，用手触摸，用脚丈量，用心感受，才是最深入的鉴赏方式和美育教学。所以，我们带领学生走进北京优秀传统建筑，发掘中国建筑之美，体验人与建筑的和谐关系。从而激发学生的学习兴趣和学习主动性，提高学生的文化自信、审美能力和人文素养。

2.2.1　走读北京中轴线，感受建筑空间序列之美

北京是世界著名古都，位居第一批国家历史文化名城之首，北京中轴线是凸显北京历史文化整体价值的重要载体，是北京这座世界著名古都的建城基准和肇始之轴，是北京历史文化名城空间格局和空间秩序的灵魂和脊梁。建筑是凝固的音乐。北京中轴线就好像是交响乐的三个乐章：南段永定门至正阳门是序曲；中段以紫禁城为核心，从正阳门至景山，是全曲的高潮；北段景山至钟鼓楼是尾声，距离很近的钟鼓二楼是全曲结尾的两个有力的和弦。全曲结束以后，似乎仍意犹未尽，又

通过北面的安定门、德胜门两座城楼，将气势发散到遥远的天际，回声荡漾，久久不绝。通过走读北京中轴线，增强了学生对建筑空间审美的领悟和理解。

如图1所示，张宝秀教授为北京联合大学研究生和本科生讲授北京中轴线时空演变和正阳门建筑规制及造型之美；如图2所示，刘剑刚副教授在《走读北京》课程中解读钟鼓楼在北京中轴线上的地位和作用及其建筑组合之美。

图1　张宝秀教授讲授北京中轴线时空演变

图2　刘剑刚副教授解读钟鼓楼

2.2.2　走进三山五园，体验建筑空间意境之美

北京地区的园林历史悠久，"三山五园"代表了中国古代皇家园林全盛期的顶峰，建设规模和艺术造诣都达到了中国古典园林后期的最高水平。走进三山五园，学生可以体验园林建筑采用种种手法来布置空间，组织空间，创造空间，又通过借景、对景、分景、隔景等手法，丰富空间景观层次，丰富美的感受，创造艺术意境（图3）。中国园林艺术在这方面有特殊的表现，它是理解中华民族的美感特点的一个重要领域。正如沈复在《浮生六记》中所说："大中见小，小中见大，虚中有实，实中有虚，或藏或露，或浅或深，不仅在周回曲折四字也。"这也是中国一般艺术的美学特征。

图3　叶盛东副教授在香山静宜园讲解三山五园中山地型园林的空间布局之美

2.2.3　走访西山古刹，感悟建筑空间清幽之美

北京地区在历史上就是佛寺古刹云集之地，佛教建筑文化极为丰厚。由于独特的地理环境和历史文化，北京西山成为佛教寺院理想的选址建寺之地，潭柘寺、云居寺、戒台寺、卧佛寺、大觉寺、碧云

寺……历史悠久，声名远播。走访西山古刹，学生感悟到这些寺院建筑空间布局依山就势，与自然环境高度和谐，体现了我国"深山藏古寺"的悠久传统，寺院清幽，殿堂萧然，反映了山与寺的一种自然美学关系，"只在此山中，云深不知处"，寺院隐于自然的环境中，获得"虽由人作，宛自天开"的效果，达到"羚羊挂角，无迹可求"的艺术水准。

2.3 学段衔接，大学中学合作联动开发美育系列课程

北京市八一学校附属玉泉中学坐落在玉泉山下，地处"三山五园"核心区域之中，基于这一独特的地理位置，学校高度重视"三山五园"这一文化资源对立德树人的积极作用，将其有机融入教育教学之中。项目组与玉泉中学深度合作，秉持学段衔接理念和资源共享原则，积极挖掘"三山五园"的丰富历史文化内容，合作开发了《三山五园系列校本美育》课程，包括："三山五园"的园林之美，"三山五园"的文学空间，"三山五园"的红色文化等课程极大地丰富了美育课程体系。《三山五园的园林之美》课程以设立"三山五园"的园林建筑艺术、叠山理水艺术、植物造景艺术等美育主题为主要内容进行授课，通过课程活动设计，引导学生认识、了解、体验我国的园林艺术之美，培养学生感受美、鉴赏美、创造美的综合能力。如图4所示，刘剑刚副教授在玉泉中学对中学生的"三山五园"校本课程实践活动展示进行点评，希望同学们深入感受"三山五园"文化的魅力。

2.4 学段跨越，为小学生开启建筑艺术美育研究项目

在海淀区花园路街道办事处、海淀区

图4 刘剑刚副教授点评中学生的"三山五园"校本课程实践活动展示

文化和旅游局的支持下，我们发挥大学优质教师资源的专业优势，以研究"三山五园"园林建筑艺术为切入点，与海淀区花园路学区管理中心深入合作，在海淀区民族小学、北京医科大学附属小学、海淀区九一小学、海淀区前进小学、北京航空航天大学实验学校小学部等五所小学的原有教育活动结构的基础上，组成花园路学区小学生"三山五园园林建筑艺术研究"美育实践项目组，为小学生开启高端研究项目，探索了跨学段美育教育融合发展新模式。

项目组教师团队的专家学者面向小学生做"三山五园"文化传承专题讲座，如图5所示，陈媛媛老师在海淀区前进小学为小学生讲授"三山五园的景观建筑之美"并与前进小学师生代表合影。让小学生们对"三山五园"的历史沿革、园林艺术、保护利用有了全面了解。参与项目的小学生们根据自己的兴趣爱好，选择一个自己关注的主题作为研究内容，在老师的指导下开展专题研究。最终，在求真、务实、觅美、从善的美育目标指导下，根据"三山五园"园林建筑艺术特色和小学生学习特点，确定了"三山五园"的时空演变、"三山五园"的建筑艺术、"三山五园"的诗文之美、"三山五园"的传统文化、"三山

五园"的自然环境与保护等专题。可以看出，小学生选择的研究主题涵盖历史、地理、建筑、园林、传统文化等多方面内容，融合了语文、数学、科学、地理、历史等诸多学科，为"双减"之后学生开展跨学科学习、引领学生美育实践探究等提供了新的平台和空间。

图 5　陈媛媛老师为小学生讲授"三山五园的景观建筑之美"

3　主要成效

"跨学段北京优秀传统建筑艺术美育实践"项目立足学段衔接，大中小学同课异构的教学理念，围绕立德树人的根本任务，将北京优秀传统建筑美学融入人才培养全过程，加强中华优秀传统文化教育，持续推进专业课程美育教学探索，美育工作成效显著。

3.1　加强专业课程美育建设，形成五位一体美育模式

构建了"建筑美的本体辨析＋建筑美的认知特征＋建筑美的时空特性＋建筑美的表现形态＋建筑美的文化维度"五位一体的建筑艺术美育教学模式，将优秀传统建筑艺术元素融入规划设计类课程体系，形成课程群门门课程讲美育的生动局面，

系统阐述具有中华传统特色的建筑审美价值体系和尊重我国环境气氛的建筑审美环境观，切实提高学生的建筑艺术美学素养，树立正确的美学观念，进一步提升审美能力与艺术修养。

3.2　走读结合，知行合一

"纸上得来终觉浅，绝知此事要躬行"。从课堂和书本上得来的知识毕竟不够全面，要透彻地认识事物还必须亲自实践。跨学段北京优秀传统建筑艺术美育实践坚持走读北京，注重知与行相结合，将课堂从校内延伸到城市、社区、乡村、山林，让学生走进经典建筑，沉浸于历史场所，品味建筑之美，达到体验、情感和领悟的统一。如图 6 所示，刘剑刚副教授、叶盛东副教授在南锣鼓巷雨儿胡同为学生讲授历史文化街区保护与胡同—四合院居住建筑之美。感悟北京建筑历史、北京建筑文化、北京建筑故事和中华美育精神，培育和弘扬社会主义核心价值观，在实践教学中实现美育感人、文化育人、立德树人。

图 6　刘剑刚副教授、叶盛东副教授讲授历史文化街区保护

3.3　构建跨学段的大中小学衔接的整体美育体系

"跨学段北京优秀传统建筑艺术美育

实践"教学团队与北京市八一学校附属玉泉中学、海淀区花园路学区的五所小学深度合作，将大学的优质美育教学资源共享到中小学。我们与玉泉中学合作推出《三山五园系列校本美育》课程并实施，提升了师生对"三山五园"历史文化和园林之美的认识水平，促进了特色课程体系的发展和办学特色的凸显，同时也对其他学校开发类似课程有所启发。我们与花园路学区管理中心深入合作，指导学区小学生开展"三山五园园林建筑之美"高端研究项目，铸就了一批"三山五园"文化传承小使者，项目组的教师荣获海淀区花园路街道和花园路学区管理中心"三山五园文化传承进校园"杰出贡献奖，中共中央宣传部"学习强国"和人民日报新媒体平台予以全程报道。

4 进一步的工作探索

4.1 坚持问题导向，探索专业能力培养与美育融合发展

明晰专业课程与美育育人的内在联系，探索新时代"专业课程+美育"的本质特征和价值意义，明晰课程之间、模块之间的内在联系和主要任务，探索打造规划设计课程群美育链。如图7所示，李琛副教授在《旅游规划》课程中指导学生小组规划北京中轴线建筑文化体验线路。

4.2 坚持走读北京，开展特色美育实践提升学生审美力创新力

紧紧围绕北京城市建筑发展、历史文化名城保护、全国文化中心建设、乡村振兴等首都发展的实际问题，开展富有特色的美育实践主题，在实践过程中进行美育教学，增强职业荣誉感，涵养家国情怀。

图7 李琛副教授指导学生规划北京中轴线建筑文化体验线路

4.3 坚持资源共享，创新跨学段的美育实践模式

整合大学优质教师资源、设施资源共享到中学、小学和社区，完善美育教育体系设置，以课程为主体，推动构建同课异构、相互呼应、有效配合的大中小学相互衔接的美育实践体系和中华优秀传统文化传承实践基地。

参考文献：

[1] 叶朗.美学原理[M].北京：北京大学出版社，2009.

[2] 曾坚，蔡良娃，曾穗平.建筑美学[M].北京：中国建筑工业出版社，2021.

应用型本科院校教师党支部"党建+N"协同育人模式研究与实践

王　岩　　周爱华　　逯燕玲

（北京联合大学应用文理学院，北京　100191）

摘　要：应用型本科院校全面提升应用型人才培养能力和培养质量是时代赋予高校教师党支部的根本任务，北京联合大学应用文理学院城市科学系党支部书记工作室不断探索与实践"党建+N"协同育人模式，强化思想价值引领应用型人才培养，构建科教协同育人、校企协同育人、师生党支部协同育人等长效协同育人机制，实现党建与人才培养工作的同频共振。

关键词：高校教师党支部；思想价值引领；"党建+N"；协同育人模式；党支部书记工作室

习近平总书记在 2016 年 12 月全国高校思想政治工作会议、2018 年 9 月全国教育大会、2019 年 3 月主持召开学校思想政治理论课教师座谈会上发表了一系列重要讲话，深刻阐明了新时代高校思想政治工作的重要性。2017 年 8 月，中共教育部党组发布了《关于加强新形势下高校教师党支部建设的意见》等一系列文件，对提高高校教师党支部的战斗力、组织力，充分发挥党建引领作用提出明确要求，并就新形势下加强高校教师党支部建设作出部署。

1　高校教师党支部党建引领新时代人才培养的重大意义

高校教师党支部是教学、科研、管理和服务教师党员的基层组织，是办好中国特色社会主义大学的重要支撑。加强新形势下高校教师党支部建设，对于全面贯彻党的教育方针，落实立德树人根本任务，引领新时代人才培养具有重大而迫切的战略意义。

1.1　着力发挥政治引领作用，筑牢培根铸魂"主阵地"

长期以来，高校按照中央要求切实加强基层党组织建设，教师党支部引领广大教师党员在教学、科研、管理等方方面面有效发挥先锋模范作用，工作覆盖面不断扩大、战斗堡垒作用持续增强。但在新时代青年思想政治工作仍然面临新情况新问题，有些党支部对人才培养的政治引领作

作者简介：王岩（1994—），女，硕士，北京联合大学应用文理学院团委副书记，兼任城市科学系学生党支部书记、城市科学系本科生专职辅导员，曾获校十佳辅导员、优秀共产党员、就业创业工作先进个人等荣誉称号。主要研究方向为党建研究和思想政治理论研究。

通讯作者：逯燕玲（1963—），女，硕士、教授，北京联合大学应用文理学院城市科学系党支部书记。主要研究方向为数据分析、软件工程、教育教学研究等。

资助项目：2023 年北京高等教育"本科教学改革创新项目""'价值引领、实践创新、多轮驱动'地理学类一流专业协同育人模式研究"（202311417002）。

用不突出，对教师的思想政治教育和理论学习管理比较松软，以至于教师思想政治工作相对薄弱，有些党员缺乏担当意识，在教学科研管理等重大任务面前不敢迎难而上，奉献精神、集体精神、大局观念不够，党支部统一思想、凝聚人心、化解矛盾的主体作用不强。

必须坚持把坚定正确的政治方向放在高校教师党支部建设的首位，坚持不懈用习近平总书记系列重要讲话精神和新时代中国特色社会主义思想凝心铸魂，着力发挥高校教师党支部政治引领方面的主体作用，筑牢培根铸魂"主阵地"。通过党的基本路线、基本纲领和基本知识教育，加强教师党员党性修养，将教师的思想、政治与行动统一起来，努力造就一支政治坚定、作风过硬的新时代教师党员队伍，使广大教师党员成为"有理想信念、有道德情操、有扎实知识、有仁爱之心的好老师"[1]的表率。

1.2 强化思想价值引领，扎实立德树人之根

新时代国家现代化建设高质量发展对高校人才培养提出了更高的要求，党建与人才培养工作的同频共振是提升高校教师党支部凝聚力、战斗力，从而推动人才培养高质量发展的必然要求。但高校教师党支部在党建与人才培养工作相融合的过程中，仍然存在"重业务、轻党建"的思想，在专业建设方面注重人才培养方案制定、课程体系建设、实践教学体系设计等具体业务，教师在育人方面更注重知识传授和能力培养，有党建与业务工作脱节的现象，使党支部在人才培养方面发挥思想价值引领作用不强，形成与社会发展对人才培养需求脱节的现象。

实现为党育人、为国育才要以树人为核心、立德为根本，高校教师党支部要通过持续强化思想价值引领，从根源上解决"培养什么人、怎样培养人、为谁培养人"这个根本问题[2]。面向国家"五位一体"总体布局和中国式现代化建设目标，以国家战略需求为导向审视专业人才培养方案所涉及的课程体系建设、教学改革与创新、师资队伍建设、教学质量保障和学科支撑等，通过专业核心价值体系和价值目标引领专业建设，坚持强化思想价值引领主线[3]，把立德树人融入专业教育教学全过程，着力培养品行端正、身心健康、专业基础扎实、实践能力过硬、能够担当新时代中华民族伟大复兴重任的可靠接班人，实现思政教育与专业教育一体化建设的专业人才培养模式。

1.3 创新党建工作模式，构建协同育人模式

在新时期、新形势下，面向以中国式现代化全面推进中华民族伟大复兴的需要，高校要落实立德树人根本任务，教师党支部要积极探索党建工作模式创新，推动党建与人才培养工作相结合的高质量创新发展，促进基层党建特色发展。但有些高校教师党支部没有找到基层党组织建设与人才培养工作的融合点，解决"党建"与"业务"、教师"理论"与"实践"、学生"学习"与"能力""多张皮"的问题[4]，成为新时代高校教师党支部党建工作的一个重要课题。

创新新时代高校基层党组织建设非常必要，新时期高校教师党支部必须遵循高校思想政治工作规律，坚持立德树人党建工作理念，与时俱进创新党建工作模式，将党建与解决师生的思想问题、教学科研的攻坚克难、解决人才培养和就业等实际问题相结合，充分激发党建工作活力，既

注重以思想政治理论课、综合素养课程和专业课程建设为载体的协同育人创新[5]，也要构建多元主体共同参与的协同工作机制，形成专业课教师、思想政治理论课教师与辅导员之间立德树人、同向同行协同育人模式，开拓党建工作新局面，使高校教师党支部真正成为团结凝聚师生群众的坚强阵地和政治核心。

2 高校教师党支部"党建+N"协同育人模式的构建

应用型本科院校人才培养要满足中国式现代化建设和社会发展对高层次应用型人才的需要，必须以国家和地区重大战略需求为导向强化专业建设内涵式发展，全面提升应用型人才培养能力和培养质量。构建教师党支部"党建+N"协同育人模式，不断强化党建与育人工作深度融合，引导教师牢固树立"大思政""大教育观"和应用型人才培养理念，统筹推进协同育人，将课程育人、实践育人、科研育人、专业育人、学科育人、管理育人、服务育人、组织育人紧密结合，切实提升教师党支部协同育人的战斗堡垒作用。

2.1 坚持"党建+队伍建设"，打造"四有"好老师

教师党支部深入学习宣传贯彻党的二十大精神，通过政治理论学习，不断强化党支部政治引领作用，坚定不移地坚持党的领导，提高教师政治站位和党性修养，以党建促师德师风建设，引导教师坚定理想信念、培养道德情操、拥有扎实知识和富有仁爱之心，坚持立德树人，争做"四有"好老师。党支部除了统一思想、凝聚人心，还要加强应用型人才培养的师资队伍建设，将党支部和党员的对应用型人才

培养的引领和示范作用贯穿于教学、科研和社会服务等工作的全过程，自觉以社会主义核心价值观守住课堂主阵地，不断用渊博的学识、丰富的实践经验指导学生扎根京华大地开展生动实践，为国家培养堪当民族复兴大任的新时代应用型人才。

2.2 坚持"党建+教学"，不断深化课程思政

教师党支部坚持党建与教学相融合，以习近平新时代中国特色社会主义思想为指导推进专业思政建设，紧扣应用型人才培养的目标定位，以党建引领教学，不断提升人才培养质量。坚持以党的创新理论指导教师开展课程思政建设和教育教学改革研究，深入挖掘各类课程和教学方式中蕴含的思想政治教育资源。党支部通过主题党日专题研讨为教师建立课程思政建设的集体备课平台，共同探讨专业课程中思政元素的切入点，厘清思政元素与教学内容之间的关系，将思政教育融入课程教学大纲、教学设计、考试考核等各个方面，贯穿教育教学各个环节，有机融入价值塑造要素，厚培道德情操，将价值塑造、知识传授和能力培养融为一体，着力推进课程思政理论与实践纵深发展。

2.3 坚持"党建+科研"，聚焦国家和地区重大战略需求

新时代新征程，高校要推动科技创新更好服务国家现代化建设，教师党支部就要坚持把服务国家和区域战略需求作为科研的主攻方向，集聚区位优势和学科优势力量开展有组织的科研，主动服务国家重大需求和行业产业发展需要，以共同价值观、共同攻关目标为牵引，凝聚有组织的、能协同作战的教师团队，持续强化教师的创新意识和创新能力。积极推动学校与地

方政府、行业企业共建产教融合创新平台，以促进科研成果与实践教学相互转化，协同开展科技创新、学科专业建设和应用型人才培养。

2.4 坚持"党建＋人才培养"，落实立德树人根本任务

高校教师党支部要以高质量党建促进培养高质量应用型人才，在切实加强课程思政、专业思政、学科思政体系建设，积极发挥课堂教学主渠道作用的同时，还要坚持开展师生党支部共建活动，以党建引领推动学生支部规范化建设，给学生入党积极分子配备教师党员联系人，以良好的党风涵养良好的校风、班风、学风，强化思想教育和专业教育的协同发展。党支部组织党员教师利用专业特长指导学生开展党团活动、科研项目、学科竞赛等，深入到学生中切实解决同学们遇到的各种问题，既增进师生感情，也提升同学们学习专业知识的积极性，助力实现高素质应用型人才培养目标。

2.5 坚持"党建＋社会服务"，扎根京华大地开展生动实践

社会服务是高等教育的重要使命，也为党建引领人才培养工作开辟新领域。坚持"党建＋社会服务"，通过主题党日活动带领支部党员教师扎根京华大地开展生动实践，既能增强教师对习近平新时代中国特色社会主义思想的认识，也进一步了解社会对人才的需求，并通过指导学生社会实践、红色1+1等活动，带动学生共同用专业知识服务社会，培育"强国有我"的家国情怀和社会主义核心价值观。

高校教师党支部要持续深化实施"党建＋N"多维度工作模式，紧紧围绕立德树人根本任务，加强以党建引领高质量应

用型人才培养，不断拓展党建工作新领域，创新党建工作模式，加强党建与业务深度融合，把握各项事业发展方向，使教师党支部成为引领应用型人才培养提质增效的战斗堡垒。

3 高校教师党支部"党建＋N"协同育人模式的实践

北京联合大学应用文理学院城市科学系教师党支部始终坚持把党建与学科专业建设和人才培养中心工作紧密结合，积极创建由教师党支部书记负责、城市科学系本科学生党支部书记、地理学研究生党支部书记和校外实践教学基地党支部书记共同组成的城市科学系党支部书记工作室，坚持以习近平新时代中国特色社会主义思想为指导，发挥教师党支部和校外实践教学基地党支部的辐射带动作用，加强各支部规范化建设和党员学习教育管理，强化党支部的政治思想引领作用，进一步增强党支部的组织力、凝聚力和战斗力，形成教师党支部＋本科生党支部＋地理学研究生党支部＋校外实践教学基地党支部组成的"师生共同体"，实践"党建＋N"协同育人模式。

3.1 党建引领中心工作，促进一流专业建设

党支部书记工作室以党建引领＋学科专业建设为突破口，以党建引领和党建服务汇聚强大动力，以人文地理与城乡规划专业国家级一流本科专业建设点项目为载体，将党建引领和党建服务融入学科专业建设与创新发展的各个领域，让党建与一流专业建设、教学科研、人才培养、社会服务等工作实现同频共振。以"党建＋文化"思想引领为核心，以师德师风建设为

主线，以课程思政为抓手，激活教书育人原动力，提振立德树人精气神，树立一流师德，精心打磨课程思政设计，着力推动落实党支部建设与课程思政、专业思政建设一体化提升，引导学生树立远大理想、热爱伟大祖国、担当时代责任、勇于砥砺奋斗、练就过硬本领、锤炼品德修为，争做担当民族复兴大任的时代新人。

3.2 "1+1"师生联学联建，搭建学生成长成才平台

以党支部书记工作室为载体，持续深化教师党支部与学生党支部"1+1"共建，建立四个党支部师生的"联学、联建、联创"合作共建模式。加强四个党支部班子联建，教师支部书记以身作则，指导和带动学生党支部副书记和支委提升履职尽责能力，强化班子政治、业务学习，增强班子凝聚力，提升支部战斗力。教师和实践教学基地党支部共同建立"党员导师组""党员项目组""党员实践组""党员创新组"，加强对学生入党积极分子的教育引导，使政治理论学习入脑入心，搭建"启明星"项目、社会实践、学科竞赛、创新创业锻炼平台、拓宽发展空间。

3.3 扎根京华大地开展生动实践，服务北京全国文化中心建设

教师党支部与校外实践教学基地联合开展北京历史文化名城保护、三个文化带规划和北京全国文化中心建设等科研项目，共同指导学生扎根京华大地开展生动实践，用"乡村振兴""生态文明"等国家战略和北京全国文化中心建设的真实课题历练学生，并坚持与红色"1+1"活动结合，弘扬爱国主义精神，激发师生的爱国热情，服务北京全国文化中心建设，增强社会责任感。

党支部书记工作室不断探索与实践"党建 +N"协同育人模式，将立德树人贯穿高校教育教学全过程和学生成长成才全过程，覆盖到课上课下、校内校外，构建科教协同育人、校企协同育人、师生党支部协同育人等长效协同育人机制，引领应用型人才培养提质增效。

参考文献：

[1] 习近平.做党和人民满意的好老师——同北京师范大学师生代表座谈时的讲话 [N].人民日报，2014-09-10.

[2] 人民日报评论员.全力培养社会主义建设者和接班人——论学习贯彻习近平总书记全国教育大会重要讲话 [N].人民日报，2018-09-15.

[3] 程良龙，邵晓琰.立德树人：高等教育专业思政重在价值引领 [J].教育教学论坛，2021，503（04）：1-5.

[4] 江娜."党建 + 业务"模式下高校图书馆党建工作探索——基于宝鸡文理学院图书馆党建工作实践 [J].办公室业务，2023，404（03）：17-20.

[5] 楚国清，王勇."课程思政"到"专业思政"的四重逻辑 [J].北京联合大学学报（人文社会科学版），2022，20（01）：18-23+40.

以丰富的红色"1+1"党建活动搭建实践育人平台

王 岩 周爱华 逯燕玲

（北京联合大学应用文理学院，北京 100191）

摘 要：为落实中共北京市委教育工委关于继续深入开展"红色1+1"党支部共建活动的相关文件精神，北京联合大学应用文理学院城市科学系学生党支部充分发挥学生党员服务乡村振兴、社区治理和北京全国文化中心建设的积极性，多年来，带领学生深入村镇和社区，与基层党支部进行交流共建，以北京城乡悠久的历史文化厚植家国情怀，了解民情和社会需求，用专业知识服务基层，增强学生社会责任感，使"红色1+1"党建活动成为学生实践创新的大舞台。

关键词："红色1+1"党支部共建活动；地理要素调研；实践创新；服务基层

北京高校红色"1+1"党支部共建活动自2006年正式启动至今已有17年了，该活动是北京市委教育工委打造的北京高校学生党支部与地方党支部进行交流共建的活动，已经成为大学生党建工作创新的重要载体和品牌。北京联合大学应用文理学院城市科学系学生党支部紧密结合专业特点和校外基层党支部的实际需求，开展表演、宣讲、熟悉民情、规划村容村貌、服务城市治理等丰富的红色"1+1"党支部共建活动，引导大学生走进基层，学习基层党建经验，提高学生党员党性修养，培养责任意识，明确责任担当，增加社会实践经验，真正达到受教育、长才干的目的。城市科学系学生党支部一直本着发挥学校科技、文化、专业和人才优势服务北京全国文化中心建设的宗旨，与校外基层党支部开展红色"1+1"共建活动，2016年以来，5次荣获北京联合大学红色"1+1"党支部共建活动策划案一等奖，4次荣获北京高校红色"1+1"示范活动三等奖，通过党建活动为学生搭建了实践创新平台。

1 厚植家国情怀，激发昂扬斗志

城市科学系学生党支部在与校外基层党支部开展红色"1+1"共建活动中，始终把党史学习教育放在首位，以不同党支部生动鲜活的人物、事迹和案例分析聚焦于中国共产党具有不同历史特征的精神谱系，以更为形象和直接的情感触动方式引发青年学生的共鸣，从中汲取智慧和力量，激发学生积极投身于实现中华民族伟大复兴的昂扬斗志。

在门头沟区斋堂镇，沿河城村党支部书记带领学生考察红色遗迹，走访老红军

作者简介：王岩（1994—），女，硕士，北京联合大学应用文理学院团委副书记，兼任城市科学系学生党支部书记、城市科学系本科生专职辅导员，曾获校十佳辅导员、优秀共产党员、就业创业工作先进个人等荣誉称号。主要研究方向为党建研究和思想政治理论研究。

资助项目：2023年北京高等教育"本科教学改革创新项目""'价值引领、实践创新、多轮驱动'地理学类一流专业协同育人模式研究"（202311417002）。

战士及其后代，聆听老一辈革命者浴血奋战的历史，了解抗日战争及解放战争革命先辈"浴血奋战、百折不挠"的鲜活事迹；学生党支部书记每年带领学生党员、积极分子参观革命烈士陵园，在沿河城革命烈士纪念碑前向英雄们致敬并重温入党誓词（图1）；学生党支部还分组开展微型党课领学中国共产党党史，深化党史学习教育效果。在走访沿河城村"光荣在党五十年"的老党员时，听老党员们介绍传统村落的历史、讲述他们为新农村建设艰苦奋斗的故事，看到老党员过着质朴纯真的生活，学生党员、积极分子带着感恩而崇敬的心情送上慰问品（图2）。老人们对同学们的到来表示十分开心，并对青年大学生提出了殷切期望，希望同学们努力学习文化知识，用科学武装头脑，听党话、跟

党走，为国家的建设和发展贡献力量。同学们直观感受到老党员们爱国爱党、勤俭朴素、吃苦耐劳的精神，激发了同学们的爱国、爱党热情，学生党员纷纷表示作为新时代的青年党员，将铭记党史，不忘初心，砥砺前行，为中华民族伟大复兴不懈奋斗。

2 学以致用实干笃行，专业赋能基层建设

城市科学系的红色"1+1"党支部共建活动一直与专业实践相结合，引导学生立足北京和京津冀城乡发展的实际需要，积极开展地理要素调研，探索区域经济与社会发展等地理学涉及的自然、人文和社会实际问题，了解京津冀城乡发展对地理学应用型人才的实际需求，应用专业知识规划村容村貌、制作旅游导览图、宣讲北京全国文化中心建设，为生态资源和文化资源相结合、历史文化遗产保护等领域发挥地理学专业特长，将传承历史文化和弘扬民族精神贯穿大学生的学习与生活，引导学生自觉将"小我"正青春融入"大我"新时代。

2.1 探古道寻根历史文化，守初心共树村落新风

城市科学系的红色"1+1"活动与门头沟区多个村镇党支部进行了共建，每到一个村都与村党支部对接并进行座谈，向当地党支部介绍本次红色"1+1"活动的意义、活动内容及活动需求等，了解村落发展的历史与现状，了解当地党支部建设的基本情况。同时，还深入开展京西古道文化遗迹考察，对相关区域进行地理要素调研、古民居查勘、聚落特征分析等多尺度多角度自然本底调查，发挥专业技能，挖掘各个传统村落的文化内涵，为乡村振

图1 学生党员祭扫革命烈士陵园

图2 城市科学系师生拜访老党员

兴提供文化遗产保护、新农村建设规划、旅游管理与信息咨询服务（图3）。

在位于门头沟王平镇南侧的山谷中的瓜草地生态园，同学们探寻大西山自然生态景观，进行了GPS数据采集、水准测量和全站仪地形图测绘，建设瓜草地完备的基础地理数据库，以人文地理与城乡规划思想和地理信息科学专业素养绘制景区地形图、特色景点分布现状图、旅游导游图、旅游交通图等专题地图，服务瓜草地生态旅游建设，并进一步提供旅游管理与

信息咨询服务，宣传生态旅游理念，并将生态资源和文化资源有机结合，提升文化内涵，促进瓜草地的进一步发展，为瓜草地的景观规划与宣传出谋划策。在整个活动过程中，同学们始终保持着认真严谨的态度，秉承吃苦耐劳、团结协作的精神，脚踏实地将所学理论知识与实践相结合，磨炼了同学们的意志和毅力，也增进了同学们的感情和集体的凝聚力，更增强了社会责任感（图4）。

图3　支部座谈了解发展变迁

图4　被采用的瓜草地徒步路线图

城市科学系的红色"1+1"活动曾多次与门头沟区斋堂镇沿河城村党支部进行共建，沿河城村起源于明代的京西长城重要军镇，作为都城军事要塞建有严密的防御工程，村落四周设城墙围护，东西设城门，南北设券形水门，四角建角台，城墙、城门、敌台、戏台、寺庙、修城碑、守备府碑等重要建筑保留完好。立于青山绿水之间的沿河城村是一个很好的爱国教育地点，村外的古城墙让同学们脑海中忆起金戈铁马的壮怀激烈，村边潺潺的流水将永定河文化与长城文化融合在一起，使同学们深刻感受到这深厚的历史积淀、淳朴的民风民情所产生的独特文化魅力。同学们带着对长城的特殊情怀和文化自信，在老

师的指导下进行地形测量及GPS空间数据采集，对村落及古建筑进行地形观察及基础测量，并利用已采集的数据绘制村庄的各类专题地图，如村庄功能区划图、旅游资源分布图、住宿网点分布图、餐饮网点分布图、旅游线路图以及古建筑的平面图、立面图、剖面图及院落总平面图。同学们深入基层学党史、抗战历史、村庄历史，实地考察感受内长城古迹及当地民风民俗，将理论学习和专业知识结合到实践之中，对古村落文化景观时空特征进行分析，探讨新时代背景下古村落的发展途径，为群众的美好生活和乡村振兴作出切实贡献（图5）。

图5　对沿河城村进行自然本底调查

同学们在这些传统村落开展的每一次红色"1+1"党支部共建活动都收获颇丰，将书本所学知识充分运用到实际项目中，提高专业素养，积累相关实践经验，真正做到学以致用，增强了服务基层的意识，树立正确的社会主义核心价值观。每一次活动结束时，同学们都会满怀激情制作宣传板，学生党支部为村民组织宣讲联谊会，通过传统诗歌朗诵、唱红歌、歌舞表演等多种文体活动形式，宣讲民族精神、传统文化与"两山理论"，在弘扬中国优秀传统文化、丰富当地村民文娱生活的同时，也展现了当代大学生的精神风貌（图6）。

图6　党支部共建宣讲联谊会

2.2　聚焦历史文化街区保护与更新，共谋社区发展规划

城市科学系的红色"1+1"党支部共建活动也曾多次走入历史文化街区，受北京市古代建筑研究所委托，圆满完成北京南新仓仓廒建筑测绘工作。北京作为金、元、明、清的都城，官仓建筑是北京建筑遗产不可或缺的特殊类型，也是大运河世界文化遗产和北京大运河文化带的重要组成部分。党支部组织学生对北京官仓文化和官仓建筑进行系统梳理，地理信息科学专业学生党员对北京南新仓仓廒建筑进行测绘、采集仓廒数据，人文地理与城乡规划专业学生党员完成了南新仓 AutoCAD 制图工作。在老师的指导下进一步挖掘北京官仓建筑的文化内涵，深入了解北京官仓建筑的建筑特征，助力大运河文化带保护发展。

城市科学系学生党支部还与地理学研究生党支部联合开展红色"1+1"共建活动，聚焦于西城区牛街街道法源寺社区的更新治理，与西城区牛街街道法源寺社区党支部进行线上交流，组织广大师生共同学习吴奇兵博士的相关主题讲座，走访参观牛街"红色会客厅"，探访红色遗迹、观看红色主题影片，支部成员间交流学习感想，重温入党誓词，提高党员党性修养。克服疫情影响，采取线上线下相结合的形式调研法源寺社区的历史沿革、文化内涵、区位条件、空间特征等各个方面情况，运用地理学专业知识，探索历史文化街区的"活化"方式，在保护历史文化底色、维护街区风貌完整性、打造宁静宜居街区的前提下，进行发展规划设计，为街区治理改造建言献策。从历史文化街区业态活化入手，提出了建设历史文化走廊思想，植入创客天地、艺术工坊、创意 LOFT 等时尚文创体验、文教基地功能；通过组织"外快内慢"秩序合理的便捷交通、塑造新旧共融的老街肌理等，活化老城、错位创新，从交通、功能、维护、景观四个方面进行了法源寺历史文化街区的提升规划。既提升整体区域品质、改善居民生活环境，又进一步挖掘区域历史文化资源，顺应街区保护更新的时代发展需求，使之成为留有文化底蕴的宜居生活街区，也为其他历史文化街区的保护发展规划设计提供参考。

2.3 扎根京华大地开展生动实践，服务北京全国文化中心建设

北京 3000 多年建城史、870 年建都史，丰富的历史文化是中华文明源远流长的伟大见证。党的十八大以来，北京全面贯彻落实习近平新时代中国特色社会主义思想和习近平总书记对北京重要讲话精神，确定全国文化中心建设"一核一城三带两区"的总体框架，出台北京市推进全国文化中心建设中长期规划（2019～2035 年），大力传承发展"源远流长的古都文化、丰富厚重的红色文化、特色鲜明的京味文化、蓬勃兴起的创新文化"。近五年来，北京全国文化中心建设取得了丰硕成果，为建设社会主义文化强国作出了应有贡献。

城市科学系的红色"1+1"党支部共建活动精心策划北京全国文化中心建设红色研学线路，将建党、抗日战争和中华人民共和国成立三大红色文化主题与北京"一城三带"古都文化紧密结合，既讲好红色故事，在党史学习教育中汲取前行发展的智慧和力量，又领略北京老城的古都风韵和三条文化带所绽放的光彩，使游客在"情景共生"中产生"情感共鸣"。用革命文化培根铸魂、启智润心，以古都文化提升青年学生的获得感，并通过实践调研增强服务北京全国文化中心建设的能力。

城市科学系学生党支部与地理学研究生党支部联合组织西山永定河文化带建设调研，前往卢沟桥畔和首钢园区共同开展"追寻卢沟桥畔红色记忆 感知首钢园区奥运精神"主题党日活动，同学们走在凹凸不平的卢沟桥面遗址上，看着两旁见证中国人民全面抗战开始的石狮子，真切感受到一个伟大民族的品格必须经过牺牲与奋斗的淬火。大家在首钢园西南部近距离感受首钢工业园区融合城市更新理念和工业遗存利用的改造原则和设计策略，在北京工业历史中的文化价值、科学技术价值和艺术价值，以及滑雪大跳台和冷却塔的魅力，深刻体会到时代变迁、北京这座城市的发展变化和国家的日益繁荣富强。

城市科学系学生党支部与地理学研究生党支部联合开展"沉浸式"研学大运河文化带，学生党员分组进行大运河历史价值和文化遗产保护调查，整理宣传文本、图集及视频资料，前往通州大运河森林公园进行宣讲，让每一位党员化身为小讲解员，宣传大运河北京段文化遗产特色和文化带建设成果。同学们在"运河清风"廉政文化主题公园，还了解了"密符扇"不仅是漕运军粮的经济执法凭证，更是执法有序、职责有据的物证；被大小于成龙两位曾主政通州的廉吏在通州漕运史上保障军粮有序运送的生动故事感染；当"解说员"在"甘棠镜鉴"前，讲述周代召公不劳烦百姓、在甘棠树下办公的廉政历史故事时，党员师生们看着自己投射铜镜中的影子，深刻领悟到"以铜为鉴可正衣冠，以人为鉴可明德行"，也品味到历史廉政文化的独特魅力。在通州第一党支部雕塑纪念碑前，学生"解说员"们讲述了周文彬等革命前辈不畏艰辛、坚定不移地跟党走的光辉事迹，让广大师生被革命先烈的光辉形象和前辈们廉洁、勤政、奋斗的历史文化所震撼，思想灵魂受到了洗礼与熏陶。

3 结语

北京联合大学应用文理学院城市科学

系学生党支部认真领会中共北京市委教育工委关于继续深入开展"红色1+1"党支部共建活动的相关文件精神，精心策划和组织，与多个社区和乡镇党支部交流共建，通过图书捐赠、慰问革命老党员、清扫烈士陵墓、与大学生村干部座谈、宣讲联谊等一系列活动，充分调动学生党员用专业技能服务乡村振兴、社区治理和北京全国文化中心建设的积极性，取得了良好的效果。"红色1+1"活动的参与者不仅限于党员与积极分子，广大的普通同学也积极参与进来，为传统村落与历史街区带去了青春的色彩与关怀、专业的知识与服务、文化的自信与发展建议，党员与入党积极分子得到了极大锻炼，而一些普通同学也得到了不同程度的锻炼与提高。城市科学系的"红色1+1"党支部共建活动，不仅加强了党员的日常思想教育，增加支部内部党员的交流与合作，增强支部的凝聚力和战斗力，更让学生党员们在实践中得到了锻炼，提高了运用地理学学科专业优势解决实际问题的能力，增强了社会责任感。同时，双方党支部共同学党史、悟思想、办实事、开新局，真正意义上实现了"1＋1>2"，使"红色1+1"党建活动成为实践育人平台。

因材施教：用心用情用力指导本科生毕业论文

王佳欣

（北京联合大学应用文理学院，北京　100191）

摘　要：本科生毕业论文的指导过程中，教师应当因材施教，关注学生的需求和能力，量身定制指导方法和方式，以激发学生的学习欲望和潜能。本文以实际指导经验为例，从用心、用情、用力三个维度探讨了本科生毕业论文的指导方法，旨在为高校教师提供借鉴和启示。

关键词：毕业论文；指导过程；因材施教

0　引言

本科生毕业论文是学生在掌握专业基础知识、基本技能和科研训练基础上进行的系统研究和综合实践活动，承担着考核学生综合知识运用能力的重要职能，也是对本科人才培养质量的全面检验，在本科实践教学中占有十分重要的地位[1, 2]。毕业论文在学生学业生涯中扮演着至关重要的角色，从学术素养、问题意识、自主学习能力等方面锻炼学生的综合能力。本科毕业论文的质量提升需要从多方面着手，但学生本人起决定性作用，学生需要从被动式学习到主动式探索的跨越，在研究过程中获得自我实践能力，更期望在自我探索中获得指导教师的支持、协助和激励[3]。而师生关系主导着本科毕业论文的撰写过程，高质量指导本科生完成毕业论文是高校教师的一份重任，不仅关乎学生未来的走向，还直接影响学校向社会输送高水平应用型人才的质量。

高质量毕业论文的指导过程需要教师因材施教，关注学生的需求和能力，量身定制指导方法和方式，以激发学生的学习欲望和潜能。要做到因材施教，需要教师"用心"观察和了解学生的性格及心性，"用情"沟通和疏导学生的困惑和压力，"用力"辅助和推动学生毕业论文的实施。

1　"用心"观察和了解学生的性格及心性

1.1　千头万绪型学生指导方法

同学 a 在毕业论文选题时联系教师，老师问他为什么选择自己，他说提前关注到老师在学术会议上的报告，由此感受到这是一位用心的学生。在日常沟通中，他会频繁使用"抱歉""见笑""尊重"等字眼强调他的态度，这让老师意识到这位同学的心境可能有些脆弱，在指导过程中需要鼓励和耐心。在对研究主题没有一个清晰理解和认识的情况下，先咨询外文文献怎么下载，这让老师意识到这位同学可能

作者简介：王佳欣（1993—），女，吉林省白城市人，博士。主要研究方向为时空数据挖掘与城市复杂性。

资助项目：北京联合大学校级科研项目资助（ZK30202403）；2023 年北京高等教育"本科教学改革创新项目""'价值引领、实践创新、多轮驱动'地理学类一流专业协同育人模式研究"（202311417002）。

会有点好高骛远，当即断了他的念头，让他脚踏实地地先学习中文文章，读透了再读英文是水到渠成的事情。在开展毕业论文的过程中，他每周都会进行 2～3 次的请教，甚至在大年三十还在开展毕业论文的研究，具有超强的主观能动性。这类学生想法过多，也很发散，需要指导教师耐心引导，把握好大方向，避免学生丢了西瓜，捡个芝麻。

1.2 低调内敛型学生指导方法

同学 b 在毕业论文选题时联系指导教师，老师给了他两个题目供选，他先去网上搜索下相关内容后作了选择，由此老师感受到这位同学具备快速识别难易和兴趣点的能力。在开展毕业论文的过程中，他几乎不主动沟通进展，每次都需要指导教师主动去问。在一次沟通中，发现学生进展不佳，问及原因，学生说模型的效果不好，R^2 只有 0.8。这已经是很好的结果了，他看到文献中有 0.9 以上，怀疑自己的结果不好，一直在想怎么解决这个问题。但实际上 0.8 已经是比较理想的结果，确认了这一点后他就可以继续往后开展研究。如果不及时沟通，他会一直陷在这个所谓的困境里自我消耗，影响论文的进度。这类学生会羞于提问，害怕沟通，对于这类学生，教师需要主动联系，及时跟进研究进展，避免学生闭门造车。

2 "用情"沟通和疏导学生的困惑及压力

2.1 建立目标感和信念感

本科生毕业论文重点在锻炼学生动手能力，掌握科研的基本逻辑和框架。学生可能是第一次接触科研的系统训练，非常需要指导教师的引导。如果学生选择的毕业论文指导老师不是他的本科生导师，那他对这个老师的研究方向还很陌生，让学生基于一个题目去开展后续研究是很艰难的，如果学生对为什么要开展这样的研究不清楚，那他后续论文的开展是很痛苦的，遇到困难就会怀疑研究的意义和价值，产生厌倦情绪。一次师生面对面的用情沟通，为学生建立对毕业论文的目标感和信念感，是毕业论文顺利开展的排头兵。通过展示论文研究的出口，即结合社会、商业、政策等领域的应用价值，直观感受到研究有的放矢，这会让学生在开展毕业论文时心中有主线，遇到困难不会摇摆，不会自我否定。

2.2 建立信任感和平等感

在指导本科生毕业论文时，要事事有回应，不限于毕业论文的内容。在学生开展毕业论文期间，还面临着找工作和考研的压力。作为指导老师，需要结合自己的经历为学生出谋划策，传递经验，在交流中建立信任感和平等感。在此基础上，学生在毕业论文遇到问题时才不会瞻前顾后的不敢提问，导致论文没有按计划路线开展，或者拖到最后草草了事。指导教师和学生是一种合作关系，学生论文遇到卡点的时候，及时与学生沟通，了解是理念框架问题，还是技术实现问题，还是资源可获取性问题，给出适当的建议，适时地帮助学生排解压力。

3 "用力"辅助和推动学生毕业论文的实施

3.1 论文设计过程中的指导方法

"用力"辅导需要贯穿毕业论文的始终。毕业论文环节中设置的任务书是很重要的一步，我认为任务书的质量很大程度上决定了毕业论文的质量。良好的任务书设计可以让学生们把握论文的大方向和大脉络，也为后续学生们顺利开展毕业论文奠定了基础。任务书中，指导教师需要基于自己的学术积累和认知，同时阅读最新的相关论文更新知识，从而对论文的实现框架有一个清楚的设计和相关内容介绍，这是学生能够建立起做好毕业论文信心的关键。学生最初通过毕业论文题目产生的迷茫和困惑，很大程度会通过一份好的任务书得到缓解。

3.2 论文实施过程中的指导方法

在学生开展毕业论文过程中，要随时与学生保持沟通，询问进展。基于学生的反馈判断方案的可行性，不断迭代研究框架。例如，学生 a 在开展聚类分析时，按照最初讨论确定的方法始终做不出结果，我还坚信理论可行觉得学生没有理解。通过亲身操作和学习相关资料，想清楚问题出现的本质，与学生交流更换适合的研究方法，很快就给出了结果。学生 b 在开展建模时，不理解参考资料中技术框架，无法实现相关内容。通过共同阅读文献，提出参考论文技术方法的不足，以及改进思路，并现场实验跑通程序，明确后续研究内容。因此，教师在指导学生过程中也不能单从逻辑判断，经验推理，应该跟学生在一线，辅导学生毕业论文的顺利开展，确保一定创新性的同时也能修正自己的认知，实现教学相长。

3.3 论文撰写过程中的指导方法

在最后撰写毕业论文时，学生容易陷入技术细节的描述中，缺乏按照科研逻辑进行叙事，也往往错误地理解技术框架前后的承接关系，无法展示出毕业论文的质量。导师需要提纲挈领地点出论文的主线，给出论文骨架，有助于加深学生对于毕业论文的理解，也能够在毕业答辩时更加流畅的讲解和展示。

4 结语

本科毕业论文是师生共同探索的科研实践过程，也是共同参与知识发现的交流过程。基于因材施教的教育理念，建立以信任和尊重为基石的良好师生关系，从用心、用情、用力三个维度保持具有共同期望的"互动型"师生关系，在指导本科生毕业论文过程中实践以激励与支持为核心的多元指导策略和方法，为高校教师提供有效的指导策略和方法，助力学生完成高质量的毕业论文，助力学生未来成长成才，向社会输送高水平人才。

参考文献：

[1] 王德朋.本科毕业论文的功能应重新定位[J].中国大学教学，2017，（05）：49-52.

[2] 郑石明.世界一流大学跨学科人才培养模式比较及其启示[J].教育研究，2019，40（05）：113-122.

[3] 郑蔚.本科毕业论文的价值挖掘、动力激发与支持保障[J].教育评论，2024，（03）：17-22.

学生作品篇

医养结合视角下养老服务设施空间匹配性研究
——以北京城区为例

张晨洁　　黄建毅

（北京联合大学应用文理学院，北京　　100191）

摘　要： 本文尝试从养老服务需求、养老服务供给以及医疗卫生设施资源配套三个维度，对北京市城区内的养老资源空间匹配性问题进行探索研究。基于前期民政局精准调研数据和高德 POI 数据，本研究构建了六边形网格进行精确化评估。主要研究结果如下：（1）北京老龄化趋势在不断加深，且高龄老人数量增幅较大，老年人口主要集中在中心城区，内城老龄人口最为密集。（2）城区养老设施资源分布主要集中于内城地区，相比较养老机构、养老照料中心，居家养老服务供给的养老驿站还需进一步加强，且医疗设施资源的供给与养老设施资源分布一致。（3）城区医养设施资源具有明显的空间集聚态势，因而老龄人口与医养服务资源的供给，呈现中心区域优于外缘区域的空间格局。（4）老年人口、养老服务资源与医疗服务设施的三者适配度上，中心城区大部分地区供需关系较为均衡，相比较养老服务设施供给，医疗资源的供需关系略显紧张，仍有部分地区存在养老资源供给和医养资源匹配性不足共存的情况。

关键词： 医养结合；人口老龄化；耦合分析；空间匹配性

0　引言

据民政部的数据显示，截至 2022 年底，60 岁及以上人口 28004 万人，占全国人口的 19.8%，其中 65 岁及以上人口 20978 万人，占全国人口的 14.9%；预计"十四五"时期，60 岁及以上老年人口总量将突破 3 亿，占比将超过 20%；到 2035 年，60 岁以上老年人口将占比 31%～32%，而到 2050 年 60 岁以上老年人口将达到 38%～42%，我国将进入中度老龄化[1]。党的二十大报告提出"实施积极应对人口老龄化国家战略，发展养老事业和养老产业"。目前结合我国人口老龄化特征，政府和学术界提出了有关"医养结合"的养老模式，将医疗资源和养老资源融合，使老年人可以拥有健康的养老服务供给。

北京是我国较早进入人口老龄化的城市，并且具有人口基数大、增长速度快以及高龄老龄化加剧等特征。针对日益严重

作者简介：张晨洁（2000—），女，北京市人，北京联合大学人文地理与城乡规划专业 2023 届毕业生。主要研究方向为人文地理与城乡规划。

通讯作者：黄建毅（1984—），男，河南许昌人，博士、副教授。主要研究方向为城市韧性与风险评估研究等。

资助项目：北京市教育委员会科技／社科计划项目（KM202211417015）；北京联合大学校级科研专项项目（SK10202001）；北京联合大学 2023 届优秀本科毕业论文。

的老龄化问题，北京市开展了一系列养老服务规划建设，对于缓解城市内的养老服务供给起到了重要作用。然而"医养结合"的背景下，如何处理养老与医疗资源关系，提升养老服务质量，以满足日益增长老年人口的健康生活需求，成为了当前北京养老服务供给需要考虑的突出问题。因此相关政府部门不仅需要推动养老服务资源发展，还需要对医疗资源和养老资源进行合理的空间分布，以期有效提升老年人对养老服务的满足感并保障其健康需求。

目前国内学者采用多种研究方法对养老服务设施资源供给进行了探索性研究，通过构建相关模型进行分析，运用 SWOT 模型进行分析，用于医养结合养老模式的发展分析[2]。有学者通过问卷调查研究分析，提出有关健全"医养结合"相关制度、推进养老资源与医疗卫生资源合作的建议[3]。从众多学者的理论研究中可以明确四类医疗与养老结合的情况，即"医疗机构＋社区服务""医疗机构＋养老机构""医疗机构＋养老服务"和"养老机构＋医疗服务"，为之后医养结合管理提供了有针对性的建议[4]。而国外学者针对养老服务资源供需匹配的研究越来越多，定量评估护理设施的现状，计算人口老龄化率的专业化系数以及护理机构与区域之间的距离[5-9]；针

对养老体系、考虑医疗服务中心的距离进行分析，研究现有护理医院提供的医疗和护理服务是否足以满足当地社区需求，揭示影响护理医院供需的因素等[10-12]。

1 北京城区老年人口分布特征

1.1 北京城区老年人口发展态势

依据第七次人口普查的最新结果，北京市不同年龄段老年人口分布情况如图1所示，可以看出北京市的老年人各年龄段人口逐渐递减，60～64 岁人口与 65～69 岁人口相差较小，但 65～69 岁人口与 70～74 岁人口相差较大，此现象是由于 20 世纪 60 年代"婴儿潮"时期出生的人口已步入老年，并且目前北京市人口发展正在经历历史上前所未有的重大转折，由于婚姻观念的转变以及前几年新冠肺炎疫情带来的影响等导致目前北京市的生育率加速下降，而伴随着医疗技术的不断推进，北京市老年人口寿命不断增加，加之北京市已经进入到中度老龄化的社会，北京市老年人口的数量上升加速，以及非首都功能疏解带来的人口总量控制、外来就业年龄人口流入减缓等政策的因素叠加，北京市人口老龄化的压力将显著加大。

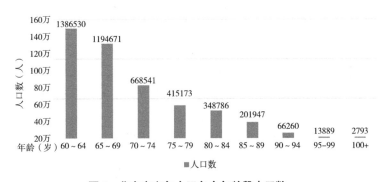

图1 北京市老年人口各个年龄段人口数

（数据来源：北京市统计年鉴）

从北京市各区人口数据资料来看，截至 2021 年末，北京市常住总人口 2188.6 万人，根据人口分布情况，可以看出全市 16 个区中，区域内的老龄化程度存在明显差异。相比较其他区域而言，东城区、西城区、石景山区位列前三。从各区常住人口老龄化阶段来看，东城区、西城区、朝阳区、丰台区、石景山区、门头沟区、怀柔区、平谷区、密云区、延庆区 10 个区属于中度老龄化阶段。从北京市城区的空间尺度可以看出 60 岁及以上朝阳区、海淀区、丰台区老年人口数量较多（图 2）。

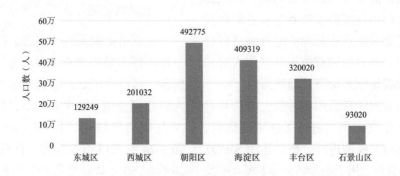

图 2　北京市城六区老年人口分布

（数据来源：北京市各区统计年鉴）

1.2　北京城区老年人口分布特征

将数据细化至北京市城区内的街道空间尺度，把老年人口数量与北京市城区各个街道进行关联，进行进一步详细分析。北京市西城区广安门外街道、丰台区卢沟桥街道和新村街道人口数量最多，北京市老年人口分布不均匀，以及由于各区面积不同，老年人口数量分散程度不同，主要是集中在北京城区的西部，而东部相对平均，北京市城区的中心区老年人口相对集中，外缘区人口较少。如今老年人主要是集中在北京市城区的中心区域，如西城区、东城区以及部分石景山区。与街道尺度不同的是，网格化后可以明确看出具体老年人口集中区域，减少街道面积大小带来的影响，更加具体地将老年人口分布情况通过数据可视化展现。综上所述，北京市的老年人口分布呈现明显的集聚态势，且主要集中在北京市城区内的中心区域。

2　北京城区养老资源空间分布特征分析

2.1　北京城区养老资源供给概况

北京是我国老龄化程度较高的城市，截至 2022 年底根据政府相关数据统计，全北京市现有养老机构超 500 家，床位数近 30 万张，其中以居家养老服务机构占比较高。而北京市医养结合机构总数为 200 家，其中，两证齐全的 183 家，提供嵌入式医疗卫生服务的养老机构 17 家，医养结合床位数 6.15 万张。

目前北京城区内的养老资源按照施行的不同类别的养老资源分类基本标准和建设标准，主要可以分为三类：养老机构、养老驿站、养老照料中心。北京市城区内的养老驿站、养老照料中心和养老机构数量为 543 家，北京市城区内的各类养老服务资源设施数量见表 1，其中养老机构 57 家，养老照料中心 120 家，养老驿站达 366 家。可见目前北京市城区内主要是以养老驿站为主，养老产业较为丰富但是医养结合的机构相对较少，主要是以社区为主构建社区范围内的养老服务区。分析其原因，是因为医养结合的养老机构需要的占地面积相对较大且集中，而北京市城区内只有较少的用地会符合此类情况，可以供其建设占地面积较大的医养结合的养老机构。

2.2 不同类型养老服务设施资源分布情况

通过表1可以看出北京城区的养老机构比重虽然不高，但数量规模还是比较大，且整体分布均衡，养老照料中心有120个，占比22%，社区养老服务供给也比较均衡。相对比较而言，以居家养老为依托的养老驿站有366家，占比67%，表明北京市政府对养老服务资源的建设是十分重视的。

不同养老服务资源的选址原则、优缺点以及服务人群，见表2，养老服务资源选址主要考虑社区附近、医院附近，目前

养老机构的定位是"机构养老＋医疗"，养老驿站是包括简单的医疗，而养老照料中心主要是以"社区看护"为主，三类养老服务资源特点见表2，可以看出北京市城区更多的形式便是"机构养老/社区养老＋简单医疗"的形式。

2.3 北京城区养老服务资源空间集聚特征分析

北京市城区内的养老机构主要集中在西城和东城区，这两个区养老事业发展较为成熟，对于老年人照顾和护理服务也较为完善；养老照料中心主要是集中在朝阳区，该区的养老产业发展也较为成熟，注重老年人的社区服务；养老驿站是近年来北京主要推广的养老模式，北京城区分布较广，数量较多。可以看出北京市城区的养老服务主要呈现为社区养老为主，注重针对老年人"养老服务圈"的建设。

北京养老各类资源机构分布情况　　　　　　表1

形式	数量（个）	占比	名录
养老照料中心	120	22%	南苑乡养老照料中心、北京市海淀区学院路寸草春晖养老照料中心、丰台区王佐镇养老照料中心……
养老机构	57	11%	北京市海淀区万寿阳光老年公寓、北京市朝阳区九九老年公寓、北京市海淀区上庄镇敬老院、北京市海淀区玉渊潭乡敬老院、北京市福寿老年公寓……
养老驿站	366	67%	丰台丰西社区养老服务驿站、丰台芳古园一区第一社区养老服务驿站、丰台太平桥西里社区养老服务驿站、丰台太平桥东里社区养老服务驿站、丰台富丰园社区养老服务驿站、丰台区望园社区养老服务驿站、丰台韩庄子第二社区养老服务驿站、丰台桥梁厂第二社区养老服务驿站……

各类养老资源特点　　　　　　表2

形式	选址原则	优点	缺点	服务人群
养老照料中心	社区养老	离家近，可以随时回家，提供三餐，拥有大量自由活动时间	活动较为单一	适合可以自理的老年人
养老驿站	机构养老/社区养老＋简单医疗	日常活动比较丰富，提供全托服务和护理服务，可以上门服务	面积较小，床位较少，服务范围小	适合行动不便的老年人
养老机构	机构养老＋医疗	完善的医疗服务体系，除急症以外均可方便救治，全托服务	价格昂贵	家庭经济较好的老年人

养老照料中心的建设相对较为分散，分析其原因与老年人口分布有一定的关联，养老照料中心在空间上总体呈现分散分布，包含低密度区、中密度区、高密度区，其中高密度区位于西城区；中密度区为东城区，北京市城区内养老照料中心主要呈现出中心区域集中，周边部分地区次集中，外缘区不集中的格局，其中主要集中区在北京市西城区；次集中区主要是在东城区、海淀区、朝阳区、丰台区的外缘区域，养老照料中心数量与养老照料中心的服务范围内周边建筑密度和人口密集程度有关。

养老机构的分布相对较为集中，分析其原因与老年人口数和西城区小区建筑密度有一定的关联，核密度结果显示：医养结合养老机构在空间上总体呈现分散分布，主要以低密度区和中密度区为主，还有少量的高密度区，其中高密度区位于西城区；中密度区位于东城区和部分海淀区，其他区为低密度区。北京市城区内养老机构形成了中心区较为集中的格局，其中，主要是集中在西城区和东城区以及部分石景山区，周边地区形成了次集中区，北京市城区外缘区也形成了相对较低的养老服务资源集聚。

养老驿站在空间上总体呈现分散分布，包含低密度区、中密度区、高密度区，其中高密度区位于东城区、部分西城区、朝阳区、石景山。养老驿站的选址建设相对较为分散，但主要以朝阳区为主，分析其原因与小区密度和可利用的设施用地有一定的关联。

通过养老服务供给的可视化分析，不难发现城区养老服务资源发展较为广泛的方式是以"机构养老/社区养老+简单医疗"的方式，且在北京市城区中心区域较为集中，这种形式可以更加方便地为老年

人口提供相应的服务。

3 北京城区医疗资源空间分布特征分析

3.1 北京城区医疗资源概况

北京市作为首都拥有较为丰富和优质的医疗服务资源，为城市居民提供相应的基本医疗服务。总体来讲，全市基层医疗卫生资源相对丰富，其分布方式主要基于人口分布的资源配置，分布公平性优于地理分布。目前北京已经有240家医疗机构设有老年医学科，248家医疗机构设置了康复医学科，95家医疗机构建立了安宁疗护病区，正常运营的护理院8家，护理站25家。

受历史因素影响，北京城区更聚集了大量医疗卫生资源，为居民提供更加优质的、高效的、智能的医疗服务。针对含有急诊的二三级医院以及社区周边的社区医院，将医疗资源主要分为两大类，一类是含有急诊的二三级医院，另一类是可以支持一些基础医疗如慢性病开药等的社区医院，包含一些中医医院作为相关医疗资源的研究。如表3可见，北京市城区内医疗资源主要是以社区医疗为主要医疗资源，社区医院分布较为广泛，但是资源利用相对不完善，可见我市城区内的医疗资源体系的构架依然需要相关调整。

3.2 北京城区医疗资源空间分布

北京市城区内医疗资源主要是集中在社区医院、含有急诊的二三级医院的综合医院以及老年专科医院，本文所研究范围内目前的医疗资源数量为883家，其中社区医院714家，含有急诊的二级医院有59所，含有急诊的三级医院110所。

北京城区内的医疗资源主要是集中在东城区和西城区两个区域，这两个区是北

北京市城区内各类医疗分布情况 表3

形式	数量（个）	占比	名录
社区医院	714	80.9%	远洋沁山水社区卫生运营服务站、中国瑞达系统装备公司 - 瑞达医院、远洋山水社区卫生运营服务站、八宝山社区卫生中心、首都医科大学附属朝阳医院社区医疗部、永乐第二社区卫生运营服务站……
二级医院	59	6.7%	北京核工业医院、北京家圆医院、北京军颐中医医院、北京瑞安康复医院、展览路医院、北京长安中西医结合医院……
三级医院	110	12.4%	石景山医院、首都医科大学附属北京朝阳医院西院、北京大学首钢医院、中国医学科学院整形外科医院西院门诊、首都医科大学附属北京康复医院、总政机关医院……

京的核心区域，聚集着许多大型综合医院和一系列较高水平的慢性病专科医院。目前北京市的老年病医院，多集中于北京市朝阳区和北京市海淀区温泉地区；而石景山区和丰台区的中小型综合医院较多，以及一些社区卫生服务中心，为周边居民提供相应的基本服务。对北京市城区内老年人口百分比以及医疗机构床位数百分比进行分析，基尼系数为 0.18，可见北京市城区内的医疗机构资源对于老年人口来说，北京市城区内医疗资源按照老年人口分布的公平性较为理想。

4 医养服务设施资源的供需特征分析

医养结合视角下，构建养老以及医疗服务供需关系和匹配关系，主要分为以下四类：老年人口与养老资源供需关系、老年人口与医疗资源供需关系、医疗资源和养老资源匹配关系、医养资源与老年人口的综合分析。因此本文将六边形格网化的老年人口、医疗资源、养老资源利用点距离分析法最佳服务范围进行赋分，进一步分类如图3所示，供给要素（养老资源和医疗资源）按照得分的高中低进行分类，需求要素（老年人口）按照人口数量进行合理的高中低分类，得到供需关系的空间匹配情况，由于会出现老年人口不断增加的情况，故将其分为供需平衡、供需紧张、供需不足三种情况，根据上述方法对医养资源进行分类得到两者的匹配关系，即匹配平衡、匹配紧张、匹配不足三类，进一步对数据进行可视化研究。

4.1 老年人口需求与养老服务供给分析

养老资源是根据老年人口数量进行评估后从而进一步选址分析而成，根据分析本文将人口与三类养老资源进行可达性分析，从而得到相关图示以更好地解释说明目前北京市城区内的养老资源与老年人口的供需情况。

在六边形网格化老年人口数量作为需求量，养老照料中心、养老驿站、养老机构作为供给，通过有效地分析老年人口和养老资源的供给关系，找到北京市城区内的养老机构供给特点，从而及时调整相关养老资源的选址，构建合理的服务范围以及全方位的养老资源保障。

针对老年人口与养老服务资源通过可达性分析，找到合理的供需分类，主要分为高 - 低、高 - 中、高 - 高、中 - 低、中 - 中、中 - 高、低 - 低、低 - 中、低 - 高九类，按照图3的供需形式。通过养老资源与人口的叠加分析，可以看出北京城区内的中心地区和部分北京市城区外缘区资源供给较为紧张，其他地区随着越靠近北京市城区中心位置养老服务资源供给平衡，只有极少数地区出现供给不足的情况。

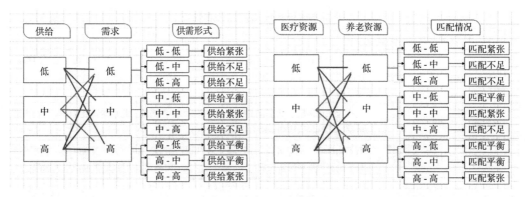

图 3　要素关系匹配情况

4.2　老年人口与医疗服务供给分析

医疗资源应该是根据人口数量进行评估后从而进一步地作相关调整，根据分析我们将老年人口与两类医疗资源进行供需分析，从而更好地解释说明目前北京市城区内的医疗资源与老年人口的匹配情况分析，与养老资源相同，按照图 3 的供需形式，进行供需关系叠加分析，可以得出：北京城区内中心区域资源供给紧张，而部分地区出现供给不足的情况，而大部分都处在供给平衡的状态。

医疗资源与养老资源的不同在于老年人口对于医疗资源的需求量要大于养老资源所需，故北京市城区的医疗资源与老年人口的匹配性应该保持高度一致，进而可以更好地解决老年人口所面临的医疗问题。总的来说，均与北京市人口分布情况有一定的关系，当前北京城区内医疗资源较为广泛，服务范围也满足老年人口需求，但是目前北京城区内医疗等级制度相对薄弱，且中心区域老年人口数量众多，随着时间的推移老年人口数量会急剧增加，此时老年人对于医疗资源的需求也会加大。

4.3　养老资源与医疗资源匹配分析

结合目前实行医养结合的政策，将养老资源与医疗资源进行叠加分析，从而更好地解释说明目前北京城区内的医疗资源与养老资源的匹配情况。在六边形网格化养老服务资源与医疗资源进行匹配分析，通过有效地分析养老资源和医疗资源的关系，找到北京市城区内的医养配套的分布特点，从而及时调整相关医养资源的选址，构建合理的服务范围，从而更好地推进医养产业的协调发展和相关措施保障的制定。

医疗资源应该与养老服务资源呈现相对匹配关系，在养老服务供给中，配套或可享用的医疗资源可以有效地保障老年人的健康，延长老年人的寿命，提升老年人口的幸福感和家庭对北京市的养老服务资源的满意度，按照图 3 的供需形式，对北京城区内整体医疗资源和养老资源匹配进行空间叠加制图。目前养老服务资源和医疗资源匹配在北京市城区中心区匹配相对紧张，北京市城区外缘区出现匹配平衡情况，而匹配不足的区域呈现出不规则分布的情况，但也是以小范围聚集出现。

4.4　医养结合综合聚类分析

目前北京市城区内的街道数据共有 129 个街道，根据前面三节的分析研究可以将三角图分为四种类型，分别是老年人口与养老资源匹配存在不足（R 型）、老年人口与医疗资源存在不足（Y 型）、养老资源和医疗资源存在不足（RY 型）以及三者匹配性较好情况（O 型）。全北京市城区内 129 个街道被分为 4 个不同的匹配类型，其中老年人口与医疗资源存在不足（Y 型）区域和三者匹配性较好情况（O 型）区域占比较大，而老年人口与养老资源匹配存在不足（R 型）、养老资源和医疗资源存在不足（RY 型）相对较少，统计各类型的情况三者匹配性较好情况（O 型）以太平桥街道、团结湖街道为典型共 48 个街道，老年人口与养老资源匹配存在不足（R 型）以左家庄街道、展览路街道为典型共 7 个街道，老年人口与医疗资源存在不足（Y 型）以广宁街道、奥运村街道为典型共 66 个街道，养老资源和医疗资源存在不足（RY 型）以紫竹院街道、学院路街道为典型共 8 个街道。针对三者综合配置北京市城区内各个街道的医养资源分布情况较好，针对老年人医疗资源分布情况依然需要提高。

目前北京市城六区没有一个区是全部街道均满足医养资源与老年人口供需关系匹配性较好，大部分街道医疗资源存在不匹配的情况。北京市养老资源仍需要不断提升改进，不断加强医养结合，合理保障老年人口所需。

5 结论

综合以上分析，不难得出以下结论：第一，北京市老龄化趋势在不断加深，且高龄老人数量不断大幅提升，对于北京市城区来说老龄化问题会越来越严重，且呈现不断上涨的趋势。第二，北京城区养老资源分布主要在东城区、西城区和部分石景山区，在老龄人口与养老服务资源设施的适配性上，中心区的情况要显著优于外缘区，且虽然外缘区地广人稀，但其养老服务设施大多以小微型养老资源为主，而中心区的养老资源种类较为全面，更加丰富，服务范围较为广泛。第三，北京城区医疗资源分布主要在东城区和西城区，在北京市城区老龄人口与医疗服务设施的适配性上，中心区的情况也是要显著优于外缘区，外缘区医疗主要是以社区医院为主，二三级医院资源较少且几乎是著名医院的分院，医资能力有待提升，而中心区的医疗资源更加丰富，医疗级别更加全面，服务范围较为广泛，空间耦合性较好。第四，在北京市城区老年人口、北京市城区养老资源设施与医疗服务设施的三者适配度上，外缘区的情况优于中心区，外缘区较为满足老年人口与医养资源的供需关系，是由于外缘区老年人口较少，对于医疗资源与养老资源所需较少，而中心区三者之间供需关系匹配性较差，主要是养老资源供给不足。

建议：第一，对于今后北京养老市场的发展，应结合不同阶段的人口形势制定相应的政策，降低养老服务资源的价格，保障北京养老市场的有序发展，加快北京养老资源市场补贴政策，不断建设医养结合的养老机构的同时注重养老驿站、养老照料中心的环境建设。第二，对于今后北京老年医疗市场的发展，应加强社区医院建设，常见的慢性病、老年人常见病等可以到社区医院老年门诊进行诊断，对于拿药取药更应该结合不同状态的老年人情况制定相应的政策，与"互联网＋"相结合可以加强网络购买相关药品的，做到送货上门，减少居家养老的老年人外出就医风险，与相关养老资源进行点对点诊疗，促进医养结合发展，为二三级医院分流使医院利用效率达到最佳。第三，就北京市城区内的养老服务资源与医疗服务资源配置与合理利用而言，应结合各个区的实际情况加以决断：对于土地资源稀缺且老龄人口数量庞大的中心城区，应该将养老资源建设落脚点放在养老驿站和养老照料中心上，并且不断加强社区医院的服务职能；对于土地资源丰富且环境优美的外缘区，应将养老产业建设落脚点放在医养结合的养老机构中，使北京市养老产业布局可以更加合理，也应该加强推进相关二三级医院的建设，建立属于外缘区特有的二三级医院保障较好的医资水平。第四，抓住人口结构变更的窗口期，对老龄化社会可能产生的问题加大关注力度并给出相关预案，注重社区老年人口发展情况，积极应对人口老龄化，借鉴发达国家迈入老龄化社会过程中的合理经验，总结出符合中国特色的医养结合的养老服务产业。

参考文献：

[1] 陈卫.中国人口负增长与老龄化趋势预测 [J].社会科学辑刊，2022，（05）：133-144.

[2] 区慧琼.基于 SWOT 分析的"整合照料"医养结合养老模式问题研究 [D].天津：天津工业大学，2016.

[3] 沈婉婉，鲍勇.上海市养老机构"医养结合"优化模式及对策研究 [J].中华全科医学，2015，13（06）：863-865+871.

[4] 席晶，程杨.北京市养老机构布局的时空演变及政策影响 [J].地理科学进展，2015，34（09）：1187-1194.

[5] 汪连杰."银发浪潮"背景下全面推行医养结合养老模式问题研究 [J].晋阳学刊，2017，（04）：131-139.

[6] Jorge Rocha, Patrícia Abrantes.Geographic information systems and science[M].IntechOpen：2019.

[7] Jung In Kim, Devini Manouri Senaratna, Jacobo Ruza, et al.Feasibility study on an evidence-based decision-support system for hospital site selection for an aging population[J].Sustainability, 2015, 7（3）.

[8] So Hyun Park, Eun Ju Gwak, Ye Ji Chun, et al.Spatial analysis for accessibility to senior care facility in Daegu[J].Journal of the Korean Data and Information Science Society, 2018, 29（5）.

[9] Reddy Brian P, O'Neill Stephen, O'Neill Ciaran.Explaining spatial accessibility to high-quality nursing home care in the US using machine learning[J].Spatial and Spatio-temporal Epidemiology, 2022, 41.

[10] 秦岭，周燕珉."医养结合"背景下养老机构医疗空间的配置研究 [J].建筑学报，2021，（增 1）：74-79.

[11] 姬飞霞，张航空.北京市医养结合养老资源空间均衡研究 [J].中国卫生政策研究，2020，13（10）：7-13.

[12] 邱文平，李保杰，赵炫炫，等.基于 GIS 的徐州市养老机构布局优化研究 [J].测绘与空间地理信息，2019，42（08）：54-58.

走马驿镇区空间优化布局研究

邢佳萌　　刘贵利

（北京联合大学应用文理学院，北京　　100191）

摘　要： 在新型城镇化和国土空间总体规划推进时期，小城镇的发展建设和乡镇级国土空间总体规划编制也成为该阶段的重要内容，其关注重点也集中在小城镇的空间优化上。我国小城镇集中在山区，针对此种现状如何制定山地小城镇的空间发展战略、如何优化山地小城镇的空间布局、如何建立一条针对性强的山地小城镇空间优化路径是关键之处。该文研究对象是位于河北省保定市涞源县的山地小城镇走马驿镇。该研究在充分分析现状条件的基础上，在规划方案之中融汇对走马驿镇未来产业发展模式的构想，从走马驿镇的空间结构、用地布局、道路交通、绿地景观4个方面进行方案优化，最终形成了独特的链条型空间结构、产业型空间布局、支撑型道路交通、旅游型景观环境，提供出一条适用于欠发达地区的山地小城镇的空间优化路径，对类似山地小镇的规划编制及发展战略的制定提供借鉴。

关键词： 山地小镇；欠发达地区；空间优化路径；空间布局

0　引言

中国的小城镇建设仍处于快速发展期，在这个时期的小城镇发展出现了诸如土地利用低效、功能分区混杂、发展模式单一等一系列问题。乡镇内部的空间布局松散，相对应的是乡镇人均建设用地面积比重较大，甚至严重超标。乡镇土地利用较为粗放，土地利用效率较低，建筑布局杂乱，各类违法用地现象层出不穷。镇总体规划对用地指标的管控也逐渐失控，与当地的实际情况存在巨大偏差，过于粗放的土地用途管制不能对乡镇的土地进行合理管控[1]。同时国家对城镇化提出了新要求，在国土空间总体规划工作中，统筹镇区空间规划工作是乡镇国土空间总体规划的重点内容。对镇区的空间结构、土地利用、产业布局等方面的管控更加严格。同时又要求各类功能空间有机生长、弹性发展，结合当地的特色和居民需求对小镇进行弹性规划。镇区空间布局规划是乡镇国土空间总体规划的重点内容，也是乡镇国土空间总体规划走向深入的关键之处[2]。

我国山地众多，山区的县级行政区数量占全国的60%以上，改善山区城镇人居环境与合理规划山区城镇发展，是实现

作者简介：邢佳萌（2001—），女，河北人，北京联合大学人文地理与城乡规划专业2023届毕业生，2024级地理学硕士研究生。主要研究方向为国土空间规划。

通讯作者：刘贵利（1971—），女，河北人，博士、研究员，城市与区域研究所负责人，人文地理与城乡规划专业负责人。主要研究方向为国土空间规划与生态环境保护。

资助项目：教育部产学合作协同育人项目（220804225174305）；北京联合大学2023届优秀本科毕业论文。

新型城镇化的重要内容。山区城镇的规划建设对区域发展有着重要意义和重大影响[3]。近现代山地科学研究可以追溯到19世纪末期，20世纪80年代，随着各学科研究的不断深入，人们对山地在全球系统中所扮演重要角色的认识不断加深，自1980年国际山地学会成立标志着以山地为研究对象的山地学逐渐形成[4]。此后针对山区资源利用、山地风险评估、减缓山区贫困、山区气候变化等各方面分别展开研究。20世纪后期以来山地研究受到国际上更多的关注，针对山区发展制定了一些具体的政策。整体来看国外山区的发展政策围绕经济补贴、人文关怀、生态可持续3个维度，并借助大量的山区法条促进山区建设和发展[5]。中国山区小城镇的研究对具体的规划内容的阐释较为宏观，在早期的山区城镇规划中不乏直接照搬平原城镇的规划方案[6]，缺少具有针对性的规划策略[7]。虽然一直以来都在强调规划的落地性，注重理论与实际相结合，但对不同类型山地城镇空间发展层面缺少更为具体的理论支撑、更具针对性的发展路径、更精细化的规划对策。

1 研究区域概况和数据来源

1.1 走马驿镇域概况

走马驿镇位于河北省保定市涞源县南端，北接白石山镇，南连唐县，西临水堡镇，东与银坊镇接壤。走马驿镇地处暖温带半湿润季风气候区，有着西北高东南低的自然地势，全镇下辖20个行政村，镇域总面积达21220hm²。境内3条河流，分别是南部的唐河和南马庄河，北部的五门河。镇域内矿产资源和森林资源丰富，并与周边镇区共享九处旅游资源。走马驿镇镇区位于镇域东部的西走马驿村，

镇区总面积约280hm²，建设用地总面积28.10hm²。207国道、336国道分别从镇区东部和南部穿过，交通便利。

镇域人口方面，根据2018年走马驿镇统计资料显示，镇区常住人口1041人，镇域常住人口18560人，城镇化水平5.61%，城镇化水平明显偏低。2020年涞源县第七次人口普查结果显示，走马驿镇60岁以上人口占比30.88%。总体而言，走马驿镇总人口偏少，城镇化率偏低，劳动人口占比重大，人口老龄化问题不严重，整体受教育程度低。从走马驿镇产业构成来看属于二、一、三型，第二产业占全部生产总值的50%以上，且集中在传统制造业和采掘业（第二产业指采矿业，制造业，电力，热力，燃气及水生产和供应业，建筑业）。

1.2 数据来源

采用的土地利用数据为2020年走马驿镇国土三调数据，规划资料包括《河北省涞源县城乡总体规划（2013-2030年）》和《涞源县走马驿镇总体规划（2008-2030年）》，并结合实地调研获取的资料进行研究。

2 土地利用现状分析

根据2020年走马驿镇国土三调数据显示，走马驿镇区总面积52.35hm²，现状建设用地总面积28.10hm²，占镇区总面积的53.68%。镇区建设用地现状主要用地类型有6类，分别为住宅用地、商业服务业用地、公共管理与公共服务用地、交通运输用地、特殊用地以及工矿用地（表1）。

走马驿镇镇区土地利用现状表 表 1

三大类	土地利用现状分类			面积（hm²）	占比	人均（m²）
	一级类	编码	名称			
农用地	耕地	0102	水浇地	1.03	1.97%	6.46
		0103	旱地	3.98	7.60%	24.88
	种植园用地	0201	果园	2.09	4.00%	13.09
	林地	0301	乔木林地	7.14	13.64%	44.61
		0305	灌木林地	0.01	0.02%	0.05
		0307	其他林地	4.84	9.25%	30.27
	草地	0404	其他草地	0.43	0.82%	2.68
	交通运输用地	1006	农村道路	1.05	2.01%	6.57
	其他土地	1202	设施农用地	0.25	0.48%	1.55
	小计			20.82	39.78%	130.16
建设用地	商业服务业用地	05H1	商业服务业设施用地	1.72	3.29%	10.75
		0508	物流仓储用地	0.71	1.35%	4.41
	工矿用地	0601	工业用地	0.12	0.23%	0.76
	住宅用地	0702	农村宅基地	19.50	37.24%	121.85
	公共管理与公共服务用地	08H1	机关团体新闻出版用地	0.77	1.47%	4.79
		08H2	科教文卫用地	0.42	0.80%	2.63
	特殊用地	09	特殊用地	0.51	0.97%	3.16
	交通运输用地	1003	公路用地	3.14	6.01%	19.65
		1004	城镇村道路用地	1.22	2.33%	7.62
	小计			28.11	53.69%	175.62
未利用地	水域及水利设施用地	1101	河流水面	3.42	6.53%	21.38
	小计			3.42	6.53%	21.38
总计				52.35	100.00%	327.16

2.1 问题分析

走马驿镇在空间结构、产业发展空间与用地布局、交通系统和绿地景观 4 个方面存在问题。在空间上结构不明晰，功能区分散；镇区内缺少主导产业，产业发展与用地布局息息相关，现状用地布局混乱，随着矿区的关停，小镇产业发展需要镇区提供土地补给，用地布局急需优化；镇区内部交通混乱，道路路况差，东西向存在大量未硬化路，需要建立系统的交通体系；

镇区内部多为一层自建房，人居环境较差，缺少绿地景观，应大力改善现有人居环境。

2.2 发展方向分析

走马驿镇镇区用地发展受到诸多因素的制约。其一是走马驿镇作为山地农业型小城镇，地形和农用地制约建设用地的开发，需要考虑用地发展的安全性和适建性。其二是现状交通和用地规模、用地布局对未来规划布局的影响。在对镇区现状用地进行分析后，综合考虑走马驿镇的自然条件、基础设施条件、区域交通等因素，明确镇区用地的发展方向为"北上，南控，东西禁"。

镇区北部临近207国道，交通较为便利，北部仍存在大量地形平坦的土地，景观条件良好。镇区南端流经唐河，不宜开发为建设用地，但南部有336国道，可以沿国道两侧发展部分建设用地。镇区西部为高大的山体，地形起伏大，危险性高，可供开发的安全用地极少，西部不适宜作为镇区建设用地；镇区东部也存在大量高大山体，地形平坦处被五门河及207国道贯穿，不适宜发展建设用地。

3 优化方案

从区域上看，走马驿镇是涞源县南部的中心城镇；镇区是镇政府所在地，承担着全镇的政治、经济、文化中心的职能。随着大型基础设施建设和镇区公共设施的不断完善，镇区的凝聚力将逐步增强。镇区是全镇两条主要对外干道的交汇处，区位优势明显，规划建立以生态休闲旅游为主的产业发展战略[8]，并辅助以农产品特色加工业的产业结构，打造自有农产品品牌。规划形成"山水为脉，生态为底"的特色小镇。基于现状分析，明晰空间结构，并将产业发展模式融汇于用地布局中，完善交通网络和改善人居环境。走马驿镇镇区的空间优化从空间结构优化、用地布局优化、道路交通优化和绿地景观优化四个方面入手，最终形成链条型空间结构、产业型空间布局、支撑型道路交通、旅游型绿地景观。

3.1 链条型空间结构

考虑到城镇未来发展方向和城镇健康

可持续发展，明确空间发展的结构尤为重要。空间发展轴线能够引导城镇发展方向，沿轴线可布局镇区的主要功能区域。山区城镇发展轴线主要依托城镇道路，并将沿线的关键节点串联起来。走马驿镇根据现状建立镇区"一轴，三区，一心"的链条型空间结构（图1）。"一轴"即镇区的中心发展轴线，规划一条纵穿镇区的主要道路作为链条的支撑结构，串联镇区用地的整体布局，连接政府驻地，形成镇区的主要发展轴线；"三区"是在充分考虑用地布局和镇区发展目标的基础上，将镇区分成3个主要功能区，即对外服务区、镇中心区、生产服务区；"一心"即镇中心区形成的综合性核心节点。

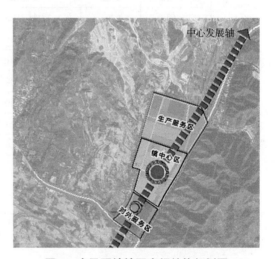

图1 走马驿镇镇区空间结构规划图

3.2 产业型空间布局

将用地布局集约化、组团化，用地减量发展，织补产业空间，如商业、文化、工业和民宿产业，形成产业型用地布局，激发镇区经济活力。针对镇区内部居住用地占比过大的问题，让住宅区集中成片，拆除危房、废弃房屋，限制房屋零星分散建设。同时要推进对镇区住房的改造，形成具有当地特色的居住风貌，为民宿产业发展助力。对于小城镇来说，用地布局集中化的优势明显，除便于管理和节约土地资源外，最主要的是提升区域的宜居性和可持续性[9]。将教育用地与文化用地、工业用地与仓储用地等关联度高的用地类型集中布局，统筹利用镇区空间资源，实现区域内资源共享，提升镇区服务能力（图2）。

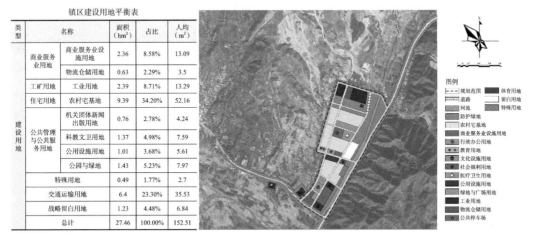

镇区建设用地平衡表

类型	名称		面积（hm²）	占比	人均（m²）
建设用地	商业服务业用地	商业服务业设施用地	2.36	8.58%	13.09
		物流仓储用地	0.63	2.29%	3.5
	工矿用地	工业用地	2.39	8.71%	13.29
	住宅用地	农村宅基地	9.39	34.20%	52.16
	公共管理与公共服务用地	机关团体新闻出版用地	0.76	2.78%	4.24
		科教文卫用地	1.37	4.98%	7.59
		公用设施用地	1.01	3.68%	5.61
		公园与绿地	1.43	5.23%	7.97
	特殊用地		0.49	1.77%	2.7
	交通运输用地		6.4	23.30%	35.53
	战略留白用地		1.23	4.48%	6.84
	总计		27.46	100.00%	152.51

图例
规划范围　体育用地
道路　　　留白用地
河流　　　特殊用地
防护绿地
农村宅基地
商业服务业设施用地
行政办公用地
教育用地
文化设施用地
社会福利用地
医疗卫生用地
公用设施用地
绿地与广场用地
工业用地
物流仓储用地
公共停车场

图2　走马驿镇区用地布局规划图

3.3　支撑型道路交通

山区小镇道路有高差起伏，并较为窄小，现状镇区道路多为直接连通住宅区的小路，未能形成道路体系。按照实地调研的交通现状，利用好现状道路，结合自然地理条件，考虑镇区内水域、植被与道路的联系，规划形成功能明确、等级完备的道路网络。镇区作为全镇交通最为便捷之处，进行道路体系规划建设时，要能适应城镇交通结构的变化，为城镇近远期经济发展持续助力，使道路系统规划具有一定的弹性。镇区的道路既要满足居民生活的交通需要，便利居民出行，又要做好过境交通与居民区的分离规划，避免内外部交通相互冲突，真正做到互联互通，便民利民。在道路规划时，把路况良好的道路进行优化，将零碎道路打通延长，并完善交通服务设施，打造支撑产业发展、便利人财流通的支撑型道路交通。

3.4　旅游型绿地景观

山区小镇的突出优势在于生态环境，在景观优化时充分利用山区小镇的山水基底，注重环境质量提升，用宜居宜游的旅游环境设计理念，对镇区环境和空间秩序进行整体设计，在道路树种选择上采用本地树种，沿河流形成生态景观绿带，创造山环水绕的山水城镇意象。山区城镇景观遵循山为骨架、水为血脉的理念，随山之势，就水之形，形成以山水为衔接的景观界面。同时增加街道景观，增强城镇可识别性，并依托道路连接景观节点，形成性质不同的景观轴线，丰富整体景观结构，完善城镇绿化网架。

4　结语

对于山地小镇来说，独特的山水条件既是制约也是机遇，通过优化研究达到山水与人和谐共生的愿景，利用现状条件把握发展机遇，谋求经济增长和生活品质提升。

针对欠发达地区的山地小镇来说，其内生动力不足，难以整合多类动力，为解决其经济发展滞缓的现状[10]，最终形成了"产业优化＋空间优化"双路并举的优化路径，二者互为依存，相互支撑。在产业上发展农副食品加工业、利用较大规模的居住用地发展民宿产业、依托便利的交通和良好的生态环境发展生态旅游业，刺激经济增长。除以上产业发展模式外，还需通过具体空间优化方案来联通各类产业，提升镇区活力，实现持续的经济发展。基于此，走马驿镇空间优化方案形成了独特的"链条型空间结构、产业型空间布局、支撑型道路交通、旅游型景观环境"景象。

从镇区空间结构入手，利用现状设施和用地进行功能分区规划，让空间格局秩序化、整体化。连通核心节点和功能片区，串联空间格局，以贯穿内部的主干道为发展轴线，形成链条型空间结构，加强产业衔接。在进行用地布局优化时，最大限度上利用原有设施，将用地布局集约化、组团化，用地减量发展，织补产业空间，激发镇区活力。在优化提升现状道路的基础上，按照功能分区规划新增道路，形成规则路网结构，打造支撑产业发展、便利人财流通的道路交通系统。在景观系统规划时充分利用山区小镇的山水基底，注重环境质量提升，用宜居宜游的旅游环境设计理念，对镇区环境和空间秩序进行整体设计，形成旅游型景观环境。

因走马驿镇区地处较偏远，研究数据获取较为困难，该研究仅建立在第三次全国国土调查数据和实地调研的基础上进行规划设计。在调控建设用地时，因其基础设施较为落后，一方面是要完善基础设施新增建设用地；另一方面又要将建设用地进行减量，降低人均建设用地面积，该研究的不足之处也是未能将二者建立更有效的链接。

参考文献：

[1] 胡冬冬.新型城镇化视角下山地贫困城镇发展路径探索 [J].小城镇建设,2013,（05）:48-51.

[2] 潘斌，陆嘉，沈凌雁，等.乡镇国土空间总体规划的转变方向与编制思路 [J].规划师，2022，38（06）:109-117.

[3] 李和平.针对山地城镇特殊性，构建规划建设工作体系 [J].城市规划,2016,40(02):96-97+112.

[4] 杜春兰，贾刘耀，林立揩.山地城镇在地景观研究:缘起、发展与展望 [J].中国园林,2020，36（12）:6-12.

[5] 张建新，邓伟，张继飞.国外山区发展政策框架与启示 [J].山地学报,2016,34(03):366-373.

[6] 肖竞，曹珂.契合地貌特征的西南山地城镇道路系统规划研究 [J].规划师，2012，28（06）:43-48.

[7] 叶丹，蒋希冀，俞屹东.近二十年我国城乡规划领域的山地城镇研究热点与演进 [J].小城镇建设，2021，39（01）:16-23.

[8] 林兆武，陈晓键，魏书威.资源型山地小城镇空间扩展研究 [J].小城镇建设，2012，（06）:47-52.

[9] 孟祥林.京津冀协同发展背景下涞源县城镇团发展对策分析 [J].保定学院学报，2018，31（06）:111-119.

[10] 孙雅文，谭少华，高银宝，等.精明收缩视角下边缘小城镇"差异化、结构化"发展路径——以重庆市城口县为例 [J].小城镇建设，2022，40（10）:110-119.

基于游客感知的北京市民宿旅游发展研究

周翰文　杜姗姗　李　琛

（北京联合大学应用文理学院，北京　100191）

摘　要：民宿作为近年来旅游业的热点，已经成为更多年轻人出行住宿的首选，民宿也因此成为重振旅游经济的重要驱动。本研究使用网络文本分析、问卷调查等方法，探究游客对于北京市民宿的感知情况、消费偏好、影响因素、情感变化以及满意度等方面的评价和研究。研究发现：北京民宿行业规范需完善，界定、分类及收费模糊，游客认知不足，发展潜力大，需加强推广；北京市民宿整体的游客满意度较高，但依然有不足之处，其发展潜力巨大，行业规范有待完善；游客选择民宿更注重个性化、别致体验以及性价比。

关键词：民宿；民宿旅游；游客感知；北京

0　引言

随着新时代经济的飞速发展和人民生活水平的不断提高，体验经济的需求日渐旺盛，各类新兴业态纷纷涌现，其中民宿作为一种独特且富有吸引力的旅游住宿形式，已快速跃升为许多年轻人出行的首选。尤其是在新冠疫情冲击下，实体经济尤其是旅游业受到了严重影响，然而，随着2022年底国内疫情管控政策的放宽，民宿因其潜在的巨大发展空间，有望成为带动旅游实体经济复苏的关键力量。北京市民宿自20世纪80年代末农家乐雏形开始，历经数十年发展，现已从乡村扩展至城市，由低端走向高端，尤其在分享经济、体验经济和移动互联网经济的催化下，借助社交媒体平台的力量实现了快速发展。

国内外对民宿产业及其在北京地区的发展研究已积累了一定成果。国内研究普遍关注民宿如何实现人与自然和谐共生[1]、助力乡村振兴[2, 3]、空间分布[4, 5]、规划设计[6, 7]及发展路径[8, 9]；而国外研究则聚焦于民宿的目标消费群体[10]、运营模式及乡村民宿的发展策略等方面[11]。针对北京市民宿的研究，尽管文献丰富，但多集中于探讨其在乡村振兴中的角色[12]。部分学者已提出诸如构建智慧民宿平台[13]、创新文化产品、提升服务质量等具体的实践建议[14]，而对于城市特色民宿、都市民宿等方向的研究相对较少。

在此背景下，本研究旨在全面剖析北京市民宿旅游的发展状况。在社会经济持续进步、民众追求高品质生活体验的今天，民宿行业对于推动旅游业升级转型的作用不容忽视。虽然疫情给民宿乃至整个旅游业带来了严峻挑战，但随着全球疫情

作者简介：周翰文（1997—），男，硕士。主要研究方向为乡村地理。
通讯作者：杜姗姗（1978—），女，博士、副教授。主要研究方向为城乡发展与土地利用。
资助项目：北京联合大学科研项目《文旅融合产业 - 空间开发适宜性评价及功能配置》（ZK30202305）；
北京学高精尖学生创新项目《北京乡村旅游地类型、格局与优化》研究成果（BJXJD-GJJKT2022-YB05）。

形势的缓和，预计民宿业将随旅游市场的回暖和住宿需求的增长而重现活力。通过深入研究北京市民宿旅游的发展状况，不仅可以准确把握我国旅游市场现状与未来趋势，深入理解消费者需求变化，而且对于指导我国民宿行业的可持续发展，推动旅游业迈向更高品质，促进经济增长，都具有极其重要的理论价值和实践意义。

1　研究方法与数据来源

本文以北京市民宿作为对象，根据相关文献报道，分析当前北京市民宿发展的现状与问题，同时，对民宿消费者的旅游感知进行研究，通过问卷调查法与网络文本分析法，分析其行为变化的影响因素，从而找到民宿体验当中所存在的问题，并借助游客感知，进一步探索北京市民宿的未来发展，推动民宿产业的升级与改善。

1.1　研究方法

1.1.1　网络文本分析法

使用 ROST CM6 对游客评论进行话语和叙事分析，从而筛选出代表北京市民宿的文化形象的"关键词"，通过词频分析、情感分析和网络语义分析，理解民宿体验的游客感知和想象以及在旅宿过程中的认知与情感体验。

1.1.2　问卷调查法

参照国际上广泛认可且经过实证检验的成熟量表，同时结合本研究的核心目标——北京市民宿旅游的特点与属性，设计针对性的调查问卷。量表涵盖一系列能够反映游客对民宿各项服务与体验（如环境设施、服务质量、文化内涵、性价比、个性化体验等）感知价值的指标项目，并根据实际情况对其进行了适当的本土化改

编与优化。运用 IPA 游客满意度评估分析，构建二维矩阵象限，比较游客的期望与实际感知，从而确定各个因素的重要性和满意度。

1.2　数据来源

问卷发放采用线上线下结合方式，线上利用"问卷星"网络调查平台将问卷分发至各大社交媒体及旅游相关论坛；线下则选取北京市民宿实地及周边区域，直接向入住游客发放纸质问卷，收集第一手原始数据。网络文本数据利用 Python 爬取携程网中北京市民宿数据共 6019 家，按照平台综合排序顺序，进行等距抽样的方法，选取 50 家民宿作为抽样样本，收取其 2023 年 1~12 月时间段内评论数据，共计 2895 条评论。

2　北京市民宿旅游发展现状分析

2.1　基本类型分析

本研究依据北京市的地方标准定义民宿，即融合当地人文环境、自然景观、生态资源及生活习惯，为游客提供住宿、餐饮等服务的场所。民宿旅游产业作为乡村旅游的重要一环，在乡村经济发展中扮演着重要角色。本研究总结了旅游平台及文献中对民宿的分类情况（表 1）[15]，其分类多元且无统一标准，在北京市民宿的具体分类上，根据地理位置主要划分为城镇民宿和乡村民宿两大类别；按照功能特性，则细分出了农家体验、工艺体验、民俗体验、自然体验和运动体验等多种类型的民宿；按照业务类型主要有公司 + 农户、公司 + 集体 + 农户、政府 + 公司 + 农民旅游协会 + 旅行社、农户 + 农户等。民宿的分类根据使用场景的不同各有特点和适用范围。

北京市民宿分类表　　　　　　　　　　　　　　　　　　　表 1

分类方式	民宿类型
功能类型	农家体验民宿、工艺体验民宿、民俗体验民宿、自然体验民宿、运动体验民宿
主题特色类型	自然风光民宿、历史文化民宿、异国风情民宿、温馨家庭民宿、名人文化民宿、艺术特色民宿、个性主题民宿
美团民宿类型	海景民宿、私人别墅、loft 跃层、聚会轰趴、美食烹饪、网红 ins 风、少女风、咖啡体验、私人影院、美式复古、北欧简约、日式清新、中式禅意、山景茶园、四合院
木鸟民宿房屋类型	别墅套间、帐篷、四合院、农家乐、渔家乐、独栋别墅、小区住宅、叠拼别墅、酒店式公寓、普通公寓、小区复式跃层、老洋房、联排别墅、客栈民宿、loft 公寓、木屋、自建住宅、蒙古包
经营类型	"公司+农户" 模式、"公司+集体+农户" 模式、"政府+公司+农村旅游协会+旅行社" 模式、"农户+农户" 模式

2.2　空间分布与产业规模分析

北京市民宿分布不均衡，其数量分布如图 1 所示。其中怀柔区、延庆区民宿数量最多，东城区、西城区数量最少。整体呈多组团聚集态势。郊区数量明显多于中心城区，与自然环境、租金成本和农家体验等因素有关。怀柔区和延庆区民宿数量最多，与八达岭长城、龙庆峡等知名景点有关。而东城区、西城区民宿数量最少，与中心城区地租成本高和众多快捷连锁及高端酒店有关。

近年来，北京经济稳步发展，为民宿旅游产业提供了经济支撑，民宿旅游产业得到了长足的发展。2015 年北京经济呈现稳中有进、稳中向好的态势，全球经济复苏乏力，国内经济增速放缓。2017 年，国家旅游局发布《旅游民宿基本要求与评价》，规定民宿是提供体验当地自然、文化和生产生活方式的小型住宿设施，并明确了基本要求和管理规范。休闲农业、乡村旅游、民宿经济等特色产业在 "十四五" 规划中得到重视。2019 年北京市民宿产业规模约为 9.5 亿元人民币，有 1283 家民宿，提供 9695 张床位。北京市政府也在推进民宿规范化发展，加强管理，提高服务水平，预计未来民宿产业规模将进一步扩大。到 2020 年，在国家政策支持下，国内民宿房源量大幅增加，达到 300 万户，民宿房东数量也增至 46 万户。在北京，酒店式公寓是民宿数量最多的地方，受到了人们的追捧。随着旅游住宿需求的增加，

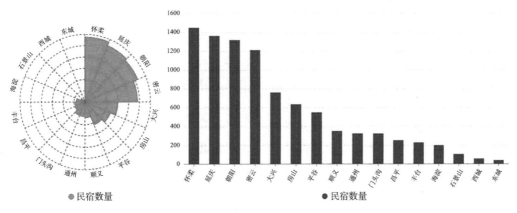

图 1　北京市各区民宿数量分布

短租、民宿等新型住宿方式逐渐受到青睐，民宿市场需求也在增加。截至 2023 年 12 月，北京市旅游行业协会公布了 369 家符合等级标准的民宿名单，民宿发展呈现良好势头。未来北京民宿数量还将继续增加，市场前景广阔。

2.3 管理现状分析

随着民宿住宿的普及和发展，北京市政府对民宿管理和监管也越来越重视。目前，北京市针对民宿经营实行了多项管理措施和政策（表2）。

北京市民宿相关政策文件　　　　　　　　　　　表 2

发布时间	政策文件	发文机构 / 字号
2017	《北京市旅游条例》	北京市人民代表大会常务委员会
2018	《北京市乡村振兴战略规划（2018—2022 年）》	北京市人民政府
2019	《中共北京市委北京市人民政府印发〈关于落实农业农村优先发展扎实推进乡村振兴战略实施的工作方案〉的通知》	京发〔2019〕7 号
2019	《京郊精品酒店建设试点工作推进方案》	北京文化和旅游局
2019	《关于促进乡村民宿发展的指导意见》	北京市文化和旅游局
2021	《关于全面推进乡村振兴加快农业农村现代化的实施方案》	京发〔2021〕9 号
2021	《北京市"十四五"时期乡村振兴战略实施规划》	京政发〔2021〕20 号
2021	《2021 年"大厨下乡"乡村民宿餐饮提升工作方案》	北京市文化和旅游局
2022	《关于促进乡村民宿高质量发展的指导意见》	文旅市场发〔2022〕77 号
2022	《首都标准化发展纲要 2035》	京发〔2022〕21 号

2017 年《北京市旅游条例》明确了民宿的概念和经营规模限制，城区民宿客房数限 5 间以下，乡村民宿客房数限 15 间以下。民宿的标准和技术要求由市旅游行政部门会同有关部门制定，与本条例同时施行。2019 年，市文化和旅游局等部门制定了《京郊精品酒店建设试点工作推进方案》，以加快京郊精品酒店建设，提升旅游服务水平。同时，为促进乡村民宿健康发展，各单位联合印发了《关于促进北京市乡村民宿发展的指导意见》，打造乡村民宿的"北京样本"。北京市政府还加强对民宿行业的监管，加大对经营者的检查力度，严格监管资质、安全环保、服务质量和价格等方面。违规或失误的民宿企业将受到行政处罚并立即改正。政府推行智慧民宿建设，提高数据化、标准化水平，实现全面监管和管控。同时，政府开展智慧城市建设，为民宿行业提供完善的基础服务和支持。

3 北京市民宿旅游的游客感知分析

3.1 基于网络文本的感知分析

本研究网络文本分析数据从携程平台收集，随机抽样选取北京 50 家民宿作为样本，经过筛选，最终收集到 2895 条有意义的评论，并对其进行感知分析。

3.1.1 词频分析

对北京市民宿的游客评价进行了关键词提取，得到包括舒适、干净、安全、便利、服务等 50 个关键词。进一步提取与游客感知最密切的 20 个关键词，如人情味、温馨、愉快等，反映了游客对北京市民宿的情感倾向和需求期待，这些关键词揭示了游客希望获得优质、人性化的服务和关怀，从而拥有愉悦和满足的旅行体验。整体评价较为积极。

其外，关键词还体现了游客在选择民宿时，既关注实际因素如价格、地理位置和设施，也重视情感因素如舒适度、清洁度、安全性和服务质量。反映现代旅游消费者需求日益多元化，追求旅行的乐趣和心灵的满足。因此，民宿经营者应满足游客的情感需求，提供特色装修和社交活动，以提升满意度和忠诚度。同时，游客对环保和节能的关注度提高，民宿经营者需关注这些问题以满足可持续旅游需求。不同游客有不同需求和旅游目的，民宿经营者须深入了解并提供精准和个性化的住宿体验。

3.1.2 情感分析

根据通过 ROST CM6 网络文本分析软件对"民宿评价文本"的情感分析结果显示，在共计 2895 条文本中，有 2398 条文本表现出积极情绪，占比达到了 82.83%；138 条文本为中性情绪，约占 4.77%；而有 359 条文本表现出消极情绪，占比 12.4%。这说明绝大多数人对"北京民宿"的感情态度属于积极型。

综合来看，大部分游客对北京市民宿持积极评价，称赞房间整洁、服务好、早餐美味、地理位置佳。但也有游客反映隔声差、设施陈旧、价格稍高。情感分析显示，游客重视住宿舒适度、服务人性化、旅行体验满意度，希望获得优质服务和愉悦体验。然而，配图中的负面评价显示民宿存在问题，如房间面积不符、饭菜口味一般、信号差、厨房用具不实用、有虫子等。

3.1.3 网络语义分析

北京市民宿整体满意度高，游客主要关注服务、环境、位置等方面。然而，也有游客对设施、价格等方面提出不满意。游客评论以积极评价为主，但也存在消极评价，主要集中在设施、价格等方面。通过词云图等可视化展示（图 2），发现游客最关心的是居住体验的舒适，其次是干净、安全以及便利。

关于服务质量的游客评论："员工非常热情，耐心解答我们的问题"；"入住时有免费的茶水和小吃，感觉很贴心"；"房东很周到，主动给我们推荐了周边好吃的餐厅。"

有关环境舒适度的评论："房间很干净，床品也很舒服"；"这里的环境很安静，每天晚上都可以好好休息"；"房间布置得很温馨，让人感觉像家一样。"

位置便利性："离地铁站很近，交通很方便"；"周边有很多小吃店，逛街逛吃都很方便"；"离景点很近，步行就可以到达，非常方便。"

图 2 北京市民宿游客评价词云图

3.2 基于调查问卷的感知分析

为深入了解游客对北京民宿的满意度和偏好，根据查阅的相关文献及信息制定问卷内容，包括游客对民宿的情感意向和游客的基本信息，旨在分析他们选择北京民宿的动机和偏好设置，为改进北京民宿旅游形态，建立更加完善、健全的民宿旅游体系提供参考。问卷共 28 题，涵盖单选和多选题。经过筛选，最终获得有效问卷为 730 份。

3.2.1 统计分析

在样本数据中，男性 395 人，女性 375 人。26～35 岁青壮年与 25 岁以下青年占比最多。36～45 岁中年人占比 19.61%，60 岁以上人群占比最少，为 13.38%。数据显示，26～35 岁青壮年和 25 岁以下青年是民宿主要关注人群，占比分别为 27.27% 和 22.6%。他们注重旅游个性化、深度、文化体验，更愿意尝试不同住宿方式，体验不同文化和生活方式。同时，他

们面临工作和生活压力，需要寻找身心放松的旅游方式，民宿的独特性和温馨性恰好满足这一需求。36～45 岁中年人占比 19.61%，60 岁以上人群占比最少，为 13.38%，可能更偏好传统豪华酒店或舒适型酒店。职业中，学生占比最突出，为 17.14%。被调查人员中，住过北京市民宿的人数为 368 人，占比 47.79%。

3.2.2 影响因素分析

根据问卷调查结果（表 3），游客在选择民宿时更偏爱别具特色、设施完备的民宿，尽管价格较高，仍有 46.1% 的游客选择此类民宿。这反映了游客对民宿个性特色的追求和愿意为高品质支付相应价格的消费观念。同时，29.35% 的游客选择性价比高的简约民宿，注重住宿环境的干净整洁和基本设施。另外，24.55% 的游

游客选择民宿的影响因素　　　　　　表 3

类型	选项	小计	比例
民宿类型	标准化、简约但性价比高	337	46.1%
	别具特色、设施完备但价格相对较高	214	29.35%
	选择介于两者之间	179	24.55%

民宿选择的影响因素

	选项	小计	比例		选项	小计	比例
选择因素	特色主题及氛围	283	36.75%	位置因素	幽静乡村	168	21.82%
	建筑外观	444	57.66%		繁华市区	201	26.10%
	室内装修	421	54.68%		景点附近	185	24.03%
	性价比	349	45.32%		交通枢纽	115	14.94%
	周边环境	235	30.52%		无所谓	101	13.12%
	设施配套	122	15.84%	配套因素	独特氛围	107	13.90%
	交通便捷	62	8.05%		提供丰富的娱乐活动	173	22.47%
	卫生状况	35	4.55%		亲子乐园	178	23.12%
	服务水平	21	2.73%		宠物空间	70	9.09%
	空间大，布局灵活	28	3.64%		厨房	89	11.56%
	有家的氛围	24	3.12%		独立院落	67	8.70%
	网络推荐	30	3.90%		普通酒店标准即可	86	11.17%

客希望找到性价比和特色并存的民宿，追求服务和价格相匹配。这些结果表明，不同类型的游客有不同的需求和倾向，民宿经营者应根据这些需求进行房间设计和服务策略的优化。此外，民宿的建筑外观是影响人们选择的重要因素，具有视觉吸引力。室内装修和主题氛围同样重要，能反映民宿风格并吸引特定人群。性价比也是游客考虑的关键因素，游客倾向于选择品质佳且价格合理的民宿。在位置选择方面，游客偏好繁华市区、景点附近和幽静乡村等不同类型的地点。配套因素中，亲子乐园和丰富娱乐活动最受欢迎，表明家庭出行和社交娱乐是游客的重要需求。因此，民宿经营者应根据这些偏好进行位置选择和配套设施的优化，以满足不同类型游客的需求。

调查结果表明，游客在选择民宿时关注多个方面，包括特色、设施、价格、位置和配套因素。民宿经营者应根据这些需求和倾向进行优化，以提高入住率和用户满意度。同时，多样化的民宿风格和配套供给也能满足游客的多样化需求。

3.2.3 游客满意度分析

根据问卷中的游客评价量表，计算游客对北京市民宿体验的各要素指标的平均值、标准差，构建重要性与满意度评价现象图（图3）。在IPA象限图中，X轴和Y轴分别为游客的重要性评价和游客的满意度评价，其平均值作为交叉点，划分成为四个象限。

如图3所示，游客对北京市民宿的满意度评价中，设施完备、舒适整洁、别致体验、个性化及价格合理位于第一象限，为优势区域。游客重视性价比，愿意为高质量民宿支付合理价格。北京市民宿价格区间大，价格优势成为首要选择因素。设

施完备、舒适整洁及个性化体验符合游客预期。服务热情、入住便捷和社交体验位于第二象限，游客满意但不重视。娱乐体验和特色美食位于第三象限，发展潜力大，但非主要选择因素。家庭氛围、地理位置和停车位于第四象限，为改进区域，需提升家庭亲子属性、停车位及景区周边位置。

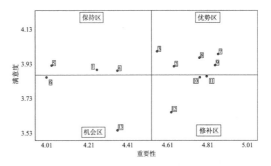

图3 游客对于民宿的重要性与满意度评价象限图

1—入住便捷；2—设施完备；3—舒适整洁；
4—服务热情；5—社交体验；6—娱乐体验；
7—别致体验；8—个性化；9—花费合理；10—家庭氛围；
11—地理位置；12—停车方便；13—特色美食

4 结论与建议

4.1 结论

本文以北京市民宿的游客感知作为研究对象，运用网络本文分析法、问卷调查法、IPA分析法结合进行研究。对北京市民宿游客的满意度评价、消费偏好、影响选择因素等进行分析，得出主要结论：

（1）北京市民宿行业规范有待完善，对于民宿的界定、分类以及收费标准较为模糊，游客对于民宿的认知并不普及，出行选择民宿依然是小众，因此发展潜力巨大，对于北京市民宿旅游的推广宣传有待加强。

（2）北京市民宿整体的游客满意度较高，但依然有不足之处，如配套餐饮、特色体验、停车收费、位置偏远等。部分民宿主打性价比高，忽略了环境卫生等问题，

配套设施陈旧，造成了众多负面差评。

（3）游客选择民宿更多是因为民宿的个性化、别致体验以及价格，差异性的风格特色也是民宿区别于酒店的最大特点，因此未来民宿发展中，要避免民宿的酒店标准化以及民宿间的趋同化。

4.2 建议

北京作为中国的首都，具有众多旅游资源，拥有极大的旅游市场，因此北京民宿业具有极大的发展潜力。通过网络文本分析和问卷调查分析可以得出，游客对于北京市民宿感知以及体验整体是比较满意的。相比于酒店，民宿最大的优势是价格以及个性化，但除此之外依然存在一些问题，如宣传力度小、竞争激烈、专业人才匮乏等方面。基于上述研究作出建议如下：

（1）立足京城特色元素，制定可持续发展计划。为了确保长期经营，民宿需要制定可持续发展计划，减少对环境的影响，同时与当地社区或村落合作，推动本地经济的发展，提高社会责任感；与政府部门合作：与当地政府部门合作，获取相关政策的支持和指导，同时也可以获得必要的许可证和执照。

（2）提高宣传曝光度，吸引游客助提升。民宿宣传是吸引游客的关键。参加当地旅游推广，如社区主题活动、旅游展览和游学体验，可吸引更多关注。提供优惠和奖励，如特价房和免费早餐，能吸引更多顾客。建立社交媒体账号，发布客房照片、评价和景点介绍，可增加曝光率。通过线上反馈改善服务和设施，提升客户满意度和口碑。优质体验激发客户分享，进一步提高曝光率。

（3）完善配套与设施，提高服务有保障。对于民宿配套设施，经营者须考虑用户出行需求，规划适量停车位，并在预订页面提示客人注意停车位问题，建议他们提前了解附近停车情况。同时，与邻近商家合作，利用对方空闲停车位为客人提供临时停车点，实现互利共赢。另外，提供代客泊车服务，将车辆停放在附近停车场并支付费用。最后，鼓励游客使用公共交通，提供交通指南，以减轻停车压力，减少交通拥堵和环境污染。

（4）结合双奥增特色，丰富主题促发展。北京市作为双奥城市，体育资源丰富，运动热情高涨。随着滑雪、登山等运动活动的增多，民宿经营者可强化运动元素，如提供健身器材、运动装备，或提供周边运动场馆信息。打造特色主题房型，如冰雪、滑板、滑雪主题，吸引运动爱好者。组织运动活动，加强客人互动和社交。加强网络推广，扩大知名度和影响力。

参考文献：

[1] 陈欢. 基于互融共生概念下的岭南民宿设计 [J]. 设计，2023，36（23）：41-43.

[2] 雷艳. 乡村振兴战略下从化区民宿旅游发展现状及对策研究 [D]. 桂林：广西师范大学，2023.

[3] 魏燕妮. 乡村振兴战略背景下北京乡村民宿业可持续发展路径研究 [J]. 生态经济，2020，（9）：135-141.

[4] 董之滔，孙凤芝，田菲菲，等. 山东省民宿空间分布特征及影响因素研究 [J]. 干旱区资源与环境，2023，37（02）：112-119.

[5] 王文荟，苏振，郑应宏，等. 基于 POI 数据的桂林民宿空间分布及影响机制研究 [J]. 地域研究与开发，2023，42（04）：95+99，105.

[6] 韩雨. 后疫情时代民宿设计策略研究 [J]. 艺术与设计，2022，（3）：63-65.

[7] 李金，吕嘉，金桐妃，等. 基于扎根理论

的茶文化民宿空间设计——以"沁茗山舍"为例 [J]. 城市建筑，2024，21（01）: 194-200.

[8] 吴宜夏，田禹 ."民宿+"模式推动乡村振兴发展路径研究——以北京门头沟区百花山社民宿为例 [J]. 中国园林，2022,38(06): 13-17.

[9] 石晓惠，王鑫 .基于地方实践的民宿发展与乡村振兴：逻辑与案例 [J]. 乡村论丛，2023，（06）: 32-38.

[10] Jones D L，Jing Guan J .Bed and breakfast lodging development in mainland china：who is the potential customer?[J].Asia Pacific Journal of Tourism Research，2011，16（5）: 517-536.

[11] Lanier P，Caples D，Cook H.How big is small? a study of bed & breakfasts，country inns，and small hotels[J].Cornell Hotel and Restaurant Administration Quarterly，2005，（5）: 90-95.

[12] 祝莹璇 .民宿旅游问题研究综述 [J]. 社会科学动态，2023，（12）: 89-93.

[13] 王家威，王洋，李维娜 .旅游大数据下智慧民宿信息化平台构建研究 [J]. 无线互联科技，2023，20（13）: 72-75.

[14] 钟飞燕，姚凯宜，何慧 .基于 SERVQUAL-IPA 模型的乡村民宿服务质量评价与提升路径研究 [J]. 科技和产业，2024，24（02）: 124-131

[15] 张延，代慧茹 .民宿分类研究 [J]. 江苏商论，2016，（10）: 8-11+21.

北京西山永定河水文化遗产空间分异特征与文旅融合发展研究

李怡霏 李德达 李 琛 许 微 聂佳豪 蔡璐宇

（北京联合大学 应用文理学院，北京 1000991）

摘 要：本文采用空间分析（ArcGIS）法、文献研究法、实地调研法对北京西山永定河水文化遗产进行定量研究与定性研究分析其空间分布情况，概括北京西山永定河水文化遗产的空间分布特征和现状。通过以上分析结果探讨北京西山永定河水文化遗产保护与利用的可能性，并提供合理建议。研究结果表明：北京西山永定河水文化遗产的空间分布特征较为明显，但其遗产整体保护状况不容乐观，针对此状况开展本研究以及提出可行建议。

关键词：永定河；水文化遗产；保护；建议

0 引言

水是生命之源，也是文明之根。自古以来，人类都倾向于在水边建立家园，因为水带来了繁荣与生机。以北京为例，这座城市 870 多年的建都历史与水文化紧密相连，孕育了众多珍贵的水文化遗产。这些遗产不仅是北京城市发展的见证，更是宝贵的文化和资源财富。随着城市的不断建设与发展，更要注重水文化遗产的保护与传承。这不仅仅是保护其历史价值，更是为了赋予它们新的时代意义。需要更全面、更系统地保护这些水文化遗产的真实性和完整性，让它们在新的时代里继续发光发热。因此，要在汲取历史文化养分的同时，积极利用好、弘扬好这些水文化遗产，让它们成为推动城市发展的独特力量。

只有这样，才能真正实现水文化资源的可持续发展，为子孙后代留下宝贵的文化财富。被北京人亲切称为"母亲河"的永定河代表着北京城的发展足迹，在几百年的发展中，永定河与北京人民息息相关，其水文化遗产为后人了解北京城人与水之间的文化发展提供了宝贵价值。

本文通过分析得出的西山永定河物质水文化遗产的空间分布状况，进一步研究北京市西山永定河物质水文化遗产的保护利用现状，分析原因，为修复永定河生态功能，加强文化遗产保护传承利用提供建议和方案；为后续加强文化生态旅游功能，打造凸显北京文明之源、历史之根的文化旅游带提供丰富的风景资源。

国外的相关研究相对较少，在水文化遗产的保护与实践中，美国的研究相比于

作者简介：李怡霏（2004—），女，北京人，北京联合大学人文地理与城乡规划专业学生。主要研究方向为人文地理与区域发展研究。

通讯作者：李琛（1974—），女，甘肃人，博士、副教授。主要研究方向为人文地理与区域发展研究。

资助项目：北京联合大学 2024 年教改项目"基于科教融汇的人文地理学协同育人模式探索"（JJ2024Y004）；北京联合大学 2023 年"启明星"大学生科技创新创业立项项目。

其他国家相对领先。美国在 1902 年成立了垦务局，它承担着辖区内广阔的分布、多样的类型、数目庞大的文化资源管理工作。垦务局对于 50 年以上的水利工程和水文化遗产进行收录和整理，并且将它们分类，进行有针对性地保护与修复。并且通过修缮博物馆和建设遗产保护区，从而吸引游客，让游客对于水利工程和水文化遗产的发展与保护有更加深刻的理解，促进区域旅游发展。文化资源的保护与监测等工作可以鼓励公众参与，公众就可以对自己关注对文化资源的影响加以评论[1]。除了一些军用设施之外，加拿大的里多运河是加拿大园林管理处的直属机构，它不仅有效地保存和展现了运河沿线的自然和文化遗产，还促进了安大略省的经济发展[2-3]。

国内对水文化遗产的研究比较少，起步比较晚，主要集中于京杭大运河，有少数研究都江堰的水文化遗产[4]。奚雪松（2012 年）[5]以京杭大运河为研究对象，通过对济宁河段的历史文物进行评价，并对其建设方案进行初步探讨，以期为该地区的生态环境建设奠定理论和技术支撑。唐智华（2009 年）[6]对京杭运河的实际情况进行了实地考察，并搜集了相关文物信息，构建了一套完整的运河文物保护数据库。王锐等[7-8]对常州段和杭州段水文化遗产的保护与利用方式进行了研究，突出开发利用与保护有机统一的原则，以保护和开发为重点。在我国，从河道整治、文化遗产修复和环境治理等方面着手，对大运河进行分区保护，并将遗产保护、旅游和非物质文化遗产保护相结合[9]。《大运河文化保护传承利用规划纲要》的落实，推动大运河的保护与传承，发改委组织文物、水利、生态和文旅等部门围绕"保护传承""水系治理""生态修复""文旅融合"

四个方面，分别制定了专项的规划，指导运河沿线城市编制了 8 个地方实施规划，被称为四梁八柱，这一规划体系的建立，标志着大运河水文化遗产进入全面、系统保护的新时期。

以往有关永定河的研究主要集中在水质特性、水环境保护和生态恢复三个方面[10]。莫晶等（2021 年）[11]通过建立流域栖息地质量评估系统，对北京山地永定河流域进行了流域栖息地调查，发现北京山地断面样本中，"优良"栖息地比例为 26.7%，"良好"栖息地比例为 36.7%，均为优良。张任菲等人（2021 年）[12]通过建立永定河走廊的景观风格评价指标，评价了永定河峡谷的风景风貌，发现其在整体上明显好于平原地区。周峰（2019 年）[13]对 1949 年之前北京永定河上的碑志进行了分类，并对各种碑志的作用进行了分析，结果表明，目前所保存的碑志只有总数的 77%。龚秀英（2020 年）从中华人民共和国成立以来的永定河整治现状出发，从渠道、堤防和分流三个方面，提出了对其水利遗产进行普查和保护的迫切性[14]。

近年来，对于北京西山永定河水文化遗产的相关研究较少，据上一次调查的时间已经十年有余，这对于北京西山永定河水文化遗产的保护与发展十分不利。本次研究针对北京西山永定河水文化遗产的数据进行整合和分析，以填补此处的空白。

1 研究方法与数据来源

1.1 研究方法

1.1.1 空间分析法

通常用核密度分析方法来研究规则区域中点的空间分布特征[13]，利用 ArcGIS

来分析北京西山永定河水文化遗产的空间集聚密度，在地图上能明显反映出北京西山永定河的文化遗产分布的聚集程度与区域，以便更好地掌握北京西山永定河水文化遗产的空间密度分布规律。

地理集中指数可以反映某一地理要素空间分布的集中程度，同时也可探究空间结构的合理程度。采用这一指标研究工业遗产的空间分布状况，具有一定的科学性和可行性，计算公式如下：

$$G = 100 \times \sqrt{\sum_{i=1}^{n} \left(\frac{X_i}{T} \right)} \qquad (1)$$

在公式中，G 代表北京西山永定河水文化遗产在特定区域的地理聚集程度，用于量化该遗产在地域上的聚散情况。n 是区域内城市的总数，X_i 是区域中第 i 个城市拥有的北京西山永定河水文化遗产个数，而 T 是整个区域内所有北京西山永定河水文化遗产的总和。G 的值介于 0～100 之间。G 值较高表明遗产的地理分布较为集中，聚集程度高；相反，若 G 值较低则表示遗产分布较为散乱。通过这样的分析，可以得出北京西山永定河水文化遗产在各区域的空间分布状况。

基尼系数与洛伦兹曲线都是用来研究和分析空间要素分布状况的重要工具。其中，基尼系数特别用于量化地描述某地理区域中空间要素离散分布的程度。而洛伦兹曲线则以其直观性见长，能够生动展现北京西山永定河物质水文化遗产在城市内部的不均衡分布态势，使得这种分布差异一目了然。基尼系数的计算公式如下：

$$G = 1 - \frac{1}{n} \left(2 \sum_{i=1}^{n-1} W_i + 1 \right) \qquad (2)$$

G 为基尼系数，n 为某区域水文化遗产的总数量，W_i 表示从第一个城区累计到第 i 个城区的北京西山永定河的物质水文化遗产数量占北京西山永定河的物质水文化遗产数量的百分比。

基尼系数是一个在 0～1 之间的数值，其值越接近 0，表示空间要素在该地理区域内的分布越均匀；而值越接近 1，则表示空间要素在该地理区域内的分布越离散，即存在明显的集中或分散现象。基尼系数的计算基于洛伦兹曲线，后者通过图形化方式展示了不同比例的人口或地理单元所拥有的空间要素的比例，从而直观地反映分布的不均等性。以北京永定河物质水文化遗产项目所在地的地理坐标为点状数据基础，通过 ArcGIS 空间分析工具将点状要素进行处理分析与可视化表达。一般用最邻近点指数和最邻近距离来进行量化地判别该要素的空间分布类型是凝聚、均匀和随机[14]。

当区域中点状的空间分布为随机型（Poisson 分布型），最邻近距离就可以用公式表示为[15]：

$$r_E = 1/2\sqrt{\frac{n}{A}} = 1/2\sqrt{D} \qquad (3)$$

$$R = r_i / r_E \qquad (4)$$

r_E 是理论最邻近 A 的距离，A 是所研究地域的面积，n 代表测算的点数，D 代表点密度。

永定河水文化遗产的聚集特征可使用最邻近指数 R 对要素进行定量分析，R 数值的区域大小反映了北京西山永定河的物质水文化遗产的空间分布的集中与离散程度。北京西山永定河物质水文化遗产在空间上点状要素为随机分布时 R 值等于 1；北京西山永定河物质水文化遗产表示在空间上点状要素为凝聚分布时 R 值小于 1；北京西山永定河物质水文化遗产在空间上点状要素为完全集中时 R 值为 0；北京西山永定河物质水文化遗产表示在空间上点状要素为均匀分布时 R 值大于1。这些数值为北京西山永定河物质水文化遗产空间类型分布进行定量的分析。

1.1.2　文献研究法

通过调查与研究目的获得题目相关的文献资料，是更详细了解研究领域的方法之一。文献研究方法本质上是通过整理以前学者的研究内容，启发自身确立文章的研究内容和方向。

1.1.3　实地调研法

通过实地观察和调查，根据已有的资料和初步分析，记录水文化遗产的现状、保存状况、周边环境等信息。利用摄影、录像等手段，对文化遗产进行多角度、全面的记录。将实地调研得到的数据和信息进行整理和分析，结合空间分析法和文献研究法的结果，对北京西山永定河水文化遗产的分布、特点、价值等进行深入研究。

1.2　数据来源

研究数据包括：（1）区域空间数据，来源于2019年北京市POI数据。（2）非物质水文化遗产资料，来源于中华人民共和国中央人民政府网中国非物质文化遗产网、北京市文化和旅游局与北京市、区政府官网。（3）水物质文化遗产资料，来源于《2016北京市水文化遗产辑录》《北京文物地图集》。

2　北京西山永定河水文化遗产现状研究

为准确掌握西山永定河水文化遗产的类型状况，首先对水文化遗产进行了分类。由于学术界目前对水文化遗产没有统一分类，参考国标文件《水文化遗产价值评价指南》对水文化遗产的定义，综合研究国内外相关文献，将水文化遗产分为非物质水文化遗产和物质水文化遗产。非物质水文化遗产借鉴国家非物质文化遗产的分类标准，共分为民间传说、传统体育游艺与杂技、传统舞蹈、传统戏剧、传统音乐和民间音乐、传统技艺和民间技艺、民间文学、民俗八大类（图3、图4）。物质水文化遗产分为水景观、水利工程遗产、水文化建筑、水乡聚落、园林建筑、水遗产宗教建筑、水文化附属建筑、水文化建筑遗产八大类（图1、图2）。

研究结果发现，西山永定河区域物质水文化遗产共194个，海淀区数量分布最多，延庆区数量分布最少，其他区县数量分布相对均衡，而其中水利工程遗产分布最多，水乡聚落分布最少。

2.1　均衡度分析

根据各区县北京西山永定河的物质水文化遗产/全部区县北京西山永定河水文化遗产点的数目数据，可以得出各个区要素占据所有区要素的比例，按照该列的数字大小进行降序排列后，累计均匀分布比重和累计比重逐步增加，最后得到表1。

通过表1中的数据，本研究报告将选取研究范围的区名称为北京西山永定河物质水文化遗产洛伦兹曲线图的横坐标轴，北京永定河物质水文化遗产使用表格中"累计均匀分布比重"和"累计比重"作为洛伦兹曲线图的纵坐标轴，绘制得到图5。

由表1中的数据，我们可以得出北京市北京西山永定河的物质水文化遗产在该地区的基尼系数为0.4935。因此，可以说明北京市北京西山永定河的物质水文化遗产空间有一定的分布集中程度，均衡度一般。

从洛伦兹曲线图来看，整体有明显的

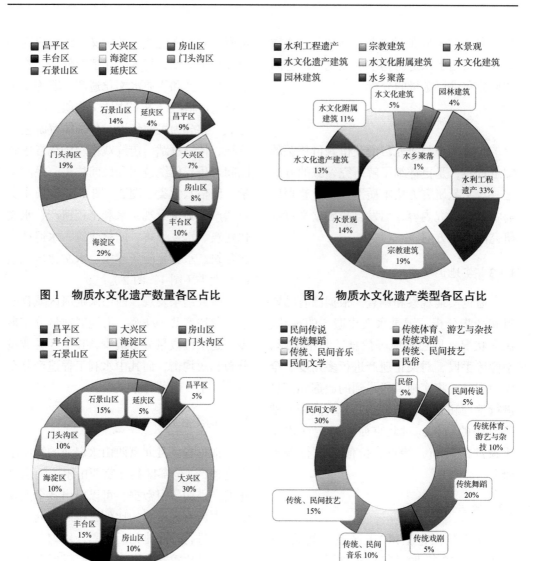

图 1　物质水文化遗产数量各区占比

图 2　物质水文化遗产类型各区占比

图 3　非物质水文化遗产数量各区占比

图 4　非物质水文化遗产类型占比

西山永定河文化带物质水文化遗产空间分布				表 1
区域	数量（个）	占比	累计比重	均匀分布比重	累计均匀分布比重
延庆区	8	4.1%	4.1%	12.5%	12.5%
大兴区	14	7.2%	11.6%	12.5%	25.0%
房山区	15	7.7%	19.0%	12.5%	37.5%
昌平区	17	8.8%	27.8%	12.5%	50.0%
丰台区	20	10.3%	38.1%	12.5%	62.5%
石景山区	27	13.9%	52.0%	12.5%	75.0%
门头沟区	36	18.6%	70.6%	12.5%	87.5%
海淀区	57	29.4%	100%	12.5%	100%
总计	194 个				

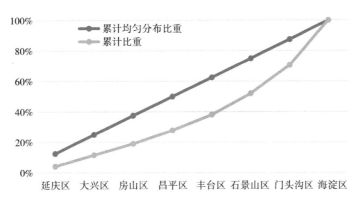

图 5　北京西山永定河物质水文化遗产空间分布洛伦兹曲线图

下凹趋势。各区中，延庆区、大兴区、房山区、昌平区占比低于均匀分布比重；其中，海淀与北京市北京西山永定河的物质水文化遗产数量总和，占北京市西山永定河的物质水文化遗产总量的比例在 29.4% 左右，北京西山永定河的物质水文化遗产在北京西山永定河呈现集中分布的态势。

2.2　空间聚集度分析

因北京西山永定河历史悠久，历经各朝代的更替，留下的水物质文化遗产数量众多，种类丰富，所以为了分析北京市永定河流与水文化遗产的空间密度情况，本文用文献筛选出来的现存的北京西山永定河的物质水文化遗产信息，并将其在高德地图上获取海淀区、房山区、大兴区、丰台区、石景山区、门头沟区、昌平区、延庆区北京西山永定河物质水文化遗产的经纬度，通过使用 Python 软件将高德坐标转换为 WGS84 坐标，然后用 ArcGIS 软件对现存的西山永定河水物质文化遗产点，使用核函数密度分析法进行密度分析，实现对西山永定河现存的水物质文化遗产空间密度直观看法（图 6）。

根据公式计算出来的，地理集中指数的数值为 90.65，集中度较高。

2.3　最临近指数分析

利用 ArcGIS10.8 进行最邻近点指数分析，为了更加详细调查北京现在留存的北京西山永定河水文化遗产的空间形态特征，结合北京西山永定河物质水文化遗产的现状分布情况，将北京西山永定河物质水文化遗产抽象为点要素，计算得出数值（表 2）。由表 2 可知，北京现存的永定河水文化遗产理论最邻近距离为 r_E=0.450378，实际最邻近距离 r_i=0.450378，计算出实际最邻近距离大于理论最邻近距离。最邻近点指数为 0.464。这就表明北京西山永定河物质水文化遗产资源点在空间上呈均匀分布形态。

北京西山永定河文化遗产最邻近距离　表 2

实际最邻近距离	理论最邻近距离	最邻近点指数	空间形态类型
0.450378	0.450378	1.255981	均匀分布

3　保护和利用现状

3.1　北京西山永定河物质水文化遗产

北京 870 多年的建都史为北京留下了数量众多、类型丰富、分布集中、特色鲜明的水文化遗产。位于北京西山永定河的物质水文化遗产也相当丰富，据调查数据

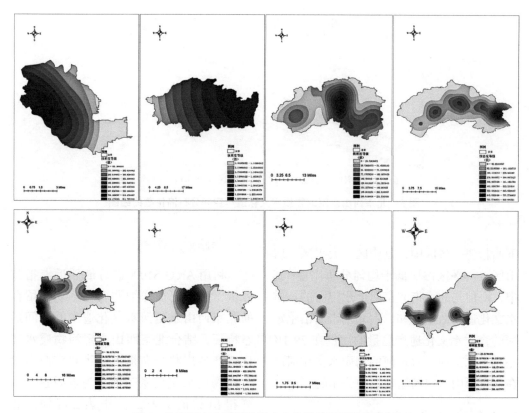

图6　北京西山永定河物质水文化遗产各区核密度图

显示，其遗产数量达到了194项。遗产内容涵盖建筑遗产、工程遗产、宗教建筑、文化附属建筑、水景观等多种遗产类别。在北京城市建设和发展的历史长河中，西山永定河物质水文化遗产的保护与传承始终贯穿其中，为这座城市的发展提供了独具特色的文化和资源支撑。调查结果显示，区域内物质水文化遗产开放度较高，保护情况良好。对于遗产的保护现状主要存在以下三个问题：

第一，在历史发展中不免有部分文物因为不可抗力因素或者自然因素等，本体已不存在，仅有相关内容被载入部分文献中；或者本体的一部分被纳入了其他保护区域。这种情况使得本不著名的遗产更加淹没在永恒的时间中甚至被遗忘。例如：位于石景山区庞村的镇水铁牛，坐落于西

山永定河文化带上，该村恰好处于永定河出山口的要地，这里河道蜿蜒曲折，水势汹涌澎湃，历来是水患频发的地段。为了防范水患，保障当地居民的安全和农田的灌溉，明代时便在此处精心修建了坚固的护堤。在清代进行了再次的修葺和加固。不仅在原有的护堤之上增建了砖石台基，还放置了一只铁牛。这只铁牛坐南朝北，头部朝向永定河的方向，仿佛在遥望着对岸，守护着这片土地。经过几百年的风吹日晒和岁月的洗礼，加之缺乏有效的人为维护，这只铁牛最终未能抵挡住时间的侵蚀，已经不复存在。

第二，现存处于有保护状态下的物质遗产，虽有保护措施，但是由于被更大的景区涵盖，参观的游客多被景区的著名因素吸引，鲜少留意文化遗产的存在。例如：

玉泉山，位于北京市海淀区，是西山东麓的一座山峰。山上泉水清澈，水质优良，是北京市重要的水源地之一。然而，由于周围景区的发展和游客的涌入，玉泉山的泉水文化可能被忽视或被淹没。卢沟桥，坐落于北京市丰台区，是北京地区现存的最为古老的桥梁之一，同时，它也是中国历史上不可或缺的文化遗产之一。大部分人来到这里，只是观桥，欣赏风景，并不会去了解其历史。研究过程中，通过相关资料的查询得知许多工程遗产尚在使用，或通过企业招标的形式被政府和企业流转管理，曾经被破坏的地方也得以修缮。但由于已成为企业经管或属于国家工程，开放度较低，大众知晓度较低。

第三，宣传力度不高，公众缺乏对水文化遗产的认知。为了更好地保护北京西山永定河的物质水文化遗产，需要进行空间的调查，近年来，有关单位做了水文化遗产调查方面的工作。例如《北京水文化遗产辑录》的出版，具有填补空白的意义，但在《北京水文化遗产辑录》中只是对部分重要水文化遗产的采集，应该说还是个初步成果。

3.2 北京西山永定河非物质水文化遗产

北京西山永定河的非物质水文化遗产形式丰富多样。迄今为止，非物质文化遗产保护名录中关于北京西山永定河的非物质水文化遗产数目较少，在延庆区、石景山区、丰台区等八个区中，共有20项被列入其中。遗产中被列入国家级非物质文化遗产保护名录的共有八达岭长城传说、永定河传说、卢沟桥传说等7项，北京市级以及区级保护名录分别有6项和7项。

本文通过文本分析法、调查法等方法对数据进行剖析得出北京西山永定河非物质水文化遗产从整体上来说都得到了较好

的保护，关于水文化的非遗技艺也基本都有相关的传承人负责继承。但是部分遗产由于自身形态的因素，例如卢沟中秋节，一方面其本身为抽象的形态，另一方面没有传承人继承传统。受现代化发展的冲击，当代的节日氛围冷淡，节日习俗也在缓慢简化，很可能导致这一类的水文化遗产被遗忘甚至失传。所以通过研究提出建议：加大此类遗产的宣传，提高群众接受度以及认知度。另一个重大的保护利用问题在于，20项遗产中，几乎全部的遗产都是非产业化状态，反观现在的发展趋势，被大众接受且传承完整的文明都是源于发展了适应当代的产业或者与时代接轨，通过商业形式或者科普方式渗透进日常生活。从长远的非物质水文化遗产保护和利用的角度出发，建议适当发展相关产业，与当代生活相融。

4 北京西山永定河水文化遗产保护与利用的对策建议

北京市"十三五"规划提出建设"三个文化带"，西山永定河文化带是其中之一。它拥有丰富的人文与自然资源，保护和利用具有深远的意义。水文化遗产也应得到更多政策法规的保护和合理利用，以发挥其经济价值。虽然目前水务局出台了《文化建设规划纲要（2011-2020）》但并没有更加进一步要求实施，水文化遗产还处于普查的状态。应制定详细实施方案，并监督执行，将更多水文化遗产纳入保护单位和非物质文化遗产名录，深入挖掘其文化价值，并通过宣传让公众更好地理解和认知水文化遗产，实现其与旅游相结合的经济价值。

4.1 保护措施

北京西山永定河水文化遗产细则政策制定可以参考其他地区的保护项目，保护水文化遗产从对水文化遗产的情况调查实施开始的经验也非常值得参考。并且针对部分文化遗产遗址本身已不存在与部分遗址本身仅存在一部分的现状，也应设保护措施。为此，对水文化遗产保护方面，提出以下建议：

（1）分区管理，增强管理针对性。对西山永定河流域进行详细区域划分。划分过程考虑地理、历史、文化等多方面因素，确保每个区域都能充分展示其独特的水文化遗产。可以大致划分为核心保护区、缓冲区、旅游开发区，针对不同的区域制定相应的保护和管理策略[16]。

（2）强化文化主题与旅游体验的结合。在保护和传承物质文化遗产的同时，应充分挖掘其背后的文化内涵和历史价值，打造具有鲜明文化特色的旅游产品。通过设计富有文化气息的旅游线路、开发具有文化特色的旅游商品，让游客在旅行中深入了解文化遗产，增强文化认同感和旅游体验。

（3）要加强制度建设，为景区水文化遗产保护和管理提供坚实基础[17]。积极推动水文化遗产保护相关内容在《文物保护法》等法律法规中得到体现，推动研究出台西山永定河水文化遗产保护专门管理条例，结合水利景区的发展规划，制定更具针对性的管理措施，建立完善的法律法规保障系统，为水文化遗产保护及其利用工作提供坚实的基础支持。

（4）加强文化遗产与旅游产业的深度融合。文化遗产保护和旅游产业发展应相互促进、共同发展。在规划旅游项目时，应充分考虑文化遗产的保护需求，避免对文化遗产造成损害。同时，通过加强文化遗产的保护和利用，推动旅游产业的转型升级，实现文化遗产保护与旅游产业发展的双赢。

（5）提高水文化遗产保护利用意识，明确水文化遗产保护机构职责。加强与文物、住建、国土等有关部门的沟通联系，积极推动地方政府将水文化遗产保护纳入经济和社会发展计划以及城乡规划。将水文化遗产保护利用内容列入水利风景区发展规划，支持水利风景区管理部门指导景区具体开展水文化遗产保护利用工作[18]。

（6）注重非物质水文化遗产的传承发扬。针对非物质水文化遗产的传承与发扬，应当积极通过政府引导与鼓励，并制定相关政策，培育新一批继承人，走好遗产的传承之路。通过网络媒体，借助互联网将非物质文化遗产推广，逐步推动走向产业化发展道路，增强社会影响力。

4.2 利用措施

（1）创新文旅融合产品开发。结合物质文化遗产的特点和历史背景，开发具有文化特色的旅游产品，如主题旅游线路、文化遗产体验活动等。打造文化演艺项目，将传统艺术与现代科技相结合，为游客呈现精彩的视听盛宴。在旅游景区内设立文化遗产体验区，让游客亲手制作传统工艺品、参与传统技艺表演等，亲身感受文化的魅力。

推出文化遗产主题的旅游套餐，包括住宿、餐饮、交通等一站式服务，为游客提供全方位的文旅融合体验。

（2）推动文化遗产与旅游产业的深度融合。整合当地的文化资源和旅游资源，打造具有地方特色的文化旅游品牌，提升文化旅游的吸引力和竞争力。鼓励企业和社会资本参与文化遗产保护和利用工作，形成多元化的投资渠道和运营模式。加强与旅游产业的合作和交流，共同推动文旅融合的发展，实现文化遗产保护与旅游产业的共赢。加强文化遗产保护利用专业人才的引进与培养，组建一支实力过硬的团队，形成高效的文物保护工作体系。同时，也应注重培养具备文旅融合知识和技能的导游、解说员等旅游从业人员。

（3）加大宣传力度。制作宣传片和纪录片：可以制作有关永定河文化遗产的宣传片和纪录片，展示永定河的历史和文化价值，以及保护和利用的现状。通过电视、网络等媒体渠道播放宣传片和纪录片，可以增加公众对永定河文化遗产的了解和认知。建立网站和社交媒体平台：可以建立专门的网站和社交媒体平台，发布有关永定河文化遗产的信息、新闻和活动。举办文化活动：可以举办各种文化活动，如永定河文化节、划船比赛等，吸引更多的游客前来参观和参与。开展宣传和教育活动：可以通过各种途径开展宣传和教育活动，如在学校、社区等场所举办展览、讲座等，向公众普及永定河文化遗产的知识和历史背景。

参考文献：

[1] 王英华，吕娟．美国垦务局文化资源管理模式对我国水文化遗产保护与利用的启示 [J]．水利学报，2013，44（增1）：51-56.

[2] 唐剑波．中国大运河与加拿大里多运河对比研究 [J]．中国名城，2011，（10）：46-50.

[3] 张广汉．加拿大里多运河的保护与管理 [J]．中国名城，2008，（01）：44-45.

[4] 隋丽娜，程圩，郭映岚．陕西省水文化遗产保护与利用 [J]．水利经济，2018.36（02）：68-72+77+86.

[5] 奚雪松．实现整体保护与可持续利用的大运河遗产廊道构建概念、途径与设想 [M]．北京：电子工业出版社，2012.

[6] 唐智华．京杭运河文化遗产保护数据库的设计与实现 [D]．长沙：中南大学，2009.

[7] 王锐．京杭大运河常州段水文化遗产的传承与开发 [J]．炎黄地理，2020，（05）：28-31.

[8] 张志荣，李亮．简析京杭大运河（杭州段）水文化遗产的保护与开发 [J]．河海大学学报（哲学社会科学版），2012，14（02）：58-61+92.

[9] 邢琳．浅谈都江堰的保护与利用 [J]．遗产与保护研究，2019，4（05）：84-87.

[10] 石维，徐鹤，高圆圆，等．永定河综合治理与生态修复评估之水质状况评估 [J]．环境生态学，2020，2（10）：59-63.

[11] 莫晶，杨青瑞，彭文启．生态补水后永定河北京山区段河流生境质量评价 [J]．中国农村水利水电，2021，（02）：30-36.

[12] 张任菲，苏俊伊，刘志成．生态视角下的河流廊道景观风貌综合评价——以永定河（官厅水库至屈家店段）为例 [J]．中国城市林业，2021，19（01）：78-83.

[13] 周峰．北京永定河碑刻概说 [J]．中国地方志，2019，（01）：113-123.

[14] 龚秀英．新中国成立后永定河北京段的治理分析 [J]．北京水务，2020，（01）：54-59.

[15] 王彬．北京西山永定河文化带的保护与建设 [N]．光明日报，2020-06-12（13）.

[16] 王菁．北京西山永定河文化带旅游资源开发对策研究 [D]．桂林：广西师范大学，2020.

[17] 程宇昌．现状与趋势：近年来国内水文化研究述评 [J]．南昌工程学院学报，2014，33（05）：14-18.

[18] 马云，单鹏飞，董红燕．水文化传承视域下城市水利风景区规划探析 [J]．规划师，2017，33（02）：104-109.

基于 IPA 方法的北京奥林匹克公园
夜间旅游感知研究

李德达　李怡霏　李　琛

（北京联合大学 应用文理学院，北京　1000191）

摘　要:夜间旅游作为新型旅游模式，推动着城市的旅游业和城市社会经济发展。北京奥林匹克公园在规划、建设过程中选址于北京中轴线的北延线，成为北京中轴线的现代性代表性景点，利用 IPA 分析法，收集并分析携程、马蜂窝、去哪儿旅行等各大旅游网站关于北京奥林匹克公园景区的评论和游记，对游客进行夜间旅游体验调查，探究、挖掘游客对北京奥林匹克公园景区旅游体验。

关键词:中轴线；北京奥林匹克公园；夜间经济；体验

0　引言

夜间经济，是指从晚上 6 点至次日凌晨 6 点的时间内进行的消费活动。相对于传统社会，生产力水平的提高，科学技术、通信技术的发展和普及，社会发展不断提高，以及制度变迁等诸多因素，使得现代生活的生活节奏变得紧凑、繁忙。因此人们把休息时间不断延后调晚，从而更倾向于夜间消费，这也在一定程度上促进了夜间消费的发展[1]。

北京奥林匹克公园地处北京城中轴线北端，北至清河南岸，南至北土城路，东至安立路和北辰东路，西至林翠路和北辰西路，总占地面积 11.59km²，是融合了办公、商业、酒店、文化、体育、会议、居住多种功能于一体的新型城市区域。北京奥林匹克公园分为三部分：北部是 6.8km² 的奥林匹克森林公园，中部是 3.15km² 以鸟巢、水立方为主的中心区，南部是 1.64km² 以奥体中心为主的已建成和预留区。

近年以来，夜游经济的话题在国内逐渐火爆，国内城市的夜间旅游逐渐流行，夜间旅游逐渐吸引广大游客消费者。夜间消费的增长有力促进了夜间旅游以及经济、社会的发展。自 2019 年以来，北京市推行了涉及夜间经济的发展政策，主要有优化和完善夜间公共交通服务、打造夜间消费场景、推出夜间餐饮街区等。这些决策能够更好地亮化夜间北京城市，发展北京的夜间经济，打造全球知名的"夜京城"消费品牌。夜京城包含了北京大部分知名性景点，北京奥林匹克公园也包括其中[2]。

作者简介:李德达（1999—），男，北京人，北京联合大学地理学硕士研究生。主要研究方向为乡村旅游；李怡霏（2004—），女，北京人，北京联合大学人文地理与城乡规划专业学生。主要研究方向为人文地理与区域发展研究。

通讯作者:李琛（1974—），女，甘肃人，博士、副教授。主要研究方向为人文地理与区域发展。

资助项目:北京联合大学 2024 年教改项目"基于科教融汇的人文地理学协同育人模式探索"（JJ2024Y004）；北京联合大学 2024 年高阶综合性课程建设项目"城市解读与规划设计"。

Franco Bianchini（1995）认为，夜间活动在一个城市夜间旅游的发展中至关重要，因此夜间经济需要多元化发展[3]。An-Tien Hsieh 和 Janet Chang（2006）分析了游客在夜市旅游购物时的动机及其偏好的休闲活动，并提到了游客对夜市中存在的问题的感知[4]。

涂丹吟（2020）通过 IPA（重要性表现程度分析法）分析法，以福州三坊七巷为例，从 22 项不同指标进行分析，依情况分为四个区（优势区、维持区、机会区、改进区）。并提出夜游环境优化、夜游管理强化的建议[5]。种飞（2021）分析了夜间旅游产品的开发现状，对于夜游产品的开发创新，从基本原则、基本思路进行探讨[6]。邵敏、伍旭中、胡一鸣（2020）结合问卷调查，通过无序多分类 Logistic 回归模型进行评估，得出游客对夜间旅游的影响因素：年龄、游玩时间、陪伴状态、出行远近、性别等及其相互关系[7]。周晓鹏、杜权、张韵（2014）以成都夜间休闲产品为例，分析当地的夜间休闲产品的现状和提升的必要性，发现其中的问题，并依此提出相关的建议[8]。杨凡槿（2020）结合京杭大运河苏州段的旅游资源，研究夜游经济，从内涵、特征及存在的问题三方面，提出提升策略[9]。黄亮雄、韩永辉、王佳琳等（2016）采用夜间灯光亮度数据以反映各国的经济状况，分析中国的经济发展对沿线国家经济发展的影响[10]。甄伟锋、刘建萍（2020）认为当代夜间经济是推动区域经济发展、提高居民精神文化水平的引擎，也是城市繁荣的重要指标[11]。

本研究以参与北京奥林匹克公园夜间旅游、消费的游客和消费者为考察对象，基于旅游体验和文化底蕴，使用 IPA 分析法，分析北京奥林匹克公园夜间旅游体验质量，得出北京奥林匹克公园夜间旅游的特点和存在的普遍问题，为北京奥林匹克公园夜间旅游开发提供建议。有利于北京奥林匹克公园景区的景点以及夜间旅游的管理和规划，为参与北京奥林匹克公园景区的游客带来良好的游览和消费体验。

1　研究数据与方法

1.1　研究数据

此研究的数据来源于问卷。问卷采取线上线下相结合的调查方法。线下调查在北京奥林匹克公园旅游者相对集中的地方以"问卷星"二维码、纸质问卷的形式发放，线上调查的电子问卷使用"问卷星"平台制作，并发放于新浪微博、百度贴吧、豆瓣网等各大社交平台。经严格筛选，符合标准的问卷有 344 份。问卷中包含 IPA 分析法使用到的重要性和满意度的评价指标。

1.2　研究方法

1.2.1　问卷调查法

问卷所获取的信息主要包括北京奥林匹克公园旅游者的人口统计基本属性、旅游者对奥林匹克公园的评价。设计问卷，采取线上线下相结合的方式进行发放，得出一手数据，了解北京奥林匹克公园的旅游者特征以及旅游行为。

1.2.2　IPA 分析法

IPA 分析法通过带有坐标轴的方格图的形式展现。在旅游业中，横轴代表重要性，重要程度从左向右不断递增；纵轴代表满意性，满意程度从下到上不断递增。依各项的平均重要性和平均满意度，坐标轴分为四大象限（图 1）：第一象限，重要度和满意度均高，代表所在的部分和方面具有优势，此象限被称为"优势区"；第二象限，重要度低，但满意度高，代表所在的部分和方面，可以维持或进行合理的配置，此象限被称为"维持区"；第三象限，重要度和满意度均低，代表若对所在的部分和方面提升后，成为新的优势，此象限被称为"机会区"；若某些部分和方面在第四象限，即重要度高，而满意度低，就需要及时改进和提升，此象限被称为"改进区"。问卷调查中包含重要程度评价和满意度评价。将每方面的重要度和满意度的所有答案，利用 IBM SPSS 计算平均值、标准差、重要度与满意度之差（I-P）。依平均值，划分 IPA 的四大维度，并将各方面导入其中。各方面均分布在四大维度之中。

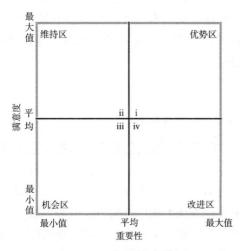

图 1　IPA 分析方格模型图

2　结果分析

2.1　问卷调查分析

为更好地了解游客对奥林匹克公园夜间旅游的真实评价，研究北京市奥林匹克公园夜间旅游的质量，本研究采取问卷调查法，以参与北京奥林匹克公园夜间旅游、消费的游客和消费者为考察对象，共收集到 344 份有效问卷。

其中常住地为北京的游客最多，其余依次为广州、上海、长沙、深圳、武汉、郑州、杭州、成都、重庆（图 2）。在北京奥林匹克公园中，来自北京的游客多于其他省份的游客。

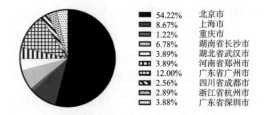

图 2　游客常驻地分布统计

游客各年龄段俱全，其中 30～39 岁的人群在所有年龄段中占大多数，达 41.9%；其次是 18～29 岁、40～49 岁、18 岁以下、50～59 岁和 60 岁以上（图 3）。

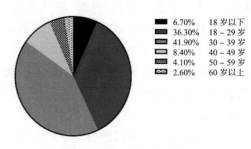

图 3　游客年龄统计图

从游客的学历中，大部分为大学专科／本科学历，其次是高中／中专／技校、硕士研究生及以上、初中及以下（图 4）。由此可见，游客的文化素质较高，极大部分人具备大学文化水平以上，可见在参观景点时，大部分能够深入了解、理解景点的文化底蕴。

从职业构成来看，大多数为普通职员、企业管理者、在校学生、专业人员、政府／机关干部／公务员所占人数较多，其余为普通工人、个体经销商／承包商、自由职业者、其他职业人员以及退休等情况（图 5）。参与旅游或消费的职业群体广泛，从中能够反映消费者的群体结构。

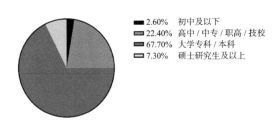

图 4　游客学历统计图

- ■ 2.60%　初中及以下
- ▨ 22.40%　高中 / 中专 / 职高 / 技校
- ▨ 67.70%　大学专科 / 本科
- ▢ 7.30%　硕士研究生及以上

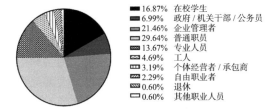

图 5　游客职业统计图

- ■ 16.87%　在校学生
- ■ 6.99%　政府 / 机关干部 / 公务员
- ▨ 21.46%　企业管理者
- ▨ 29.64%　普通职员
- ▨ 13.67%　专业人员
- ▨ 4.69%　工人
- ▨ 3.19%　个体经营者 / 承包商
- ▨ 2.29%　自由职业者
- ▨ 0.60%　退休
- ▢ 0.60%　其他职业人员

而大部分游客收入为 5000～7999.99 元，其次是 8000 元以上、3000～4999.99 元和 3000 元及以下（图 6）。从奥林匹克公园夜间旅游的消费情况来看，大部分人开支在 100～300 元，300～600 元较多，其次为 600 元以上，100 元以下（图 7）。

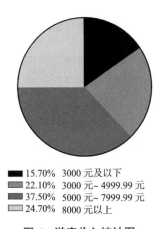

- ■ 15.70%　3000 元及以下
- ▨ 22.10%　3000 元～4999.99 元
- ▨ 37.50%　5000 元～7999.99 元
- ▢ 24.70%　8000 元以上

图 6　游客收入统计图

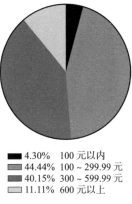

- ■ 4.30%　100 元以内
- ▨ 44.44%　100～299.99 元
- ▨ 40.15%　300～599.99 元
- ▢ 11.11%　600 元以上

图 7　游客消费统计图

出游方式上，团队出行和散客出行人数差别较小，分别占 57.6%、42.4%，选择团队形式的人较多（图 8）。可见，团队出行相对散客出行，有了良好的路线规划、专车接送，比较省心省力，可以保证基本的出行、游玩安全。

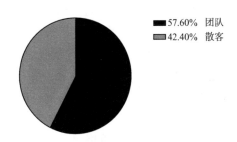

- ■ 57.60%　团队
- ▨ 42.40%　散客

图 8　游客出行方式统计图

夜间出行也少不了同伴。在这项调查中，主要会选择同家人、同事或同学结伴出行，与朋友结伴出行也比较多，其次为独自出行、与旅友出行、与其他关系的同伴出行（图 9）。

在游客选择夜间旅游消费方式中，大部分以观光休闲娱乐为目的。其次，以品尝美食、逛街购物、欣赏表演为旅游消费目的较多，健身 / 学习以及其他目的相对较少（图 10）。总体而言，绝大部分游客倾向于娱乐休闲类的消费方式。

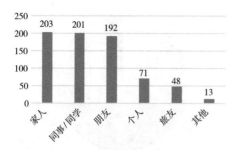

图9　游客结伴情况统计图

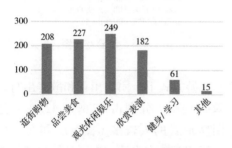

图10　旅游消费方式统计图

游客在选择夜间文化旅游景区时，更多的游客考虑的因素是交通便利、良好口碑文化特色、价格实惠、服务亲切（图11），其中最为重要的是交通便利。一部分人也考虑活动丰富、配套齐全、治安安全和环境优美等相关因素。游客选择的重点倾向于便利的交通、良好的口碑、丰富的文化特色以及实惠的价格。

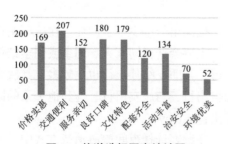

图11　旅游选择因素统计图

根据调查，大部分游客倾向于20～22点结束夜间旅游，其次是22～24点、24点以后和20点以前，从图12中可以看出大部分游客的夜间旅游的结束旅游或

消费的时间集中于20～22时，不同游客结束夜间旅游和消费的时间有所不同，受制于多种因素，如交通、旅游行为等。

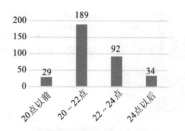

图12　旅游结束消费时间统计图

奥林匹克公园夜间旅游受到广大旅游爱好者的青睐，但同时也存在一些问题，这些问题如果不得到妥善解决，则会影响到游客的旅游体验。根据调查，大部分人认为，餐饮消费价格和夜间景区的交通方面不令人满意，其中餐饮消费价格的问题尤为突出，也有人反映，对民俗文化特色、服务态度以及购物价格方面不尽人意。部分对景色、内容的丰富程度、配套设施和安全问题不满意。一些不法餐馆商贩故意将价格抬高，牟取暴利，破坏市场经济秩序。北京作为首都，人口相对密集，车辆较多，因此常常会出现交通拥堵等问题（图13）。

2.2　重要度 - 满意度分析

继续提取问卷调查的数据。问卷调查中的评分部分共涉及12个方面，每方面各有重要程度评价和满意度评价。将每方面的重要度和满意度的所有答案，利用IBM SPSS算取平均值、标准差、重要度与满意度之差（I-P），再通过SPSS数据分析系统，将所有方面的重要度和满意度求出平均值。依平均值，划分IPA的四大维度，并将各方面导入其中，制作IPA分析散点图（图14）。各方面均分布在四大

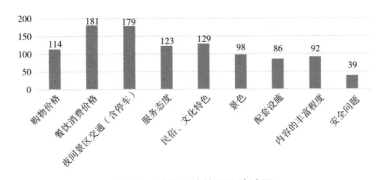

图 13 游客反映的问题统计图

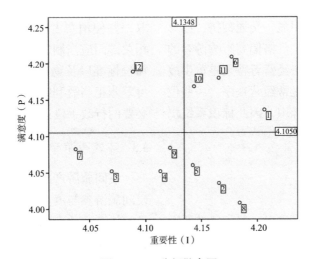

图 14 IPA 分析散点图

1—内容丰富程度；2—价格；3—餐饮；4—购物；5—标识系统；6—夜景；7—公共厕所；8—交通；
9—环境卫生；10—社会治安；11—文化氛围；12—居民友善

维度之中。从 IPA 分析得出，12 个方面中，有 4 个在优势区，1 个在保持区，4 个在机会区，3 个在改进区。

第一象限，即优势区。其中包括夜景、内容丰富程度、社会治安、文化氛围。北京奥林匹克公园的夜景中，灯光美观多样，特别是在鸟巢、水立方、玲珑塔、奥林匹克塔等。公园除了举办 2008 年北京奥运会及 2022 年北京冬奥会外，也举办过各种体育比赛、演唱会、表演、会展等活动。北京奥林匹克公园景区也提供了娱乐、购物、餐饮等多种场所。为保证比赛、活动的安全进行，公园设置了相对完善的安防设施和严谨的安保体系，特别在出入

口设置安检。北京奥林匹克公园将北京中轴线文化、中国传统文化、现代时尚文化以及体育文化结合，体育文化相对浓厚，文化氛围突出。

第二象限，即保持区。其中包括居民友善程度。这些指标对于游客和消费者来讲，重要性不高且令游客满意。居民的友善，在旅游过程中能在必要时获得帮助，也在旅游过程中具有良好的体验。

第三象限，即机会区。其中包括餐饮、购物、公共厕所、环境卫生。这些指标对于游客和消费者来讲，重要性和满意度比较低。景区内餐饮、购物数量不多，同时，参观北京奥林匹克公园的游客，侧重于观

光、休闲、娱乐，对餐饮、购物的重视度不高。大部分游客反映了餐饮价格偏高，部分游客也反映了基础设施特别是厕所需要完善。虽然不受游客的关注，但如果进行改进和提升，有利于吸引游客在夜间的游玩和消费。

第四象限，即改进区。其中包含有交通、价格、标识系统方面。这些指标对于游客是需要的，但表现不尽人意，这些指标须重视和改进。北京作为首都、一线城市，城市问题突出明显，交通拥挤，停车紧张也让游客担忧。价格偏高影响游客的消费体验，一些非法经营者特别是黄牛故意抬高价格，破坏正常经营秩序。一些位置、道路没有明确标识，因此标识系统仍需进一步完善。

3 总结和建议

从上述分析可以看出，北京奥林匹克公园景区获得了广大游客和消费者的好评，可见北京奥林匹克公园景区总体上对游客的夜间旅游活动带来了较好的体验。北京奥林匹克公园景区不仅具备了中国文化和北京当地文化特色，也融入了现代都市的文化色彩和体育精神，具有较高的地方性、时代性、象征性。景区具备了类型相对多样的场所，适合游客的多样消费。但存在比较突出的消费、交通等问题，影响游客的夜间旅游消费的体验。据此提出以下建议：

3.1 完善基础设施建设

针对停车问题，可以扩大停车场面积、设置立体停车场、地下停车场（在保护文化遗址的前提下），适当调整停车价格，可以解决停车难的问题。适当增设夜间旅游的公交路线，在条件允许的前提下改造

道路、增设过街天桥、地下通道，对景点周边的交通采取限行措施。

针对公共厕所、景区标识问题，景区在不影响自身环境的前提下可以进行增设、改造。

3.2 适当调整价格，打击非法经营

价格和消费问题突出，针对这些问题，商家须按照物价标准，合理调整商品价格，趋于消费者能够接受的价格；商家可以采取一些使消费者接受和欢迎的营销手段；相关部门应当制定、调整针对旅游产品的物价标准以及物价管理规则；针对哄抬物价等非正当盈利问题，相关部门应当采取必要的行政手段进行整治。

3.3 丰富夜游产品类型

夜间旅游产品多样化有利于提高游客夜间旅游参与度。首先，积极打造奥运产品、体育文化产品，可以增加收入，提高旅游体验；其次，利用奥运遗产，开发多样夜间活动，包括夜间旅游线路设计、文创消费场景布设、各类配套设施打造等方面的政策。运用数字营销手段和社交媒体平台，制定创新的营销策略，以吸引更多游客参与夜间旅游活动。

3.4 增强卫生安全事故预防措施

加强卫生安全管理，建立健全的卫生安全预防机制，制定科学有效的防控措施，以防范和预防卫生安全事故。同时，提高从业人员的卫生安全意识和技能，加强宣传教育，强化合作与监管，保障游客的安全和健康，为夜间旅游创造安全的环境。

参考文献

[1] 杨露，甘丽芳.新型"夜经济"崛起 [J].南风窗，2019，（18）: 13.

[2] 张威."夜京城"越夜越美丽 [J].工会博览，2020，（05）: 59-61.

[3] Franco Bianchini.Night cultures, night economies[J].Planning Practice & Research, 1995, 10（2）: 121-126.

[4] An-Tien Hsieh, Janet Chang.Shopping and tourist night markets in Taiwan[J].Tourism Management, 2006, 27（1）: 138-145.

[5] 涂丹吟.基于 IPA 分析的历史街区夜间旅游体验质量研究——以福州三坊七巷为例 [J].太原城市职业技术学院学报，2020，8（08）: 42-45.

[6] 种飞.基于文化体验的夜游产品开发综述 [J].中国市场，2021，（02）: 61-62.

[7] 邵敏，伍旭中，胡一鸣.中等城市居民夜间旅游行为决策研究——以芜湖市为例 [J].山东农业工程学院学报，2020，37（12）: 49-53.

[8] 周晓鹏，杜权，张韵.成都市夜休闲产品提升策略 [J].旅游纵览（下半月），2014，（24）: 148.

[9] 杨凡槿.京杭大运河苏州段文化旅游夜经济发展模式探究 [J].老字号品牌营销，2020，（12）.

[10] 黄亮雄，韩永辉，王佳琳，等.中国经济发展照亮"一带一路"建设——基于夜间灯光亮度数据的实证分析 [J].经济学家，2016，（09）: 96-104.

[11] 甄伟锋，刘建萍.夜间经济的文化经济学分析 [J].福建论坛（人文社会科学版），2020，（12）: 66-72.

规划设计篇

《住区规划与设计》作业展示

　　《住区规划与设计》课程是人文地理与城乡规划专业的规划设计类选修课程，这门课集居住区规划原理、设计方法与相关规范于一身，是住宅、商业、道路、公建、绿化等多要素运用的综合性设计课程。课程团队积极开展教学改革，本次展示的作业是"基于'两性一度'的住区规划与设计课程'金课'教学改革"的阶段性成果。

　　资助项目：北京联合大学教改项目《基于"两性一度"的规划设计类课程"金课"教学改革——以住区规划与设计为例》研究成果（JJ2023Y002）。

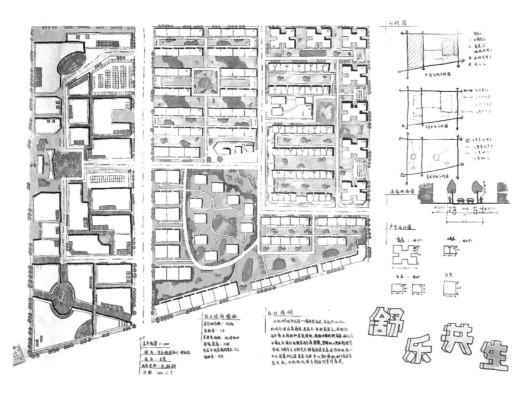

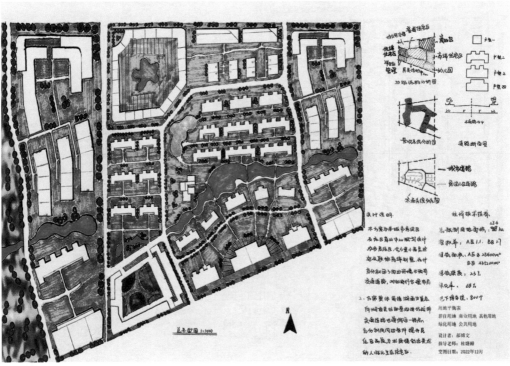

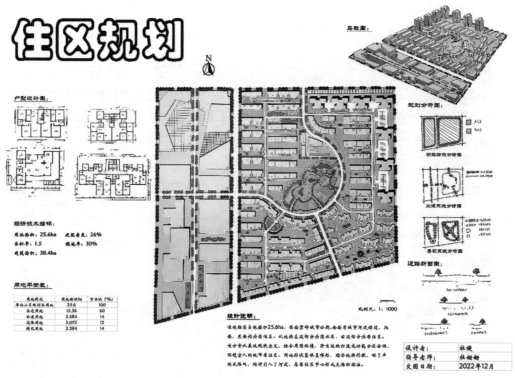

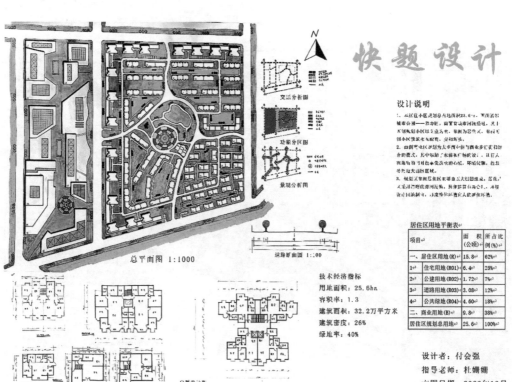

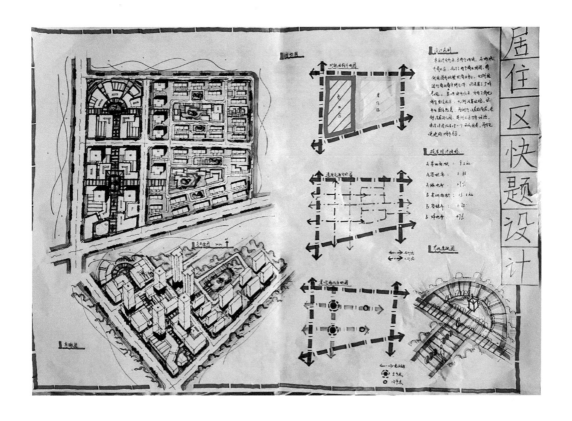

住宅区规划设计

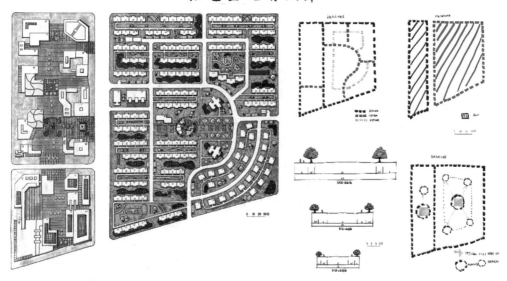

居住区规划设计旨在创建舒适、安全、宜居和可持续发展环境。通过合理规划分功能区域，满足居民需求，包括居住、购物和娱乐等。绿地和公园提供休闲活动场所。道路和交通规划保证交通流畅和行人安全。完善基础设施提供水、电和通讯等基本服务。重视居民安全和隐私，采取适当安全措施。推行环保和可持续发展措施，减少环境影响。提供学校、医院和购物中心等社区设施，满足居民需求。创造宜居、和谐和可持续发展的居住区。

图名	住宅区规划设计
姓名	郑适如
学号	202101031 9016
日期	2024年1月4号

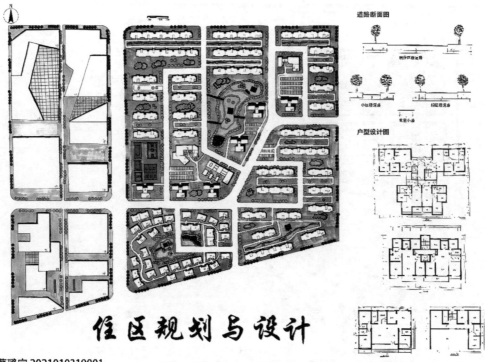

住区规划与设计

蔡璐宇 2021010319001

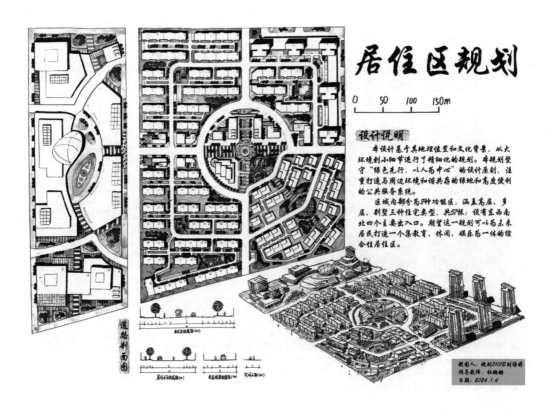

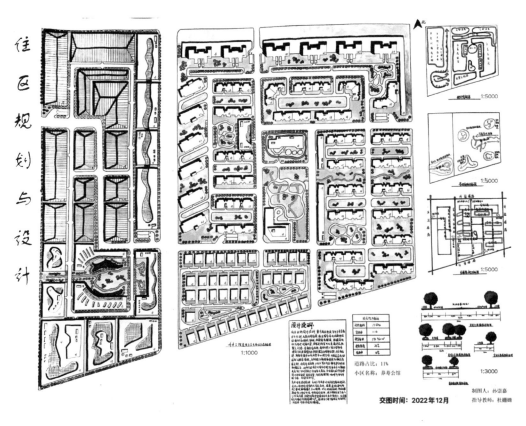

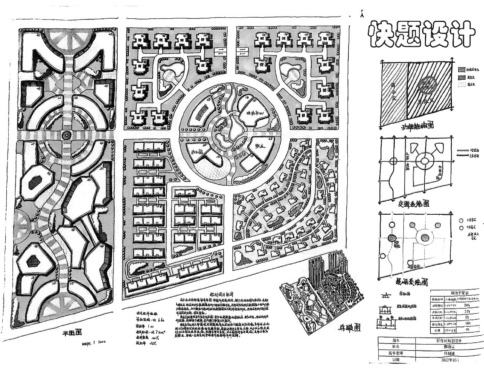

《景观规划》作业展示

居住区景观设计

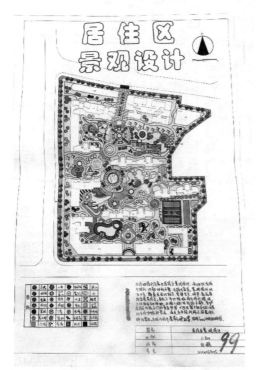

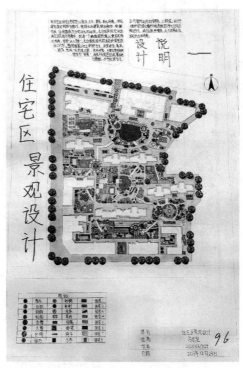

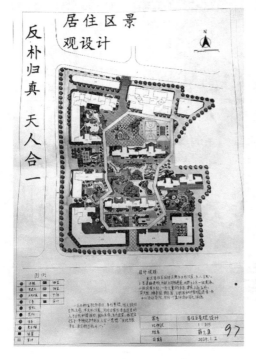

居住区中心绿地景观设计

《城市设计》作业展示

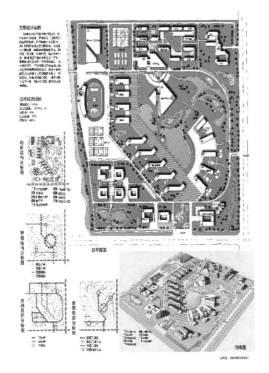

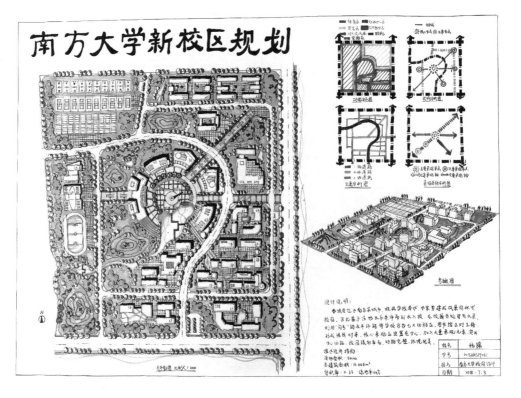

南方大学新校区规划

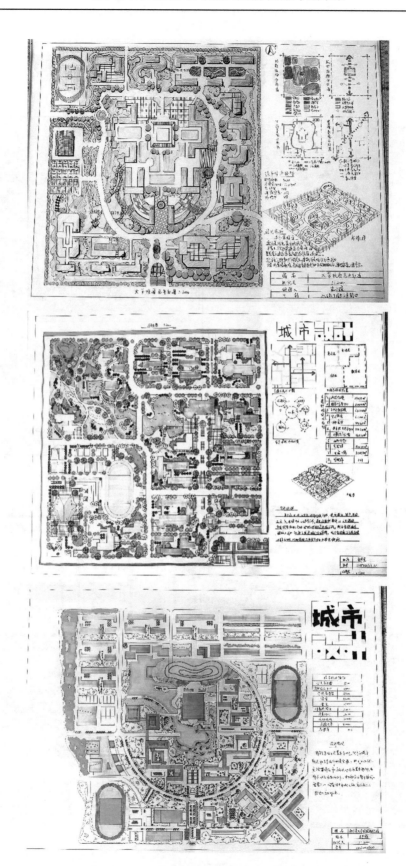